普通高等教育“十三五”规划教材
汽车类高端技能人才实用教材

传感器与物联网技术

（第2版）

魏 虹 主编

電子工業出版社
Publishing House of Electronics Industry
北京·BEIJING

内 容 简 介

本书内容主要包括传感器的基础知识、传感器的原理和应用、传感器信号的处理、物联网技术和车联网技术等五个方面，此外还引入了在汽车中使用的传感器知识。本书首先介绍传感器的基本概念、静态特性和动态特性、标定和校准，然后介绍热电偶式、电阻式、电感式、电容式、压电式、霍尔式、光电式、新型传感器的原理及应用，接下来介绍传感器信号的调制与解调、放大、转换、非线性校正和干扰抑制。此外，本书还介绍物联网的定义、背景及发展现状、结构组成、支撑技术以及应用，本书的最后一章介绍车联网的定义、组成、工作原理、关键技术、应用和发展前景。本书为任课教师提供电子课件。

本书内容通俗易懂，贴近实际应用，可以作为电子信息类本科、高职高专相关专业教材，也可供相关领域的工程技术人员参考。

图书在版编目（CIP）数据

传感器与物联网技术/魏虹主编. —2 版. —北京：电子工业出版社，2019.8
ISBN 978-7-121-36963-6

Ⅰ. ①传…　Ⅱ. ①魏…　Ⅲ. ①传感器－高等学校－教材②互联网络－应用－高等学校－教材③智能技术－应用－高等学校－教材　Ⅳ. ①TP212②TP393.4③TP18

中国版本图书馆 CIP 数据核字（2019）第 128621 号

责任编辑：竺南直
印　　刷：北京捷迅佳彩印刷有限公司
装　　订：北京捷迅佳彩印刷有限公司
出版发行：电子工业出版社
　　　　　北京市海淀区万寿路 173 信箱　邮编：100036
开　　本：787×1 092　1/16　印张：14.75　字数：378 千字
版　　次：2012 年 8 月第 1 版
　　　　　2019 年 8 月第 2 版
印　　次：2025 年 2 月第 11 次印刷
定　　价：39.50 元

凡所购买电子工业出版社图书有缺损问题，请向购买书店调换。若书店售缺，请与本社发行部联系，联系及邮购电话：（010）88254888，88258888。

质量投诉请发邮件至 zlts@phei.com.cn，盗版侵权举报请发邮件至 dbqq@phei.com.cn。

本书咨询联系方式：davidzhu@phei.com.cn。

前　言

近年来电子技术的持续发展推动着传感器技术的不断革新，传感器在工业生产和日常生活中发挥着不可或缺的作用，广泛应用在各个领域。汽车行业在传感器技术的支持下，电子控制技术持续增强，让汽车的使用更加便捷、智能、节能、环保，车联网的技术也得到一定的发展。

本书主要介绍典型传感器的工作原理及其应用，同时加入了最新的信息技术——物联网技术和车联网技术。在编写过程中，始终注意以下两点：一是通俗易懂，二是贴近实际。全书经过修订共分为12章，第1章介绍传感器的基础知识；第2～9章分别介绍热电偶式、电阻式、电感式、电容式、压电式、霍尔式、光电式、新型传感器的原理及应用，在基本知识的基础上加入了汽车传感器的相关内容，以提高学生对汽车传感器的兴趣及实践能力；第10章介绍传感器信号的处理；第11章介绍最新的信息技术——物联网技术，第12章介绍物联网在汽车领域的应用技术——车联网技术。为了方便教学，本书每章均配有习题，并免费提供电子课件，任课教师可登录华信教育资源网（http://www.hxedu.com.cn）免费注册下载。

本书可作为电子信息类专业本科、高职高专学校的教材，也可作为相关从业人员、中等职业学校老师的参考资料。本书作为高等学校电子信息类专业教材，要求学生具有电工、电子的基本知识。本书作为教材使用时，应该将教学重点放在传感器原理及应用部分，在理论的基础上，加强实训教学，提高学生的实践能力。

本书在编写过程中参阅了大量相关资料，并引用了部分参考文献中的内容，由于时间仓促，未能与著作者一一联系，在此表示衷心的感谢。

鉴于传感器技术的快速发展，加之编者水平有限，书中难免有疏漏和不足，恳请各位读者批评指正。

编　者

目　录

第1章　传感器概述

随着科学技术的发展，电子行业中传感器测量是普遍使用的测量技术。在自动控制系统中传感器起着重要的作用。

传感器是人类五官的延伸，又被称为电五官。传感器现在已经渗透到诸如工业、农业、生物、环境、医学、勘测、交通、电子商务等极其广泛的领域。从天文气象的信息监测到海洋奥秘的结构勘察，甚至生产、生活中的数据采集，都离不开各种各样的传感器。由此可见，传感器技术对经济的发展、社会的进步起着重要作用。没有传感器技术的发展，就没有现代自动化检测技术，没有传感器，就没有现代科学技术的飞速发展。

在自然界中存在着各种各样的物理量。例如，电流、电阻、电压、电容、电感，这些物理量统称为电量；力、尺寸、质量、速度、加速度、温度、湿度等，这些物理量统称为非电量。电量可以利用电学仪器进行测量，而非电量在测量时，须先转化成电参量，再进行测量，实现这种转换技术的器件就称为传感器。

1.1　自动控制系统与传感器

近年来，智能机器人走进大家的视野，机器人的发展与传感器有着不解之缘。机器人能智能地探测工作对象并且对工作对象进行处理加工，依靠的是机器人在相应部位装备的传感器，因此机器人具备类似于人类的视觉功能、运动协调和触觉反馈。智能机器人能对工作对象进行检测或在恶劣环境中工作是依靠机器人装备的触觉传感器、视觉传感器、力觉传感器、光敏传感器、超声波传感器和声学传感器等，传感器的应用大大改善了智能机器人的知觉功能和反应能力，使其能够更灵活、更妥善地完成各种复杂的工作。

机械化生产制造催生出对自动包装技术的需求，人工包装的方式已远远不能满足批量生产作业。自动包装机械能够在控制系统的引导下完成一系列物品的包装工艺流程，提高产品包装效率，降低包装成本，但仍然避免不了会出现纰漏。因此，自动包装检测成为保证包装质量的一个重要环节。对于包装过程中含铁磁类物质的情况，利用接近传感器进行非接触检测是常采用的一种方式。

接近传感器的内部安装有产生交变磁场的线圈，当被检测铁磁物体处于该环境时，便会因电磁感应的作用在内部形成电涡流。当电涡流所产生的磁场足够大时便会反过来改变接近传感器原有的电路参数，从而产生信号输出。因此可利用接近传感器识别一定范围内是否存在含磁性或者易磁化的物质。在一些自动包装过程中，如巧克力金属箔纸包装，通过接近传感器对磁性物质存在性的检测，可以判断是否出现包装错误或工序遗漏的不合格产品，进而提高包装质量，如图1-1所示。

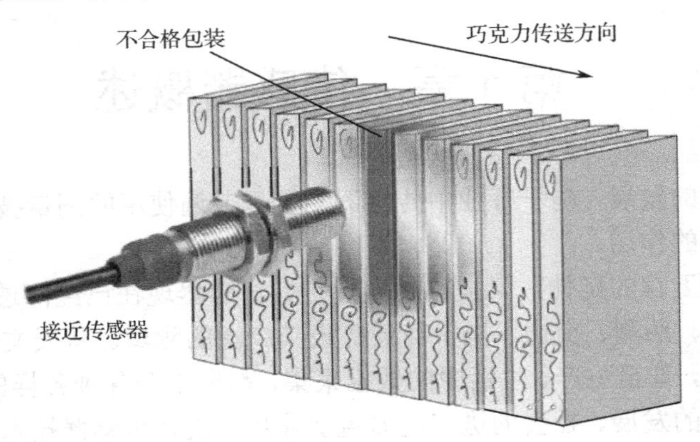

图1-1　接近传感器检测示意图

自动控制是工业生产必不可少的控制系统。所谓自动控制，是指在没有人的直接参与下，利用控制器使生产过程或被控对象的某一物理量准确地按照预期的规律运行。自动控制系统通常分为开环控制和闭环控制两类，如图1-2和图1-3所示。

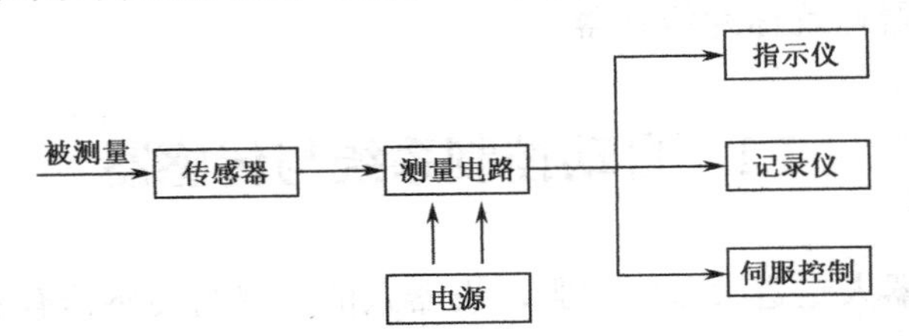

图1-2　开环自动控制系统

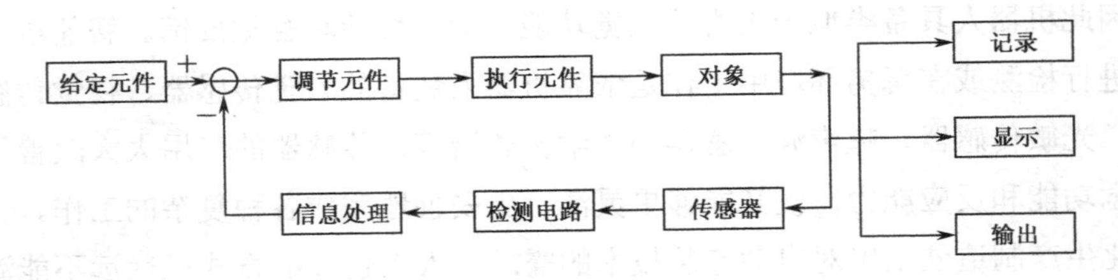

图1-3　闭环自动控制系统

由图1-2和图1-3可知，一个完整的自动控制系统通常由传感器、测量电路、显示记录设备和调节装置及电源组成。

1.2　传感器的概念

1.2.1　传感器的定义和组成

传感器的定义：传感器是能感受规定的被测量并按一定规律将其转换成可用输出信号的

元件或装置，一般由敏感元件和转换元件组成。如图 1-4 所示为传感器的组成结构图。

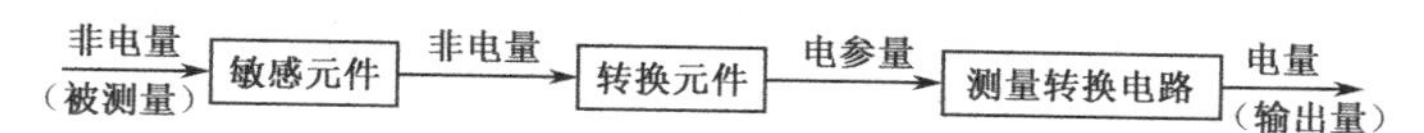

图 1-4　传感器的组成结构图

敏感元件在传感器中用于感受被测量，转化后的非电量反映被测量的所有信息；被测量通过敏感元件转换后，再由转换元件转换成电参量。而测量转换电路的作用是将转换元件输出的电参量转换成易于处理的电压、电流或频率量。

需要注意的是，并非所有的传感器都会有敏感元件和转换元件。如果敏感元件可以直接输出电量，它就同时起到了敏感元件和转换元件的双重作用；如果转换元件能直接感受被测量并且输出与之有一定规律的电参量，这时就不需要敏感元件了。敏感元件和转换元件合二为一的类型十分广泛，如热电偶、热敏电阻、压电元件、光电元件等。

1.2.2　传感器的分类

传感器的种类繁多，分类方法各不相同。常用的分类方法如下。

（1）按被测量分类：可分为力、压力、温度、振动、转速、位移、加速度、流量、流速传感器等。

（2）按工作原理分类：可分为电阻、电感、电容、热电偶、超声波、红外、光纤传感器等。

（3）按能量的传递方式分类：可分为有源传感器和无源传感器。

① 有源传感器

有源传感器可以被看作是一台小型发电机，能将非电量转换为电量，它必须有信号放大器用于信号放大。所以有源传感器是一种将非电能量转化成电能的变换器，如压电传感器、热电偶传感器、电磁式传感器等。

② 无源传感器

无源传感器不进行能量的转换，被测非电量在传感器中控制或调节能量，因此它必须具备辅助电源，如电阻式传感器、电容式传感器和电感式传感器等。

（4）按输出信号的性质分类：可分为模拟传感器与数字传感器。模拟传感器输出的模拟信号不能直接进入计算机，要先通过 A/D 转换器转换，然后才能用计算机进行信号分析和处理。而数字传感器就可以直接将输出信号送入计算机进行处理。

1.2.3　传感器的代号

传感器一般以这样的形式命名：主称—被测量—转换原理—序号。

（1）主称——传感器的主称代号是 C。

（2）被测量——用一个或两个汉语拼音的第一个大写字母标记。

（3）转换原理——用一个或两个汉语拼音的第一个大写字母标记。

（4）序号——用一个阿拉伯数字标记，由厂家自定，用来表征产品设计特性、性能参数、产品系列等。

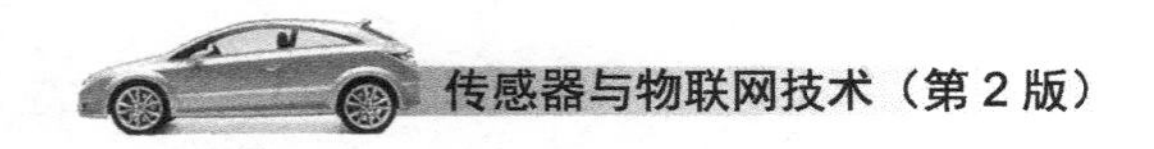

例：C—WY—YB—20 传感器

解：C：传感器主称；WY：被测量是位移；YB：转换原理是应变式；20：传感器序号。该传感器就是序号为 20 的应变式位移传感器。

1.3 传感器的基本特性

传感器的基本特性主要指输入、输出的关系特性，其输入、输出特性反映的是与内部结构参数有关系的基本特征，通常用静态特性和动态特性来描述。

1.3.1 静态特性

传感器的静态特性是指当被测量的数据值处于稳定状态时输入量与输出量的关系。只有传感器在一个稳定状态时，表示输入与输出的关系式中才不会出现随时间变化的变量。衡量静态特性的重要指标有线性度、灵敏度、迟滞、重复性、分辨力、稳定性、漂移和可靠性等。

1. 线性度

线性度是指传感器输入量与输出量之间的静态特性曲线偏离直线的程度，又称为非线性误差，表示传感器实际特性曲线与拟合直线（也称为理论直线）之间的最大偏差与传感器量程范围内的满量程输出百分比，非线性误差越小越好。线性度的计算公式如下

$$\gamma_L = \pm \frac{\Delta L_{max}}{Y_{FS}} \times 100\% \tag{1-1}$$

式中，ΔL_{max} 为最大非线性绝对误差；Y_{FS} 为满量程输出值。

在实际应用中，大部分传感器的静态特性曲线是非线性的。可用一条直线（切线或割线）近似地代表实际曲线的一段，使输入、输出特性线性化，这条直线通常被称为拟合直线。如图 1-5 所示为几种拟合直线。

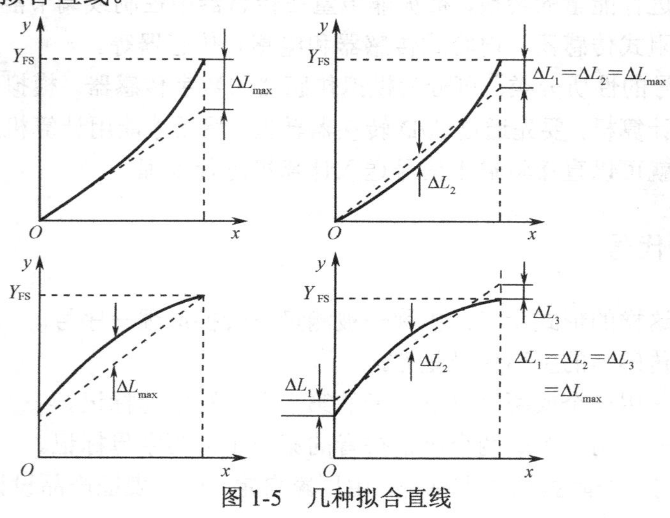

图 1-5 几种拟合直线

2. 灵敏度

灵敏度是指传感器在稳定工作状态下输出变化量与输入变化量之比，用 k 来表示

$$k=\frac{\Delta y}{\Delta x} \tag{1-2}$$

式中，Δy 为输出量的增量；Δx 为输入量的增量。

灵敏度表征传感器对输入量变化的反应能力。对于线性传感器而言，灵敏度是该传感器特性曲线的斜率；而对于非线性传感器来说，灵敏度是一个随着工作点变化的变化量，实际是该点的导数，如图 1-6 所示为非线性传感器的输入、输出特性关系曲线。

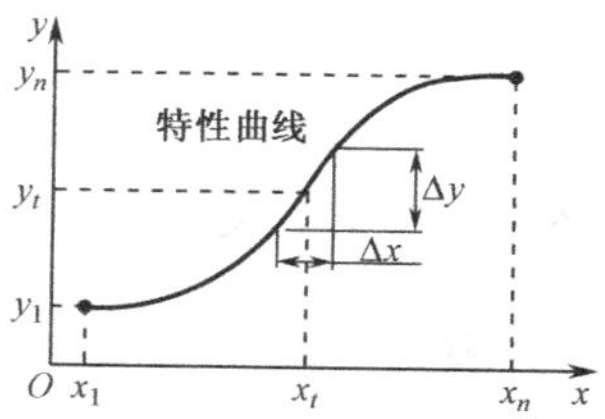

图 1-6　非线性传感器的输入、输出特性

3. 迟滞现象

迟滞现象是指传感器在输入量由小到大（正行程）和输入量由大到小（反行程）变化时其输入、输出特性曲线不重合的程度，对于同一大小的输入量，传感器正、反行程的输出量的大小是不相等的。如图 1-7 所示为传感器迟滞现象的曲线。

迟滞误差是指对应同一输入量的正、反行程输出值之间的最大差值与满量程值的百分比，通常用 γ_{H} 表示，即

$$\gamma_{\mathrm{H}}=\pm\frac{\Delta H_{\max}}{Y_{\mathrm{FS}}}\times 100\% \tag{1-3}$$

式中，$\Delta H_{\max}$ 为正、反行程输出值之间的最大差值，Y_{FS} 为满量程输出值。

传感器出现迟滞现象主要是由传感器中敏感元件材料的机械磨损、部件内部摩擦、积尘、电路老化、松动等原因引起的。

4. 重复性

如图 1-8 所示，重复性是指传感器对输入量按照同一方向作全量程多次测试时，所得到的输入、输出特性曲线不一致的现象。多次测量时按照相同输入条件测试出的特性曲线越重合，传感器的重复性越好，误差就会越小。

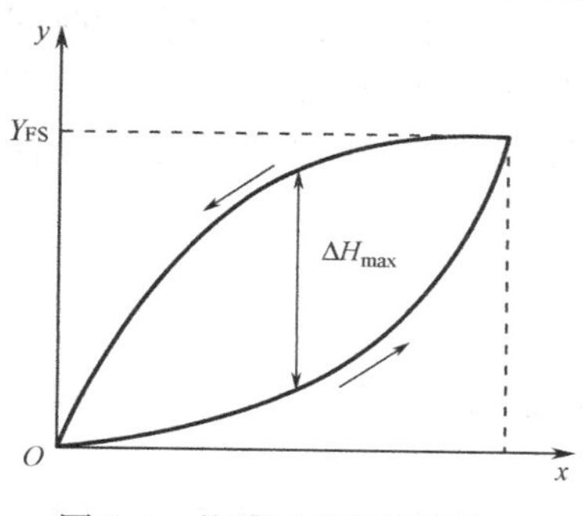

图 1-7　传感器的迟滞现象

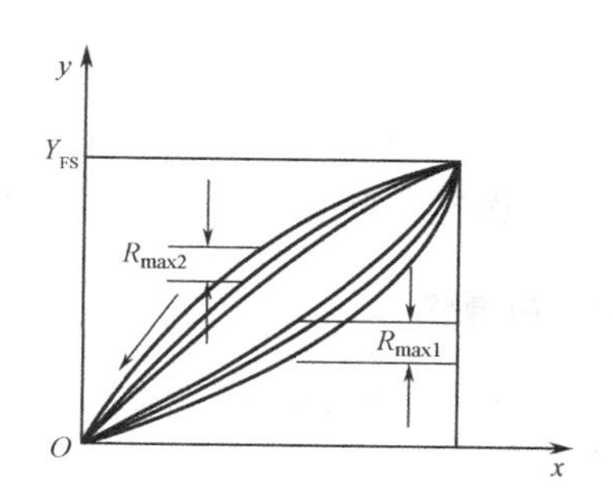

图 1-8　传感器的重复性

重复性误差是指各测量值正、反行程标准偏差的两倍或三倍与满量程值的百分比，通常用γ_R表示，即

$$\gamma_R = \pm \frac{(2\sim3)\sigma}{Y_{FS}} \times 100\% \tag{1-4}$$

式中，σ为正、反行程标准偏差，Y_{FS}为满量程输出值。

重复性误差也可以用正、反行程中的最大偏差ΔR_{max}表示，即

$$\gamma_R = \pm \frac{1}{2} \frac{\Delta R_{max}}{Y_{FS}} \times 100\% \tag{1-5}$$

式中，ΔR_{max}为正、反行程中的最大偏差，Y_{FS}为满量程输出值。

5. 分辨力

分辨力是指传感器能够检测出的被测量的最小变化量。当被测量的变化量小于分辨力时，传感器对输入量的变化不会出现任何反应。对数字式仪表而言，如果没有其他说明，可以认为该表的最后一位所表示的数值就是它的分辨力。

分辨力如果以满量程输出的百分数表示，则称为分辨率。

6. 稳定性

稳定性是指传感器在一个较长的时间内保持其性能参数的能力。

稳定性一般用在室温条件下经过一个定时间的间隔后（如一天、一个月或者一年），传感器此时的输出与起始标定时的输出之间的差异来表示，这种差异称为稳定性误差。稳定性误差通常可由相对误差和绝对误差表示。

7. 漂移

漂移是指在外界的干扰下，在一定时间内，传感器输出量发生与输入量无关、不需要的变化。通常包括零点漂移和灵敏度漂移，如图 1-9 所示。产生漂移的主要原因有两个：一个是仪器自身参数的变化；另一个是周围环境导致输出的变化。

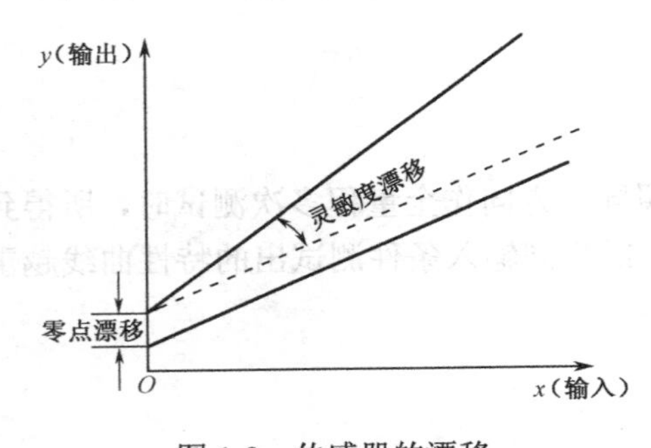

图 1-9　传感器的漂移

零点漂移或灵敏度漂移又可分为时间漂移和温度漂移。时间漂移是指在规定的条件下，零点漂移或灵敏度漂移随时间的缓慢变化。温度漂移是指当环境温度变化时引起的零点漂移或灵敏度漂移。

8. 可靠性

可靠性是指传感器在规定的条件下和时间内，完成规定功能的一种能力。衡量传感器可靠性的指标有：

（1）平均无故障时间。平均无故障时间是指传感器或检测系统在正常的工作条件下，连续不间断地工作，直到发生故障而丧失正常工作能力所用的时间。

（2）平均修复时间。平均修复时间是指排除故障所花费的时间。

（3）故障率。故障率也称为失效率，它是平均无故障时间的倒数。

1.3.2　动态特性

传感器的动态特性就是当输入信号随时间变化时输入与输出的响应特性，通常要求传感器能够迅速准确地响应和再现被测信号的变化，这也是传感器的重要特性之一。

在评价传感器的动态特性时，最常用的输入信号为阶跃信号和正弦信号，与其对应的方法为阶跃响应法和频率响应法。

1. 阶跃响应法

研究传感器的动态特性时，在时域中分析传感器的响应和过渡过程被称为时域分析法，这时传感器对阶跃输入信号的响应就称为阶跃响应。如图 1-10 所示为阶跃响应特性曲线。

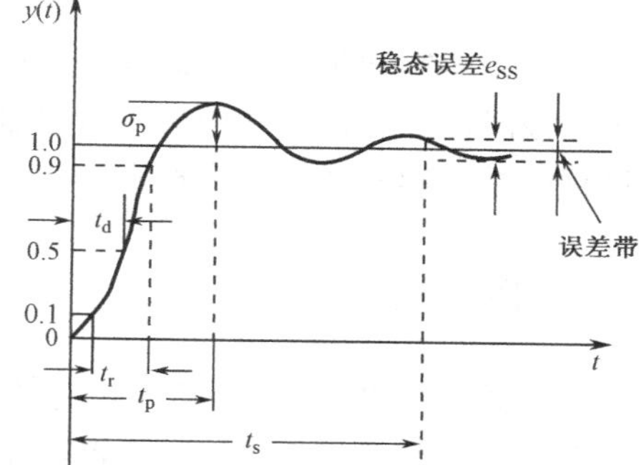

图 1-10　阶跃响应特性曲线

衡量传感器阶跃响应特性的几项指标如下：

（1）最大超调量 σ_P 就是阶跃响应特性曲线偏离稳态值的最大值，常用百分数表示。

（2）延滞时间 t_d 是指阶跃响应特性曲线达到稳态值的 50%所需的时间。

（3）上升时间 t_r 是指阶跃响应特性曲线从稳态值的 10%上升到 90%所需的时间。

（4）峰值时间 t_p 是指阶跃响应特性曲线从稳态值的零上升到第一个峰值所需的时间。

（5）响应时间 t_s 是指阶跃响应特性曲线到达与稳态值之差不超过±（2%～5%）稳态值所需要的时间。

（6）稳态误差 e_{ss} 是指期望的稳态输出量与实际的稳态输出量之差，控制系统的稳态误差越小说明控制精度越高。

2. 频率响应法

频率响应法是指从传感器的频率特性出发来研究传感器的动态特性。此时传感器的输入信号为正弦信号，这时的响应特性为频率响应特性。

大部分传感器可简化为单自由度一阶系统或单自由度二阶系统，即

$$H(j\omega)=\frac{1}{\tau(j\omega)+1} \tag{1-6}$$

式中，τ 为时间函数。

$$H(j\omega)=\frac{1}{1-\left(\frac{\omega}{\omega_n}\right)^2+2j\xi\frac{\omega}{\omega_n}} \tag{1-7}$$

式中，ω_n 为传感器的固有频率。

衡量传感器频率响应特性的几项指标如下。

（1）频带：传感器的增益保持在一定频率范围内，这一频率范围称为传感器的频带或通频带，对应有上截止频率和下截止频率。

（2）时间常数：可用时间常数τ来表征传感器单自由度一阶系统的动态特性。时间常数τ越小，频带越宽。

（3）固有频率：传感器单自由度二阶系统的固有频率可用ω_n来表征其动态特性。

1.4 传感器的标定和校准

任何新研制和生产的传感器在生产完成后都需要进行一系列的测试，确定其时间性能。经过一段时间的存储或使用后，传感器的特性会有所变化，因此还需要进行性能的复测。这个过程就是传感器的标定和校准。

1.4.1 传感器的标定

利用某种标准器具对新研制、新生产的传感器进行全面的技术检验和标度，称为标定。标定的基本方法是：利用标准仪器产生已知确定的非电量并且输入到待标定的传感器中，然后将传感器的输出量与输入的标准量一一进行比较，获得一系列校准数据或者曲线，所得的数据就是标定的数据。有时输入的标准量是利用一个标准传感器检测得到的，这时标定实质上就是待标定传感器与标准传感器之间的比较。

传感器的标定工作可分为以下几方面：首先将新研制的传感器进行技术上的检定，利用检定数据进行量值传递，检定数据同时也是改进传感器性能的重要依据；其次经过一定时间的存储和使用后的再次标定，可以检测出传感器的基本性能是否变化，是否可以继续使用，对可再使用的传感器的参数应该在原数据的基础上进行修正和校准。

为了保证传感器测量值的准确一致，标定应该按照计量部门规定的检定规程和管理办法进行。工程使用的传感器的标定应该在与实际测量环境相似的环境下进行，有时为了更高的标定精度，将与传感器配套的电缆、滤波器、放大器等纳入标定范围，有些传感器还需要规定安装技术条件。

传感器的标定分为静态标定和动态标定。静态标定的目的是确定静态指标，如线性度、灵敏度、迟滞、重复性等；动态标定的目的是确定动态指标，如频率响应、时间常数、固有频率等。

1.4.2 传感器的校准

对传感器在使用中或者储存后进行的性能复测，称为校准。传感器的校准与标定的实质相同。

本 章 小 结

本章主要介绍了自动控制系统和传感器的关系、传感器的概念、传感器的基本特性，以

及传感器的标定和校准。

在自动控制系统中，传感器为系统提供准确的外界信息，在达到系统要求时发出信号，从而使系统能够根据此信号做出动作，完成预设的工作过程。因此在自动控制系统中，传感器是非常关键的一个组成部分。

传感器是利用各学科的多种原理制作出的用于测量非电量信息的一种装置，单一的一个传感器测量对应于该类传感器的非电量，而一种非电量可以用不同类型的传感器测量。传感器的种类众多，类型多样，在工业及生活中广泛使用，给人类的生产生活带来了很多方便。

习 题 1

1-1 什么是传感器？由哪几部分组成？各自的作用是什么？

1-2 传感器有什么类型？各自的优缺点是什么？

1-3 传感器的主要静态特性是什么？

1-4 如何区分传感器的标定和校准？

第 2 章　热电偶传感器

在日常生活和工业生产中，温度和人们的生产、生活息息相关，对温度的测量是必不可少的。但是温度不能直接测量，而是需要利用其他物体的物理特性来反映温度的变化情况。

温度是表征物体冷热程度的物理量，表征物体内部分子无规则运动的剧烈程度。通常把表示温度的标准称为温度标准，简称温标。目前国际通用的温标有：华氏温标、热力学温标、摄氏温标等。常用的有热力学温标和摄氏温标，它们的关系为

$$T = t + 273.15 \tag{2-1}$$

式中，T 表示热力学温度，单位为开尔文（K），t 表示摄氏温度，单位为摄氏度（℃）。

热电偶传感器是工业上用于测温的温度传感器，属于自发电式的传感器，使用时不需要外加电源。它的特点是结构简单、使用方便、准确度高、稳定性好、温度测量范围大，在工业测温时起到十分重要的作用。

2.1　热电偶传感器的工作原理

2.1.1　热电效应

1821 年，德国物理学家赛贝克用两种不同的金属组成闭合回路，并用酒精灯加热其中一个接触点（称为结点），这时发现放在回路中的指南针发生偏转现象，如果用酒精灯对另外一个结点也进行加热，指南针的偏转角减小。在这个实验中，指南针的偏转说明回路中有电动势产生，同时会有电流在回路中流动，电流的强弱与两个结点温度的差异有关。

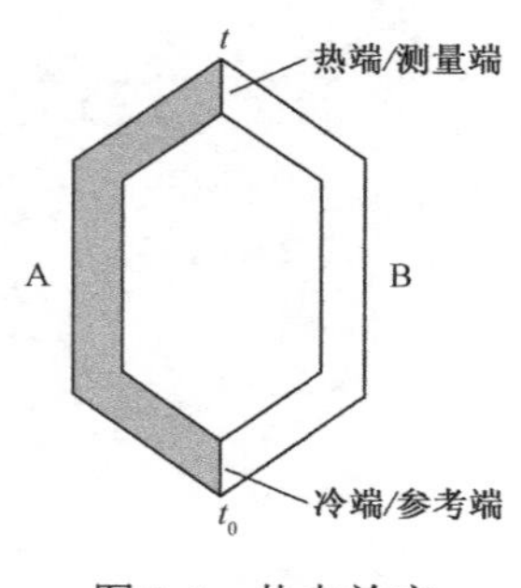

图 2-1　热电效应

如图 2-1 所示，将两种不同的导体 A 和 B 组成一个闭合回路，当闭合回路的两个结点分别置于不同的温度场中时，回路中将产生一个电动势，这种现象称为“热电效应”。热电动势主要由两种导体的接触电动势和单一导体的温差电动势组成。温度为 t 的端子称为热端或测量端，温度为 t_0 的端子称为冷端或参考端。

1．接触电动势

如图 2-2 所示，两种不同的金属导体 A 和 B 接触时，由于不同金属导体内自由电子的密

度不同，在两金属导体 A 和 B 的接触点处会发生自由电子的扩散现象，在接触面上会产生接触电动势。

接触电动势由两种材料的电子浓度差产生，在材料一定的情况下，随着温度升高，接触电动势会增大，其表示符号分别为 $e_{AB}(t)$ 和 $e_{AB}(t_0)$。

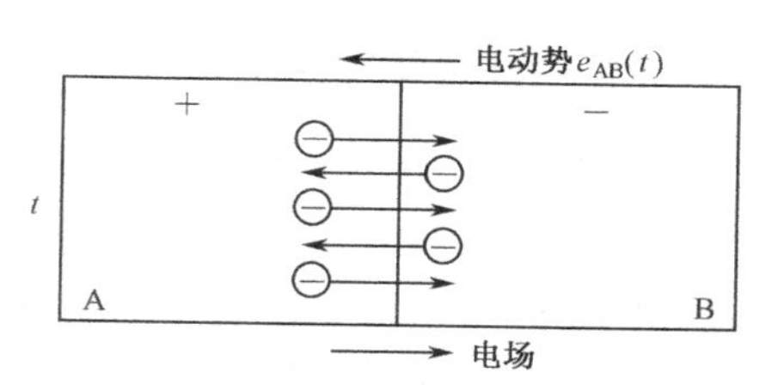

图 2-2 接触电动势的产生原理

2. 温差电动势

如图 2-3 所示，温差电动势是由于同一种金属导体两端温度不同而产生的一种电动势。如果两端温度 $t>t_0$ 时，金属导体内的自由电子就会从温度高的 t 端向温度低的 t_0 端转移，产生温差电动势。

温差电动势由单一金属导体的温度差产生，其表示符号为 $e_A(t, t_0)$ 和 $e_B(t, t_0)$。

如图 2-4 所示，热电偶回路总的电动势为

$$e_{AB}(t, t_0) = e_{AB}(t) - e_A(t, t_0) - e_{AB}(t_0) + e_B(t, t_0) \tag{2-2}$$

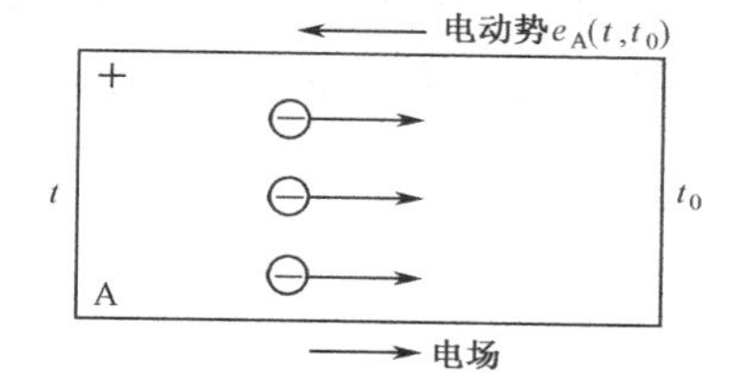

图 2-3 温差电动势的产生原理

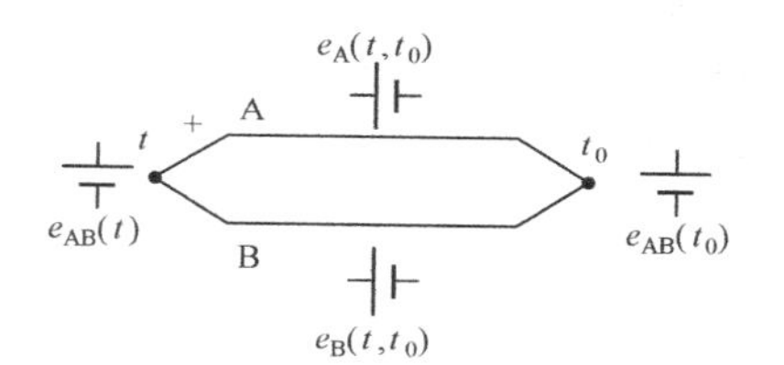

图 2-4 热电偶回路总电动势

实验证明，温差电动势较小，可以忽略，此时热电偶回路的总电动势主要是由接触电动势引起的，热电偶内产生的总的电动势为

$$e_{AB}(t, t_0) = e_{AB}(t) - e_{AB}(t_0) \tag{2-3}$$

当 t_0=0℃时，$e_{AB}(t_0)$ 为常数 C，此时热电偶的电动势为

$$e_{AB}(t,t_0) = e_{AB}(t) - C \tag{2-4}$$

因此，热电偶所产生的总的电动势 $e_{AB}(t, t_0)$ 和测量端的温度 t 为一一对应的关系。

2.1.2 热电偶的基本定律

1. 均质导体定律

由两种均质金属导体组成的热电偶，其热电动势的大小只与两种材料及两接触点的温度有关，与热电偶的大小尺寸、形状、电极各处的温度分布无关。

如果热电偶回路中两个导体的材料相同，不管两结点间是否存在温差，热电偶回路中的热电动势均为零；如果热电偶回路中的两个导体的材料不均匀，那么当导体各部分温度不同时，热电偶回路中将产生附加热电动势，就会产生测量误差。

2．中间导体定律

如图 2-5 所示，若在热电偶回路中加入第三种中间导体 C，只要保证中间导体两端温度相同，则对热电偶回路的总热电动势无影响，这就是中间导体定律。

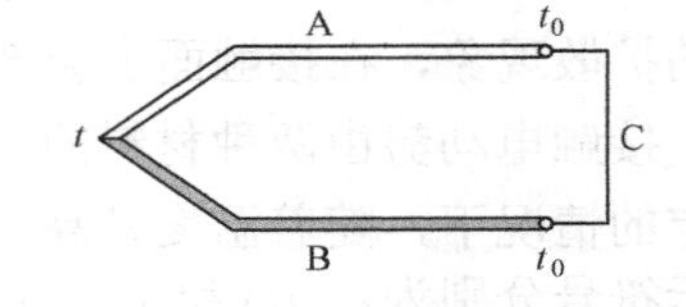

图 2-5　接入中间导体的热电偶回路

$$e_{\mathrm{ABC}}(t,t_0)=e_{\mathrm{AB}}(t)+e_{\mathrm{BC}}(t_0)+e_{\mathrm{AC}}(t_0)$$

当 $t=t_0$，$e_{\mathrm{ABC}}(t,t_0)=e_{\mathrm{ABC}}(t_0,t_0)=0$

$$e_{\mathrm{ABC}}(t,t_0)=e_{\mathrm{ABC}}(t_0,t_0)=e_{\mathrm{AB}}(t_0)+e_{\mathrm{BC}}(t_0)+e_{\mathrm{AC}}(t_0)=0$$

则

$$e_{\mathrm{BC}}(t_0)+e_{\mathrm{AC}}(t_0)=-e_{\mathrm{AB}}(t_0)$$

$$e_{\mathrm{ABC}}(t,t_0)=e_{\mathrm{AB}}(t)-e_{\mathrm{AB}}(t_0)=e_{\mathrm{AB}}(t,t_0) \tag{2-5}$$

利用热电偶来实际测温时，连接导线、显示仪表和插件等均可看成是中间导体，只要保证中间导体两端的温度相同，则对热电偶的热电动势没有影响。因此，中间导体定律对热电偶的实际应用是非常重要的。

根据中间导体定律，可以在热电偶回路中接入电位计 E，如图 2-6 所示，只要保证电位计和热电偶连接处的温度相等，就不会影响热电偶回路的总电动势，通常使用冷端接入电位计的方法。

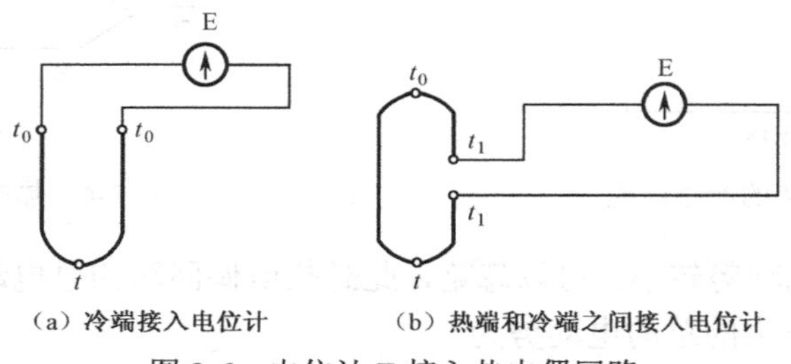

图 2-6　电位计 E 接入热电偶回路

3．中间温度定律

在由两种不同金属材料组成的热电偶回路中，如果热端温度为 t，冷端温度为 t_0，中间温度为 t_n，则热电偶回路的总电动势等于 t 与 t_n 热电动势和 t_n 与 t_0 热电动势的代数和，即

$$e_{\mathrm{AB}}(t,t_0)=e_{\mathrm{AB}}(t,t_n)+e_{\mathrm{AB}}(t_n,t_0) \tag{2-6}$$

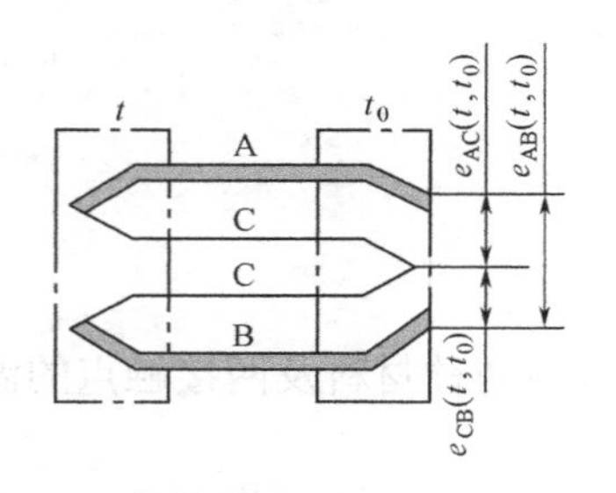

图 2-7　接入参考电极的热电偶回路

4．参考电极定律

如图 2-7 所示，当热电偶的热端温度为 t，冷端温度为 t_0 时，由导体 A 和导体 B 组成的热电偶回路的总电动势等于热电偶 AC 的热电动势和热电偶 CB 的热电动势的代数和，即

$$e_{\mathrm{AB}}(t,t_0)=e_{\mathrm{AC}}(t,t_0)+e_{\mathrm{CB}}(t,t_0) \tag{2-7}$$

2.2 热电偶的结构形式及材料

2.2.1 常用热电偶的基本结构形式

热电偶的结构形式有普通热电偶、铠装热电偶和薄膜热电偶等。

1. 普通热电偶

普通热电偶在工业上普遍使用，它一般由热电极、绝缘管、保护管和接线盒组成，如图 2-8 所示。

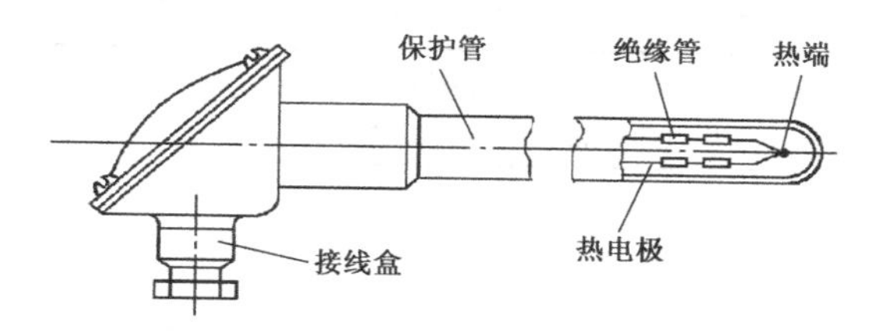

图 2-8 普通热电偶结构图

普通热电偶按其安装的连接形式可分为固定螺纹连接方式、固定法兰连接方式、活动法兰连接方式、无固定装置等多种形式。

2. 铠装热电偶

铠装热电偶又称为套管热电偶。它是由热电极、绝缘材料和金属套管三者经拉伸加工而成的坚实组合体，如图 2-9 所示。它的特点是可以做得又细又长，使用时根据需要能够任意弯曲变形。铠装热电偶的主要优点是测温端热惯性小，动态响应快，机械强度高，寿命长，可安装在结构复杂的装置上，被广泛应用在各种工业生产中。

3. 薄膜热电偶

薄膜热电偶是利用真空蒸镀（或真空溅射）、化学涂层等工艺，将热电偶材料沉积在绝缘基板上，从而形成一层很薄的金属薄膜，如图 2-10 所示。热电偶测量端非常薄（厚度为 0.01～0.1μm），因而它的热惯性小，反应速度快，常用于测量瞬间变化的表面温度和微小面积上的温度变化。其测温范围为−200℃～300℃。

2.2.2 热电偶材料

按照国际计量委员会规定的《1990 年国际温标》（简称 ITS—90）标准，常用的国际通用热电偶共有 8 种，特性表如表 2-1 所示。

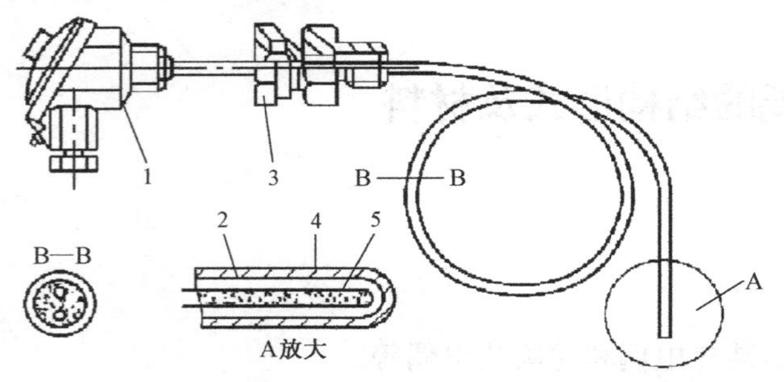

1—接线盒；2—金属套管；3—固定装置；4—绝缘材料；5—热电极；
A—热电偶内部结构图；B—热电偶截面图

图 2-9　铠装热电偶结构图

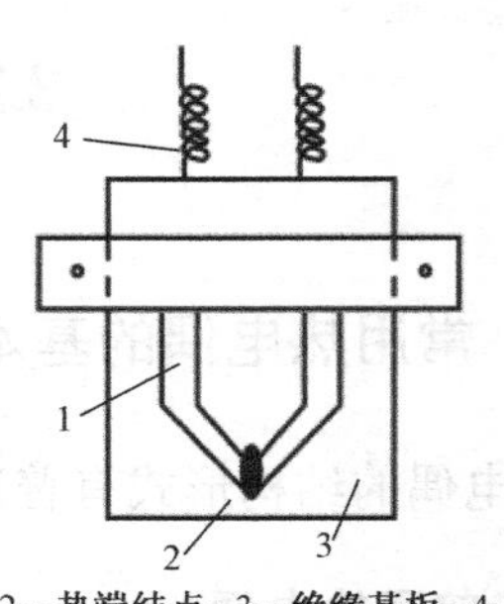

1—热电极；2—热端结点；3—绝缘基板；4—引出线

图 2-10　快速反应薄膜热电偶的结构示意图

表 2-1　8 种国际通用热电偶的特性表

名　　称	分度号	测温范围/℃	100℃时的热电动势/mV	1 000℃时的热电动势/mV	特　　点
铂铑 30-铂铑	B	50～1 820	0.033	4.834	熔点高，测温上限高，性能稳定，准确度高，价格昂贵，热电动势小，线性差，只适用于高温域的测量
铂铑 13-铂	R	–50～1 768	0.647	10.506	测温上限较高，准确度高，性能稳定，重复性好，热电动势较小，不能在金属蒸汽和还原性气体中使用，在高温下连续使用时其特性会逐渐变坏，价格昂贵，多用于精密测量
铂铑 10-铂	S	–50～1 768	0.646	9.587	测温上限较高，准确度高，性能稳定，重复性好，热电动势较小，不能在金属蒸汽和还原性气体中使用，在高温下连续使用时其特性会逐渐变坏，价格昂贵，但性能不如 R 型热电偶，曾经作为国际温标的法定标准电极
镍铬-镍硅	K	–270～1 370	4.096	41.276	热电动势大，线性好，稳定性好，价格低廉，材质较硬，在高于 1 000℃时长期使用会引起热电动势漂移，多用于工业测量
镍铬硅-镍硅	N	–270～1 300	2.774	36.256	一种新型热电偶，各项性能均比 K 型热电偶好，适用于工业测量
镍铬-康铜	E	–270～800	6.319	76.373	热电动势比 K 型热电偶的高一倍左右，线性好，耐高湿度，价格低廉，但不能用于还原性气体，多用于工业测量
铁-康铜	J	–210～760	5.269	57.953	价格低廉，在还原性气体中较稳定，但纯铁易被腐蚀和氧化，多用于工业测量
铜-康铜	T	–270～400	4.279	—	价格低廉，加工性能好，离散性小，性能稳定，线性好，准确度高，铜在高温时易被氧化，测温上限低，多用于低温域测量，可作为–200℃～0℃温域的计量标准

2.3　热电偶的冷端补偿

热电偶冷端补偿的必要性：

（1）用热电偶的分度表（见表 2-3）查热电动势与温度的关系时，必须满足 t_0=0℃的条件。在实际测温中，冷端温度常随环境温度而变化，这样 t_0 不但不是 0℃，而且也不恒定，因此将产生误差。

（2）一般情况下，冷端温度均高于 0℃，热电动势总是偏小，应想办法消除或补偿热电偶的冷端损失。

2.3.1　补偿导线法

在实际的生产、生活中，由于热电偶的尺寸固定，冷端处于和热端相同的环境温度，此时冷端温度容易受到外界因素的影响，导致测量出现误差。可以采用增大热电偶长度的方式解决误差问题，但是无形中会提高成本。因此实际中采用相对廉价的补偿导线，来延长热电偶的冷端，使之远离高温区，这样不但可以节约大量贵金属，而且可以保证测量精度，如图 2-11 所示为补偿导线法的接线图。常用的补偿导线如表 2-2 所示，补偿导线在 0℃～100℃范围内的热电动势与配套的热电偶的热电动势相等，所以不影响测量精度。

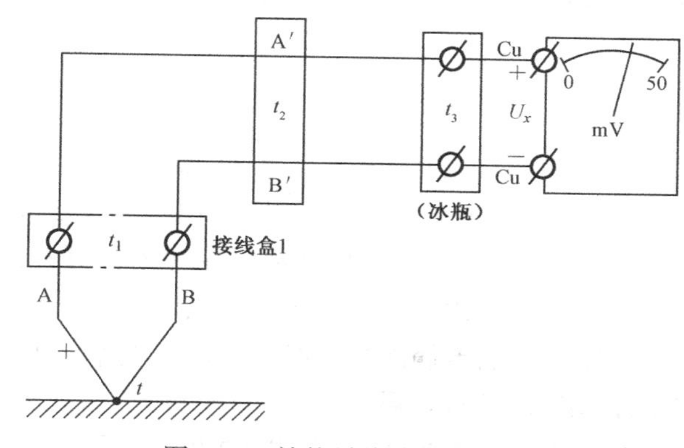

图 2-11　补偿导线法的接线图

表 2-2　常用的热电偶补偿导线

型　　号	配用热电偶正-负	导线外皮颜色正-负	100℃时的热电动势/mV
RC	铂铑 13-铂	红-绿	0.647
NC	镍铬硅-镍硅	红-黄	2.744
EX	镍铬-康铜	红-棕	6.319
JX	铁-康铜	红-紫	5.264
TX	铜-康铜	红-白	4.279

2.3.2　冷端恒温法

常用的冷端恒温法有以下三种类型。

（1）将热电偶的冷端放置在冰水混合物的冰瓶中，这种使冷端温度保持 0℃不变的方法称为冰浴法，如图 2-12 所示。采用这种方法可以消除冷端温度 $t_0 \neq 0$ ℃而引起的误差。由于在现实环境中冰融化的过程比较快，因而一般只能在实验室中使用，实际生活中难以实现。

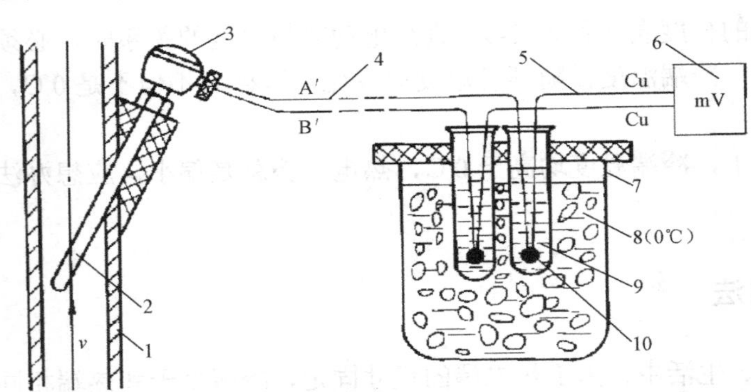

1—被测流体管道；2—热电偶；3—接线盒；4—补偿导线；5—铜质导线；6—毫伏表；7—冰瓶；8—冰水混合物；9—试管；10—新的冷端

图 2-12　冰浴法的接线图

（2）将热电偶的冷端放置在电热恒温器中，使冷端温度保持稳定。

（3）将热电偶的冷端放置在恒温的空调房中，使冷端温度保持恒定。

2.3.3　计算修正法

当热电偶的冷端温度 $t_0 \neq 0$ ℃时，由于热端与冷端的温度差随冷端的变化而发生变化，所以测得的热电动势 $e_{AB}(t,t_0)$ 与冷端为 0 ℃时所测得的热电动势 $e_{AB}(t, 0℃)$ 不等。若冷端温度高于 0℃，则 $e_{AB}(t,t_0) < e_{AB}(t, 0℃)$。可以利用中间温度定律来计算并修正测量误差

$$e_{AB}(t,0℃) = e_{AB}(t,t_0) + e_{AB}(t_0,0℃) \tag{2-8}$$

例 2-1　用镍铬-镍硅（K 型）热电偶测炉温时，冷端温度 $t_0 = 30℃$，用测温毫伏表测得的热电势 $e_{AB}(t,30℃) = 38.512\text{mV}$，试求炉温 t。

解：查表 2-3 得 $e_{AB}(30℃, 0℃) = 1.203\text{mV}$。由式（2-8）可得

$$e_{AB}(t,0℃) = e_{AB}(t,30℃) + e_{AB}(30℃,0℃)$$
$$=38.512\text{mV}+1.203\text{mV}=39.715\text{mV}$$

查表 2-3 得知，计算结果 39.715mV 与表中数据 39.708mV 最接近，因此求得此时炉温 $t \approx 960℃$。

表 2-3　镍铬-镍硅（K 型）热电偶的分度表　　单位：mV

t/℃	0	10	20	30	40	50	60	70	80	90
−300				−6.458	−6.441	−6.404	−6.344	−6.262	−6.158	−6.035
−200	−5.891	−5.730	−5.550	−5.354	−5.341	−4.913	−4.669	−4.411	−4.138	−3.852
−100	−3.554	−3.243	−2.920	−2.587	−2.243	−1.889	−1.527	−1.156	−0.778	−0.392
0	0.000	0.397	0.798	1.203	1.612	2.023	2.436	2.851	3.267	3.682
100	4.096	4.509	4.920	5.328	5.735	6.138	6.540	6.941	7.340	7.739

续表

t/℃	0	10	20	30	40	50	60	70	80	90
200	8.138	8.539	8.940	9.343	9.747	10.153	10.561	10.971	11.382	11.795
300	12.209	12.624	13.040	13.457	13.874	14.293	14.713	15.133	15.554	15.975
400	16.397	16.820	17.243	17.667	18.091	18.561	18.941	19.366	19.792	20.218
500	20.644	21.071	21.497	21.924	22.350	22.766	23.203	23.629	24.055	24.480
600	24.905	25.330	25.755	26.179	26.602	27.025	27.447	27.869	28.289	28.710
700	29.129	29.548	29.965	30.382	30.798	31.213	31.628	32.041	32.453	32.865
800	33.275	33.685	34.093	34.501	34.908	35.313	35.718	36.121	36.524	36.925
900	37.326	37.725	38.124	38.522	38.918	39.314	39.708	40.101	40.949	40.885
1 000	41.276	41.665	42.035	42.440	42.826	43.211	43.595	43.978	44.359	44.740
1 100	45.119	45.497	45.873	46.249	46.623	46.995	47.367	47.737	48.105	48.473
1 200	48.838	49.202	49.565	49.926	50.286	50.644	51.000	51.355	51.708	52.060
1 300	52.410	52.759	53.106	53.451	53.795	54.138	54.479	54.819		

2.3.4 电桥补偿法

在实际测温中，通常利用电桥电路不平衡时产生的输出电压对热电偶的冷端误差进行补偿，在热电偶测温的同时对冷端进行了补偿，不影响测量精度。

如图 2-13 所示为电桥补偿法的接线图，其工作原理是：当 t_0=0℃时，电桥调至平衡状态，a、b 两点电势差为零，电桥对仪表读数无影响，此时仪表读数显示的是热电偶产生的热电动势；当热电偶冷端温度上升时，热电偶的热电动势将减小，同时电阻 R_{Cu} 阻值增加，电桥失去平衡，a、b 间呈现的电位差 $U_{ab}>0$，如果正好等于减小的热电动势值，仪表读出的热电动势值就不会受到冷端温度的影响，即起到了自动补偿的作用。

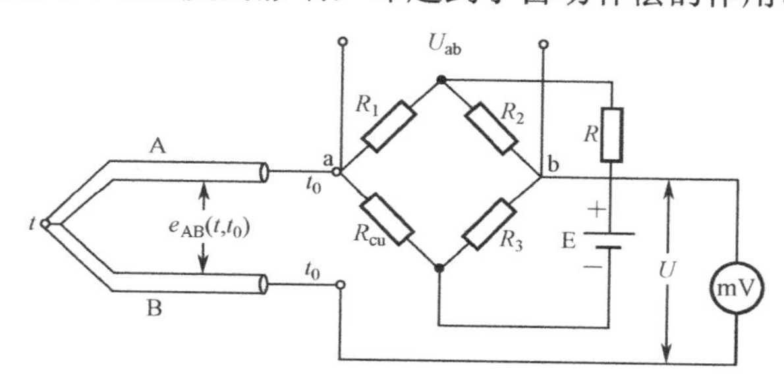

图 2-13　电桥补偿法的接线图

本 章 小 结

热电偶传感器是工业测温所使用的一种传感器，即将温度信号转化为电信号。热电偶是自发电式的传感器，因此不需要外加电源。

两个不同类型的金属导体组成闭合路径，若两接触点温度不同，则在此回路中产生热电动势。热电动势由接触电动势和温差电动势组成。热电偶常见的定律有均质导体定律、中间导体定律、中间温度定律和参考电极定律。热电偶常见的类型包括普通热电偶、铠装热电偶和薄膜热电偶。热电偶冷端容易受到外界环境的温度影响，因此需要进行补偿，常用的补偿方法有补偿导线法、冷端恒温法、计算修正法和电桥补偿法。

习　题　2

2-1　金属导体的热电效应是什么？

2-2　热电动势由哪几部分组成？各部分的决定因素是什么？起主要作用的是哪一部分？

2-3　热电偶的基本定律都有哪些？

2-4　热电偶为什么要使用补偿导线？

2-5　热电偶的冷端补偿方法有哪几种？

2-6　在工业生产中，使用 K 型（镍铬-镍硅）热电偶测量炉温时，自由端温度 t_0=40℃，电位计显示此时热电偶的电动势 $E(t, 40℃) = 32.086\text{mV}$，求此时的炉温 t。

第3章　电阻式传感器

电阻式传感器是指将各种类型的被测非电量（如力、形变、位移、速度和加速度等）的变化量，转换成与被测非电量有一定关系的电阻值的变化量，电阻值的变化量可以反映被测非电量的变化。电阻式传感器具有结构简单、性能稳定、灵敏度高的特点。

常见的电阻式传感器包括电阻应变式传感器、热电阻式传感器、气敏电阻式传感器和湿敏电阻式传感器等。

3.1　电阻应变式传感器

电阻应变式传感器常用于测量力、力矩、加速度和质量等参数，它是利用导体或半导体的应变效应制成的，在测量微小变化量时是一种理想的传感器。

3.1.1　电阻应变式传感器的工作原理

电阻应变效应是指导体或半导体材料在外界力的作用下，产生机械变形，其电阻值也将随着发生变化的现象。

设电阻丝长度为L，截面积为S，电阻率为ρ，则电阻值为

$$R=\frac{\rho L}{S} \tag{3-1}$$

如图3-1所示，当电阻丝受到拉力F作用时，电阻值将发生变化。引起电阻值变化的原因：一是受拉力作用后材料的几何尺寸发生了变化，二是受到拉力作用后材料的电阻率发生了变化。

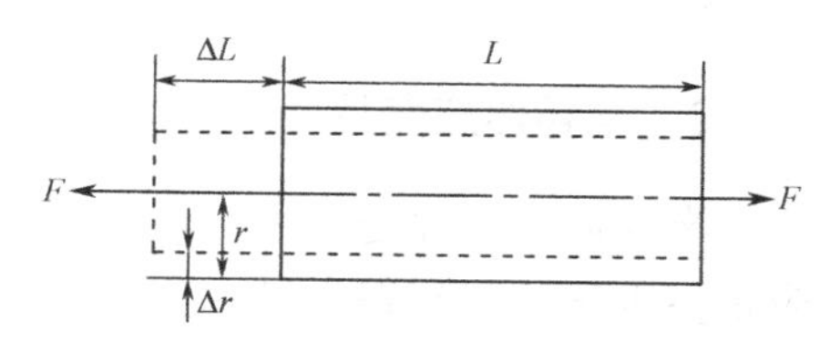

图3-1　导体/半导体电阻丝的应变效应

当所选择的材料不同时，电阻丝受外力作用后的变化量也就不同。半导体材料受到外力作用时，产生的应变会导致电阻率产生很大的变化，通常半导体材料产生的变化量要比金属材料大几十倍。

3.1.2　电阻应变片的类型和结构

电阻应变片可分为金属应变片和半导体应变片两大类。金属应变片又可分为金属丝式、箔式、薄膜式三种。

1. 金属应变片

（1）金属丝式应变片

金属丝式应变片由金属电阻应变丝、基体、保护层和引线等部分组成，如图 3-2 所示。

金属电阻应变丝又称为敏感栅，一般敏感栅的直径为 0.015～0.05mm。制作时先将敏感栅粘贴在绝缘的基体上，为方便测量两端用引线引出，上面再加上保护层，防止外界环境影响其工作。其特点是蠕动较大，金属丝比较容易脱落，成本低，价格便宜。

（2）金属箔式应变片

如图 3-3 所示，金属箔式应变片是通过光刻、腐蚀等工艺，在绝缘基片上制成很薄的金属箔敏感栅。与金属丝式应变片相比，它的点是于敏感栅粘贴面积大，可以更好地随被测物体变形，横向效应小，散热条件好，允许通过的电流值较大，可根据实际需要制成各种形状，便于批量生产等，因此已逐渐取代金属丝式应变片。

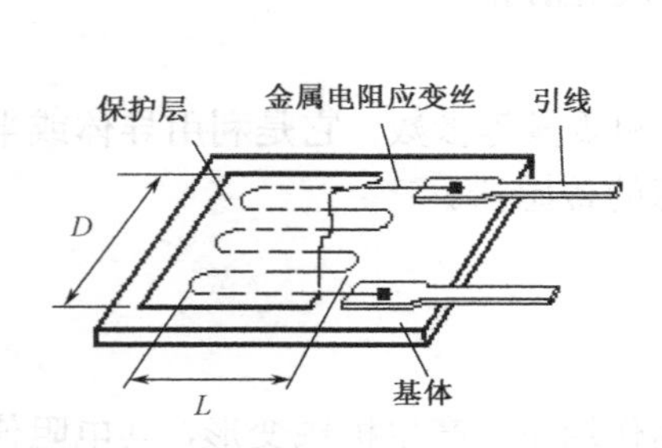

图 3-2　金属丝式应变片的结构

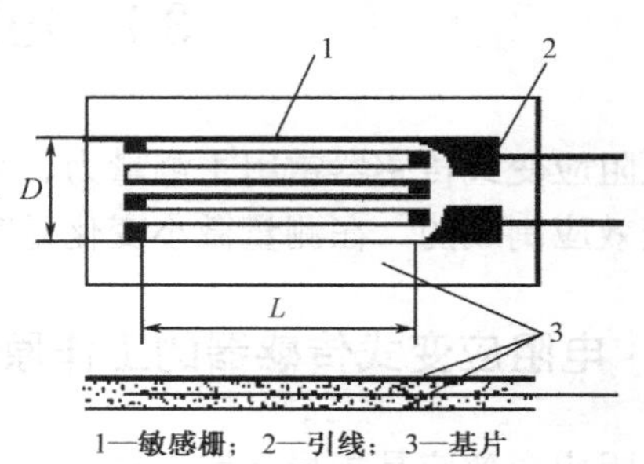

图 3-3 金属箔式应变片的基本结构

（3）金属薄膜式应变片

金属薄膜式应变片是采用真空蒸发或真空沉淀等技术，在非常薄的绝缘基片上形成厚度在 0.1 μm 以下的金属电阻薄膜的敏感栅，再加上保护层而制成的。它的优点是应变灵敏度高、方便批量生产，工作范围广。

2. 半导体应变片

半导体应变片是用半导体材料制成的，测量原理是基于半导体材料的压阻效应。压阻效应是指半导体材料在受外力作用时，半导体材料的电阻率ρ发生变化的现象。它的优势在于灵敏度高、尺寸小、横向效应小、动态响应好，但是又有温度系数大、非线性比较严重等缺点。

3.1.3　电阻应变式传感器的测量转换电路

电阻应变片受到外力作用时，产生的电阻应变很小，如果使用万用表测量其电阻变化量是十分困难的。要把电阻应变片的这些微小应变引起的微小电阻变化测量出来，同时还要将其转化为电压或电流变化，那么就需要采用桥式测量转换电路。如图 3-4 所示为电阻应变片的桥式测量转换电路，电阻 R_1、R_2、R_3、R_4 为电桥的四个桥臂上的电阻，U_i 为电桥的输入电压，U_o 为电桥的输出电压。

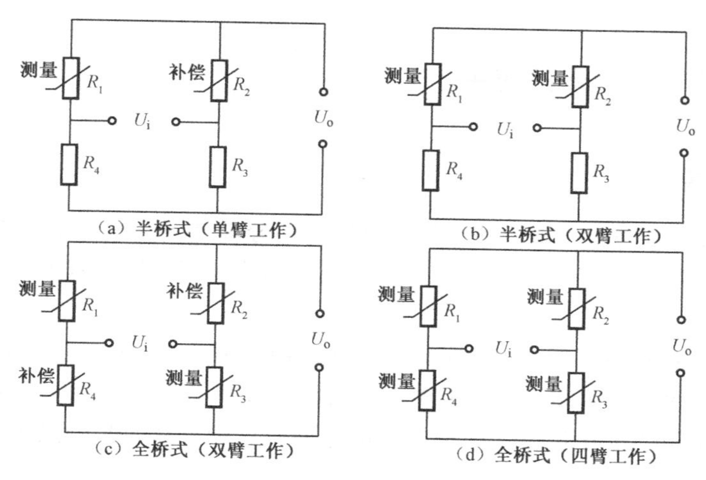

图 3-4 桥式测量转换电路

在图 3-4（a）中，R_1 为测量片，R_2 为补偿片，R_3、R_4 为固定电阻。补偿片起温度补偿的作用，当环境温度改变时，补偿片与测量片阻值同比例变化，使桥路输出不受影响。

无应变时，$R_1=R_2=R_3=R_4=R$，则桥路输出电压为

$$U_o=\frac{U_iR_1}{R_1+R_2}-\frac{U_iR_4}{R_3+R_4}=\frac{R_1R_3-R_2R_4}{(R_1+R_2)(R_3+R_4)}U_i=0 \tag{3-2}$$

有应变时，$R_1=R_1+\Delta R_1$

$$U_o=\frac{U_i(R_1+\Delta R_1)}{R_1+\Delta R_1+R_2}-\frac{U_iR_4}{R_3+R_4}=\frac{(R_1+\Delta R_1)R_3-R_2R_4}{(R_1+\Delta R_1+R_2)(R_3+R_4)}U_i \tag{3-3}$$

代入 $R_1=R_2=R_3=R_4=R$，由 $\Delta R_1/(2R)\ll 1$ 可得

$$U_o=\frac{\Delta R_1}{4R}U_i \tag{3-4}$$

图 3-4（b）所示为半桥式双臂工作，R_1、R_2 均为相同类型的应变测量片，又互为补偿片。有应变时，一片受拉，另一片受压，此时阻值为 $R_1+\Delta R_1$ 和 $R_2-\Delta R_2$。可以计算输出电压为

$$U_o=\frac{\Delta R_1}{2R}U_i \tag{3-5}$$

图 3-4（c）所示为全桥测量电路，R_1、R_3 均为相同类型的应变测量片，有应变时，两片同时受拉或同时受压。R_2、R_4 为补偿片。可以计算输出电压为

$$U_o=\frac{\Delta R_1}{2R}U_i \tag{3-6}$$

图 3-4（d）所示为四个桥臂上的电阻均为测量片的电路，且互为补偿，有应变时，必须使相邻两个桥臂上的应变片一个受拉，另一个受压。可以计算输出电压为

$$U_o=\frac{\Delta R_1}{R}U_i \tag{3-7}$$

3.1.4 电阻应变式传感器的应用

1. 应变式荷重传感器

在日常生活中，测力和称重所使用的传感器大部分都是应变式荷重传感器，如图3-5（a）所示为应变式荷重传感器的外形图，图中 F 为外界力，4个电阻应变片的电阻分别是 R_1、R_2、R_3 和 R_4。

应变式荷重传感器的原理是：将应变片粘贴在铜质圆柱的表面，当受到外界力 F 的作用时，等截面轴产生应变。如图3-5（b）所示，电阻应变片 R_1 和 R_3 受压，电阻应变片 R_2 和 R_4 受拉，应变片的电阻的变化量转化成电压或电流的变化量，从而起到测量的作用。

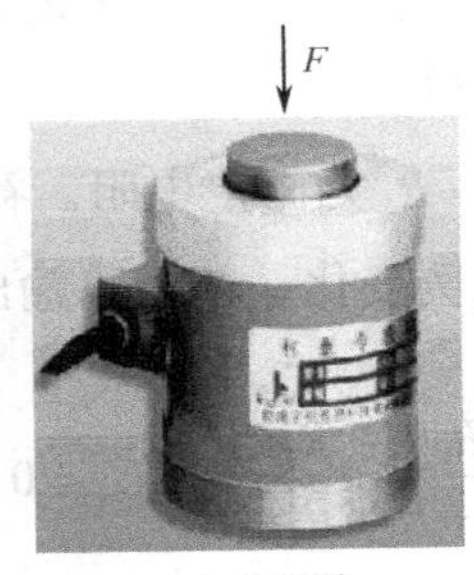

（a）外形图

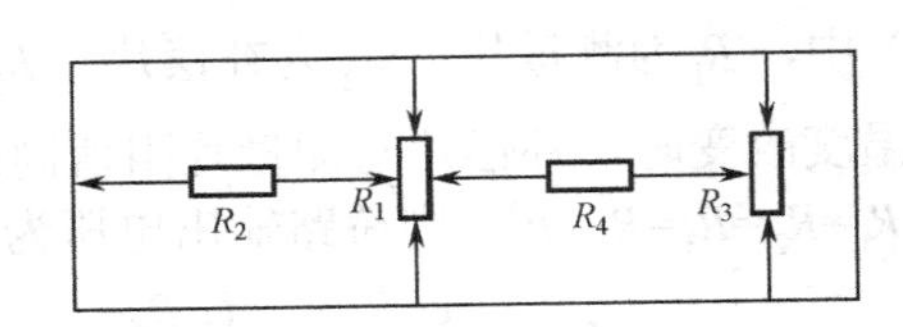

（b）应变片在等截面圆柱展开图上的位置

图3-5 应变式荷重传感器

2. 应变式加速度传感器

应变式加速度传感器是一种测量加速度的传感器，通常使用金属箔应变片或半导体应变片作为敏感元件。如图3-6所示为应变式加速度传感器的结构图。其工作原理是：测量时，被测物体和壳体5固定，当被测物体产生加速度时，惯性质量块1的惯性力会使悬臂梁2产生弯曲变形，应变片4感受到应变后，应变片4的电阻发生变化，此时测量电路不平衡，输出的电压反映加速度的大小。其优点是体积小、质量轻、输出阻抗低。

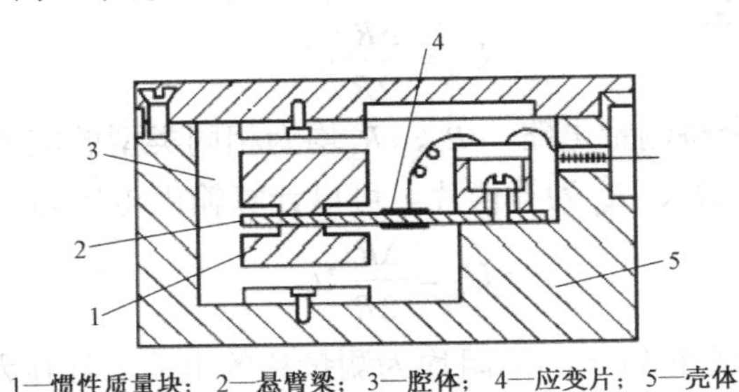

1—惯性质量块；2—悬臂梁；3—腔体；4—应变片；5—壳体

图3-6 应变式加速度传感器的结构

加速度传感器可用于检测ESP系统内部的车体的运动状态，有时还用于检测前轮垂直方向的运动状态。通常来说，用于检测车体的运动状态的两个加速度传感器被安装在前减震器与弹簧顶部固定点附近。而靠近轮毂的加速度传感器则是被安装在减震器和车轮弹簧附近区域。这样，就能够通过两组传感器的测量数据计算出车体与车轮的垂直距离差。在更先进的轮毂传感器系统中，加速度传感器则被距离传感器替代，用于直接测量车轮与车体之间的距离。另外，在许多 ESP 系统中，车辆的中部或后部还额外安装有一个用于检测车辆颠簸的加速度传感器，能够略微消除车体在加速或减速时的倾斜。

3．压阻式压力传感器

压阻式压力传感器是普遍使用的用于测力的一种传感器。其优点是精度高、工作可靠、体积小、输出信号大。如图 3-7 所示为压阻式压力传感器的结构，主要由高压腔、低压腔、硅膜片和引线组成。

硅膜片两边有两个压力腔，一个是与被测系统相连接的高压腔，另一个是低压腔，低压腔通常与大气相通。当硅膜片两边存在压力差时，硅膜片产生应变。硅膜片上的应变电阻受到应变力的作用，电阻值发生变化，电桥电路失去平衡，输出的电压与膜片两边的压力差成正比。

4．生物医学的应用

压阻式压力传感器具有尺寸小、高输出精度、稳定可靠的特性，是医学上理想的测试手段。如图 3-8 所示为注射针型压阻式压力传感器，该传感器可长期插入生物体内观测生物体信息，其扩散硅膜片的厚度只有 10μm，外径可以小到 0.5mm。

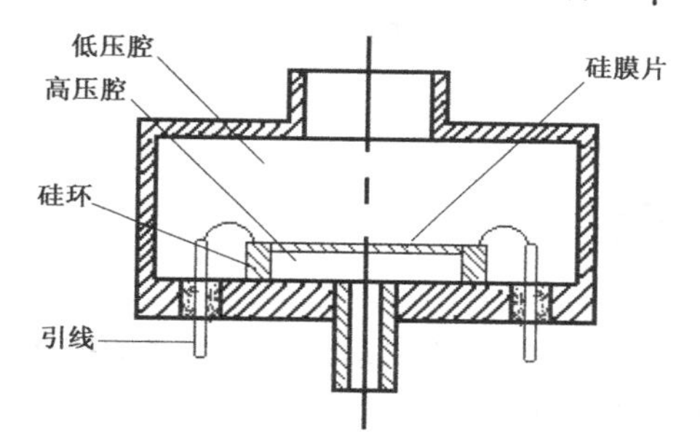

图 3-7　压阻式压力传感器的结构

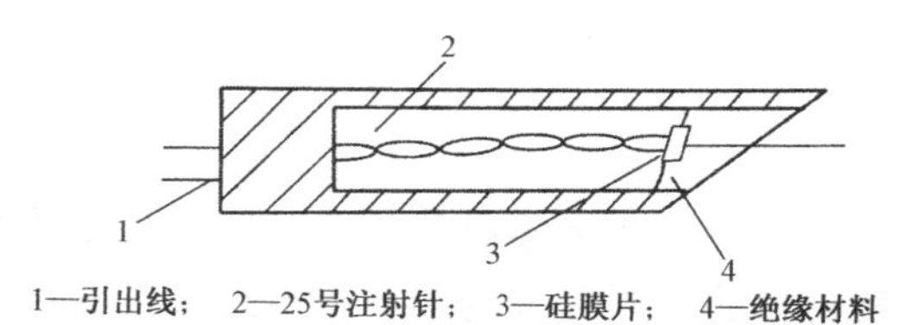

图 3-8　注射针型压阻式压力传感器

如图 3-9 所示为可插入心内导管中的压阻式压力传感器。该传感器的技术数据是悬臂梁的固有频率和电桥输出电压。常用于测量心血管、颅内、尿道、子宫、眼球内的压力。

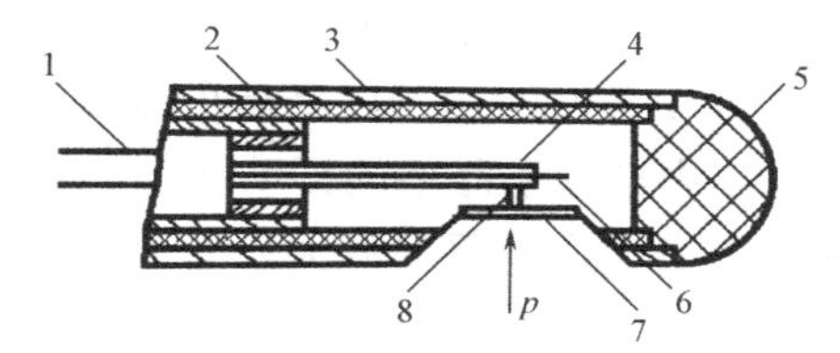

图 3-9　心内导管中的压阻式压力传感器

测量压力的还有脑压传感器、脉搏传感器、食道、尿道压力传感器、小型血压传感器、肾脏压力传感器等，如图 3-10 所示为脑压传感器。

5. 电子秤

电子秤是采用现代传感器技术、电子技术和计算机技术于一体的电子称量装置，能满足并解决现实生活中的“快速、准确、连续、自动”的称量要求，同时能有效地消除人为误差，使之更符合计量管理和工业生产过程控制的应用要求。

如图 3-11 所示，当物体放在秤盘上时，因重量而产生压力施给传感器，传感器发生形变，从而使阻抗发生变化，同时使激励电压发生变化，输出一个变化的模拟信号。信号经放大电路放大输出到模数转换器，转换成便于处理的数字信号输出到 CPU。CPU 根据键盘命令以及程序将这种结果输出到显示器，显示出对应的结果。

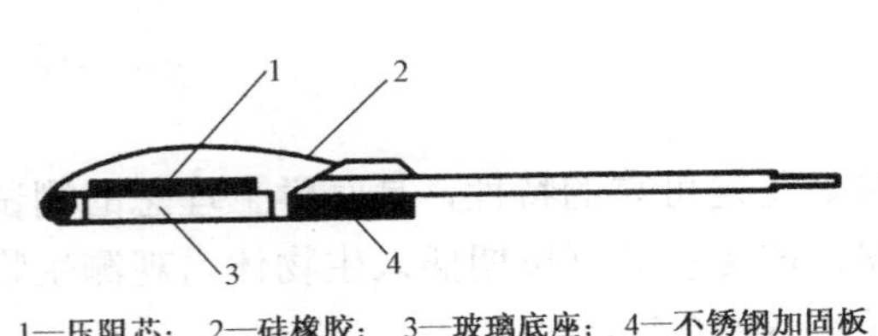

1—压阻芯；2—硅橡胶；3—玻璃底座；4—不锈钢加固板

图 3-10　脑压传感器

图 3-11　称重用电子秤

3.2　热电阻式传感器

热电阻式传感器是利用导体或半导体的阻值随温度变化而变化的原理进行测温的。按照其材料的不同可分为金属热电阻式传感器和半导体热敏电阻式传感器。

3.2.1　金属热电阻式传感器

金属热电阻式传感器又称为热电阻式传感器，测量原理是利用热电阻效应，即利用金属导体的电阻值随温度的变化而变化进行测温的。热电阻广泛用来测量–220℃～850℃范围内的温度，少数情况下，低温可测量 1K（–272℃），高温可测量 1000℃。

金属导体的温度升高时，金属内部原子晶格的振动加剧，从而使金属内部的自由电子通过金属导体时的阻碍增大，宏观上表现出电阻率变大，电阻值增加，称其为正温度系数，即电阻值与温度的变化趋势相同。

金属热电阻的材料主要是铂和铜。

1. 铂热电阻

铂热电阻的特点是测温精度高、性能稳定。铂热电阻的测温范围为–200℃～850℃。

图3-12所示为铂热电阻的结构图。

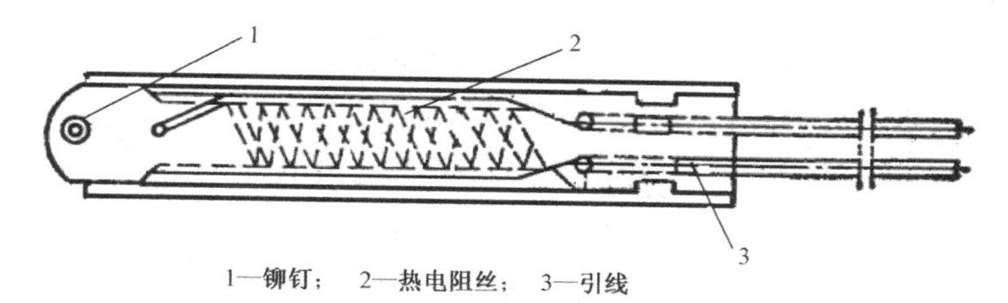

1—铆钉；2—热电阻丝；3—引线

图3-12 铂热电阻的结构

当温度 t 在–200℃～0℃时，铂热电阻与温度的关系为

$$R_t = R_0[1 + At + Bt^2 + Ct^3(t - 100℃)] \tag{3-8}$$

当温度 t 在0℃～850℃时，铂热电阻与温度的关系为

$$R_t = R_0(1 + At + Bt^2) \tag{3-9}$$

式中，R_t 和 R_0 分别为 t℃和0℃时的铂电阻值；A、B、C 为常数，其数值为

$$A = 3.9684 \times 10^{-3}/℃$$

$$B = -5.847 \times 10^{-7}/℃^2$$

$$C = -4.22 \times 10^{-12}/℃^4$$

由式（3-8）和式（3-9）可知，铂热电阻 R_t 不仅与温度 t 有关，还与其在0℃时的电阻值 R_0 有关。工业用铂热电阻有 $R_0 = 10\Omega$ 和 $R_0 = 100\Omega$ 两种，它们的分度号分别为 Pt_{10} 和 Pt_{100}，其中 Pt_{100} 比较常用。

2. 铜热电阻

由于铂是贵金属，铂热电阻的成本较高，在测量精度要求不高、温度范围在–50℃～150℃时普遍采用铜热电阻，可以降低成本。铜热电阻的结构如图3-13所示。

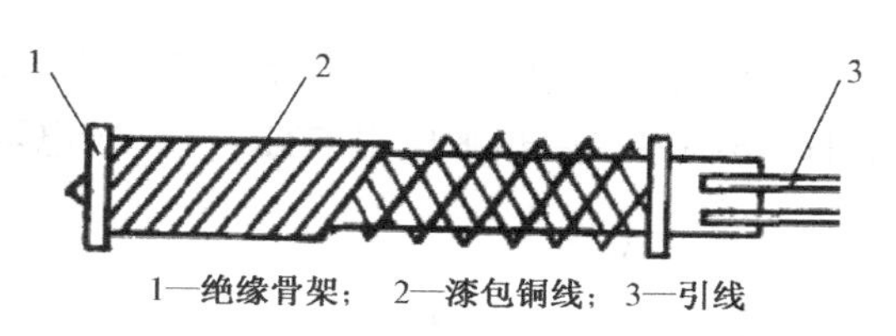

1—绝缘骨架；2—漆包铜线；3—引线

图3-13 铜热电阻的结构

铜热电阻与温度的关系为

$$R_t \approx R_0(1 + a_1 t) \tag{3-10}$$

式中，R_t 和 R_0 分别为 t℃和0℃时的铜电阻值；a_1 为常数，$a_1 = 4.28 \times 10^{-3}/℃$。

铜热电阻 R_0 的分度号 Cu_{50} 为 50Ω，Cu_{100} 为 100Ω。

铂热电阻和铜热电阻的主要技术性能如表3-1所示。

表3-1 铂热电阻和铜热电阻的主要技术性能

材　　料	铂	铜
测温范围/℃	–200～850	–50～150
电阻率/（Ω·m）	9.81×10^{-8}～10.6×10^{-8}	1.7×10^{-8}
特性	近似于线性、性能稳定、精度高	线性较好、价格低、体积大

3．金属热电阻式传感器的测量转换电路

工业测温时，热电阻安装在测温现场，而记录和显示仪器则安装在控制室。要完成测温过程，就需要相当长的引线，引线与电阻串联在一起，引线所产生的电动势将会影响热电阻的测量数据，从而引起误差。因此，工业热电阻多采用三线制接法，如图3-14所示，即从金属热电阻同时引出三根导线，这三根导线具有相同的粗细、长短和电阻值。当热电阻和电桥配合使用时，采用这种三线制接法可以较好地消除引出线电阻的影响，以提高测量精度。

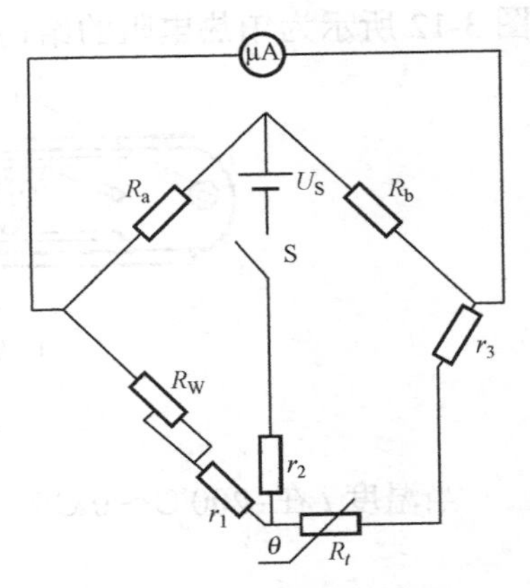

图3-14　热电阻的三线制接法

3.2.2　半导体热敏电阻式传感器

半导体热敏电阻式传感器又称为半导体热敏电阻，材料是半导体，其电阻值会随温度的变化而变化，直接将温度的变化转化为电信号。

1．半导体热敏电阻的特性

半导体的电阻值随温度的升高而急剧减小，并呈现非线性关系，如图3-15所示。

半导体的温度特性是由它的导电方式决定的，其导电方式是载流子（电子、空穴）导电。由于半导体中的载流子的数目比金属中的自由电子少得多，因而它自身的电阻很大。随着温度的升高，半导体中参加导电的载流子数目就会增多，电阻率减小，电阻就会降低。

2．半导体热敏电阻的分类与结构

半导体热敏电阻按温度系数可分为正温度系数热敏电阻PTC和负温度系数热敏电阻NTC与临界温度热敏电阻CTR，温度-电阻特性曲线如图3-16所示。

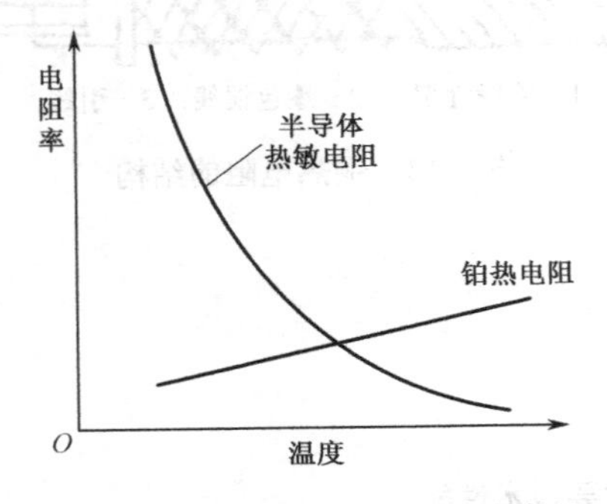

图3-15　铂热电阻和半导体热敏电阻的温度特性曲线

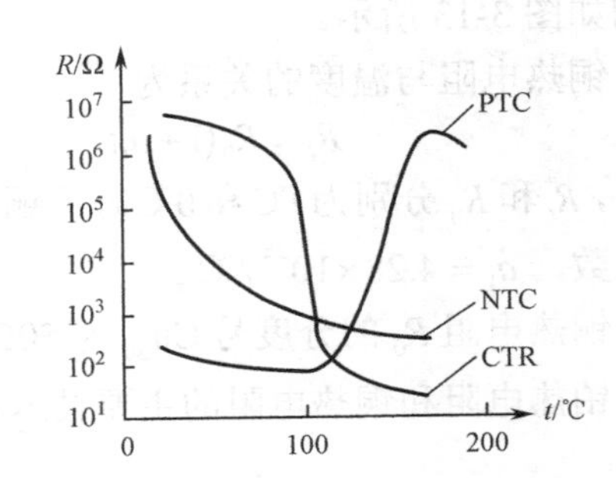

图3-16　半导体热敏电阻的温度-电阻特性曲线

（1）PTC热敏电阻

PTC热敏电阻是一种具有正温度系数的半导体热敏电阻，当测量温度超过标准时，它的阻值会随着温度的升高呈阶跃式升高，如图3-16所示。PTC热敏电阻在工业上用于温度的测量和控制，在生活中可以用来控制冷库温度。PTC热敏电阻容易受外界温度影响，非常

小的电流会产生明显的电压变化，因此使用时流经的电流不宜过大，否则会造成测量误差。

（2）NTC 热敏电阻

NTC 热敏电阻是一种具有负温度系数的半导体热敏电阻，当温度上升时，它的阻值会随着温度的升高而减小，如图 3-16 所示。NTC 热敏电阻的材料众多，改变成分及组成就可以得到不同测温范围、不同电阻温度系数的 NTC 热敏电阻，因此它广泛用于测温。

（3）CTR 热敏电阻

CTR 热敏电阻又称为临界温度电阻器，在温度升高到一定程度，电阻值就会突变，如图 3-16 所示。由于 CTR 热敏电阻随着温度会产生剧变，因此利用 CTR 热敏电阻这一特性可以制作温控开关。

如图 3-17 所示为热敏电阻的各种结构图。

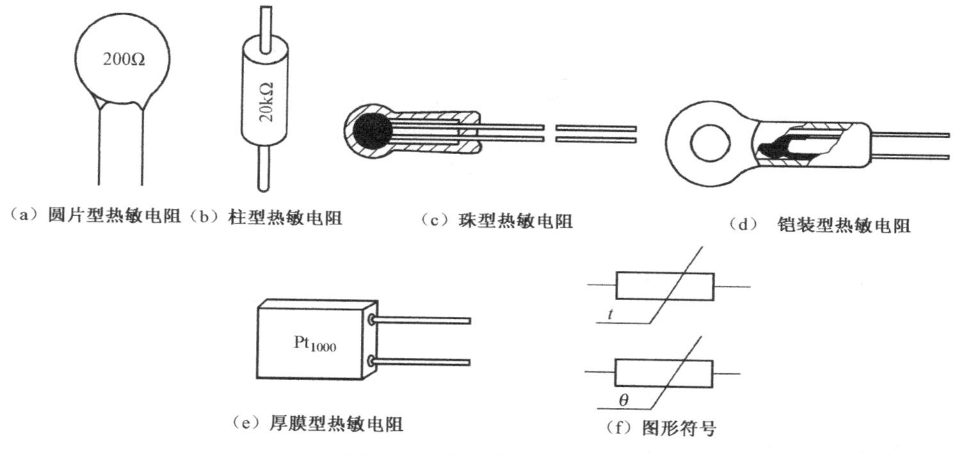

（a）圆片型热敏电阻（b）柱型热敏电阻　（c）珠型热敏电阻　（d）铠装型热敏电阻

（e）厚膜型热敏电阻　（f）图形符号

图 3-17　热敏电阻的结构

3.2.3　热电阻式传感器的应用

1. 热电阻用于温度测量

热电阻具有灵敏度高的特点，利用这一特性对液体、气体、固体、固溶体进行温度测量是热电阻的主要应用。工业测温常用的三线制接法，可以消除外界因素导致的误差。在测量过程中，要保证流经电阻丝的电流不能过大，否则电阻丝会产生过多热量，导致热电阻自身升温，影响测量精度。如图 3-18 所示为热电阻的温度测量电路。

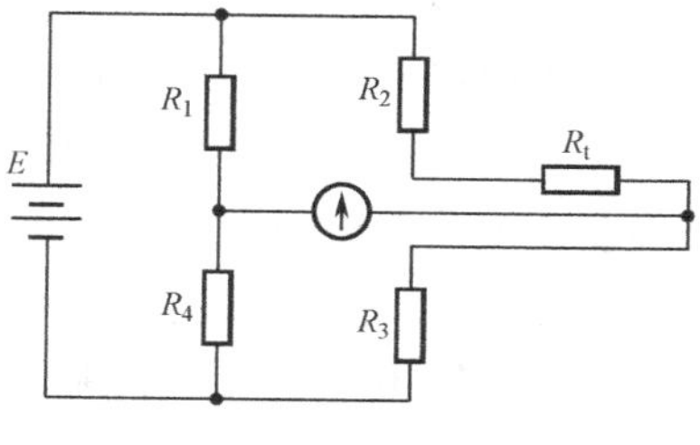

图 3-18　热电阻的温度测量电路

2. 热电阻用于流量测量

气体流过热电阻时会带走热电阻上的热量，利用热电阻上的热量消耗和介质流速的关系可以测量流量、流速、风速等。如图 3-19 所示，热电阻 R_{t1} 为测量电阻，放置在气体流经的中心位置；热电阻 R_{t2} 为补偿电阻，放置在不受外界气体影响的空间。测量电路在气体静止时处于平衡状态，桥路输出为零；当气体流动时，被测介质将 R_{t1} 上的热量带走，使 R_{t1} 和 R_{t2} 的散热情况不一样，R_{t1} 的电阻值会发生变化，电桥失去平衡，产生的信号与气体流量成比例，并在检流计 G 上显示出来。检流计显示的数据反映气体的流速和流量。

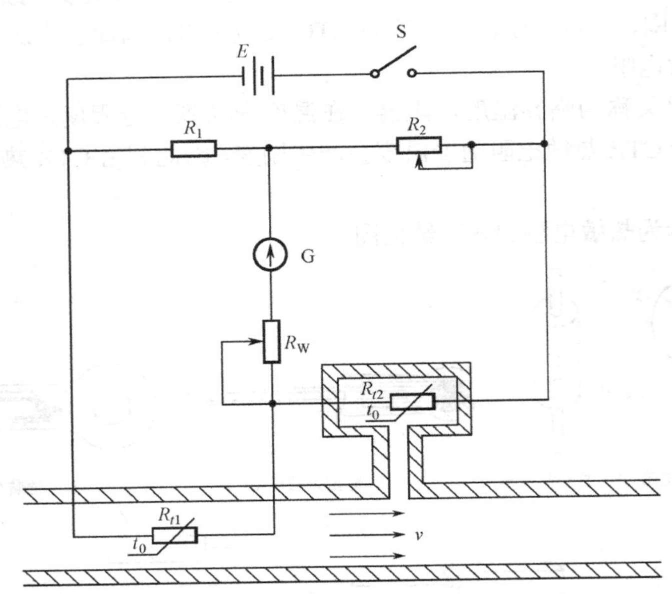

图 3-19　利用铂热电阻测量气体流量的电路原理图

3.2.4　热敏电阻式传感器的应用

1. 热敏电阻用于火灾报警器

如图 3-20 所示，在常温状况下，调整 R_1 的阻值使斯密特触发器的输入端 A 为低电平，则输出端 Y 为高电平，此时没有电流通过蜂鸣器，蜂鸣器不报警；当被测环境的温度升高时，热敏电阻 R_t 阻值减小，斯密特触发器输入端 A 电势升高，当达到某一值（高电平）时，其输出端 Y 由高电平跳到低电平，蜂鸣器通电，从而发出报警声。R_1 的阻值设置不同，则报警温度不同。如果要实现热敏电阻在监测到更高的温度时才报警，此时应该减小 R_1 的阻值，R_1 阻值越小，要求斯密特触发器的输入端达到高电平，则热敏电阻的阻值要求越小，即温度越高。

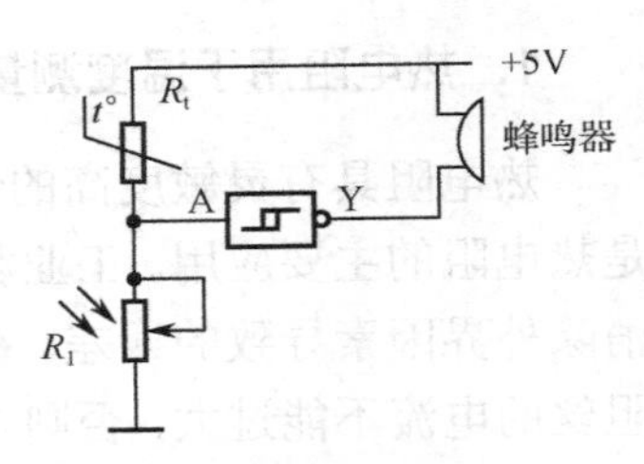

图 3-20　温度传感器用于火灾报警器电路

2. 热敏电阻用于电动机的过热保护控制

电动机经常会出现超负荷、断相及机械传动部分的故障，这些现象会造成绕组发热，当温度升高到超过电动机所能承受的最高温度时，就会使电动机烧坏。利用 NTC 热敏电阻具有负温度系数这一特性可以实现电动机的过热保护。

如图3-21所示为电动机过热保护电路，R_{t1}、R_{t2}、R_{t3}是特性相同的NTC热敏电阻，埋设在电动机绕组的端部。电动机正常运转时，三极管BG截止，继电器KA不工作；当电动机由于故障温度急剧升高时，NTC电阻值急剧减小，所在支路的电流增大，三极管BG导通，继电器KA吸合，继电器开关控制电路停止工作，从而起到保护作用。

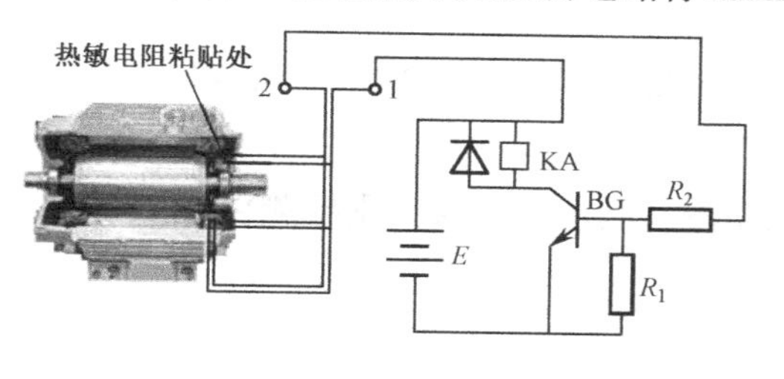

（a）连接示意图

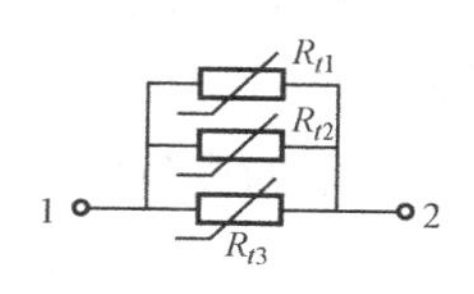

（b）电动机绕组端部热敏电阻的连接方式

图3-21 电动机的过热保护电路

3. 热敏电阻用于液面测量

NTC热敏电阻在施加一定的加热电流后，它的表面温度将高于周围的空气温度，此时阻值较小。当液面高于其安装高度时，液体将带走它的热量，使之温度下降、阻值升高。判断热敏电阻的阻值变化，就可知道液面是否低于设定值。汽车油箱中的油位报警传感器就是利用以上原理制作的，在汽车中热敏电阻还可用于测量油温、冷却水等。

4. 热敏电阻用于汽车温度检测

汽车发动机工作时，发动机控制模块（ECU）需要各类传感器提供发动机的状态参数，其中进气温度传感器用来检测进气温度，并将进气温度信号转变成电信号输送给发动机控制模块（ECU），作为汽车喷油、点火的修正信号。

（1）进气温度传感器的结构及工作原理

进气温度传感器通常由半导体热敏电阻（NTC）、引线、外壳组成，如图3-22所示。

半导体热敏电阻NTC的特性是温度升高时，电阻值减小，如图3-23所示。当发动机的进气温度升高时，传感器的电阻值减小，输出电压减小。

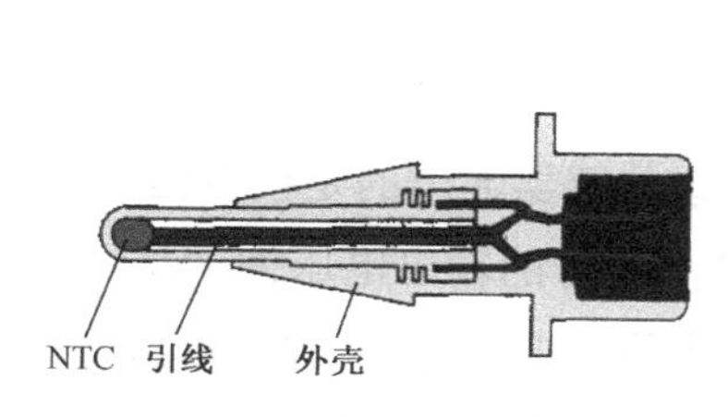

图3-22 进气温度传感器

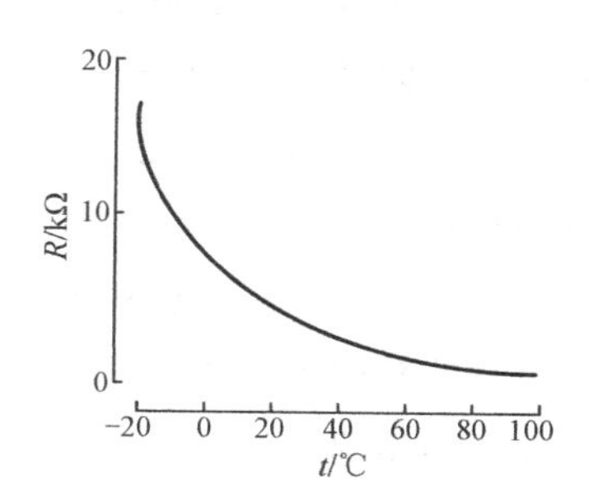

图3-23 进气温度传感器的电阻特性

（2）进气温度传感器的电路连接图

如图 3-24 所示为进气温度传感器与发动机控制模块（ECU）的电路连接图。在 ECU 中有一个标准电阻与传感器的热敏电阻串联，并由 ECU 提供标准电压，信号端子为 THA，E2 端子通过 E1 端子搭铁接地。

（3）进气温度传感器的检测方法

当发动机的进气温度传感器出现故障时需要进行检测，检测的方法如下。

a．万用表检测

如图 3-25 所示为进气温度传感器的电路图，利用万用表分别检测以下参数。

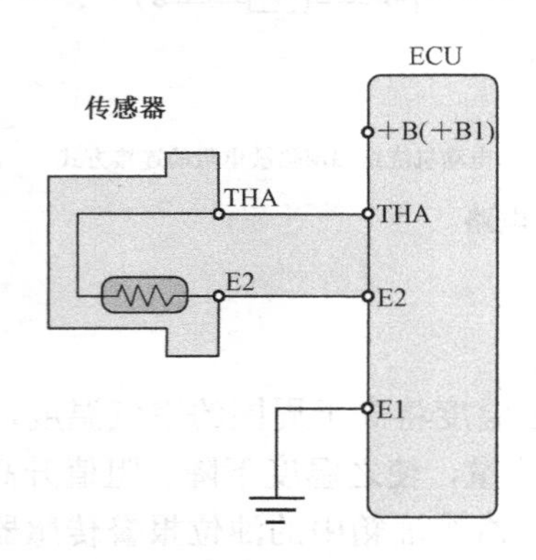

图 3-24　进气温度传感器与 ECU 的连接电路图

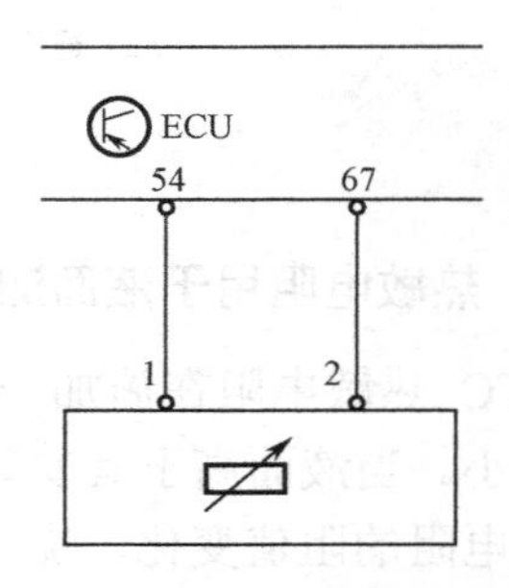

图 3-25　进气温度传感器的电路图

信号线（传感器）：点火开关 ON，测量电压，应与规定值相符（在 1～5V 之间变化）。

电源线（线束插头）：点火开关 ON，5V。

搭铁线：点火开关 OFF，0Ω。

传感器电阻：拆下传感器放入热水中，检查其特性，应与规定相符，以丰田车进气温度传感器为例，其阻值为

- -20℃时电阻 4～7kΩ；
- 20℃时电阻 2～3kΩ；
- 40℃时电阻 900～1300Ω；
- 60℃时电阻 400～700Ω；
- 80℃时电阻 200～400Ω。

b．示波器检测

如图 3-26 所示为进气温度传感器的示波器图。该传感器输出的是模拟信号，在冷车时也就是低温时的输出电压为 3～5V，在热车时也就是高温时的输出电压为 1V。

进气温度传感器出现故障时，发动机会出现怠速不稳、油耗过大、排放超标等故障现象，ECU 此时不采纳该信号，失效保护程序采用固定值 19.5℃来控制发动机工作。

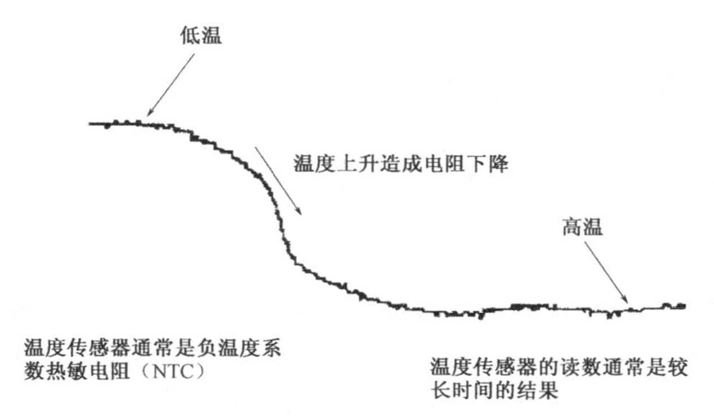

图 3-26　进气温度传感器的示波器图

3.3　气敏电阻式传感器

气体与人们的生产、生活息息相关，常见的气体有氧气、氢气、一氧化碳、二氧化碳、氟利昂、煤气瓦斯、天然气、石油液化气等，其中有一些气体是易燃易爆的，对这些危险性高的气体需要进行检测和控制。气敏电阻式传感器就是用于检测气体成分与浓度，并且把这些信号转换为电信号的传感器。人们可以利用传感器的信号获得气体在环境中存在的信息，从而达到监控或报警的目的。气敏电阻式传感器主要有半导体气敏传感器、接触燃烧式气敏传感器和电化学气敏传感器等，其中用得最多的是半导体气敏传感器。

3.3.1　气敏电阻式传感器的工作原理

气敏电阻式传感器是利用气体在半导体表面发生氧化还原反应导致敏感元件电阻值变化的原理制成的。气敏电阻式传感器工作时，半导体被加热到稳定状态，气体接触到半导体就会被吸附，被吸附的气体分子首先在半导体表面扩散，失去了运动能量，一部分分子被蒸发掉，另一部分分子固定在吸附处，与半导体发生氧化还原反应。根据气体与半导体反应的特性，可以将气体分为两大类，一类为氧化性气体，另一类为还原性气体。

当气敏电阻式传感器遇到氧化性气体（电子接受性气体）时，被测气体与半导体接触，被吸附分子（气体）从半导体中夺得电子而形成负离子吸附。半导体由于失去电子，导电能力降低，因此电阻值会增大。常见的氧化性气体是 O_2。

当气敏电阻式传感器遇到还原性气体（电子供给性气体）时，被测气体与半导体接触，被吸附分子（气体）将向半导体中释放出电子而形成正离子吸附。半导体由于得到电子，导电能力增强，因此电阻值会减小。常见的还原性气体有 H_2、CO、酒精等。

为了提高气体与半导体反应的灵敏度，一般须加热半导体以加快被测气体的化学吸附氧化还原反应（一般温度为 200℃～450℃），同时加热还能把附着在传感器表面的油雾、尘埃烧掉，起到清洁的作用。

3.3.2 气敏电阻式传感器的结构和分类

气敏电阻式传感器一般由敏感元件、加热器和外壳组成。

1．按结构分

气敏电阻式传感器按结构可分为烧结型、薄膜型和厚膜型，如图3-27所示。图3-27（a）所示的烧结型是以氧化物半导体材料为基体，将电极和加热器埋入金属氧化物中，加热加压成型，再用低温制陶工艺烧结制成，又称为半导体陶瓷，制作方法简单，寿命长，但是误差较大；图3-27（b）所示的薄膜型是用蒸发和溅射方法在绝缘基片上形成氧化物薄膜，具有灵敏度高和反应速度快的特点；图3-27（c）所示的厚膜型是将气敏材料和硅凝胶制成厚膜胶，然后将厚膜胶用丝网印刷到装有铂电极的基片上，烧制后制成，具有适合批量生产的特点。

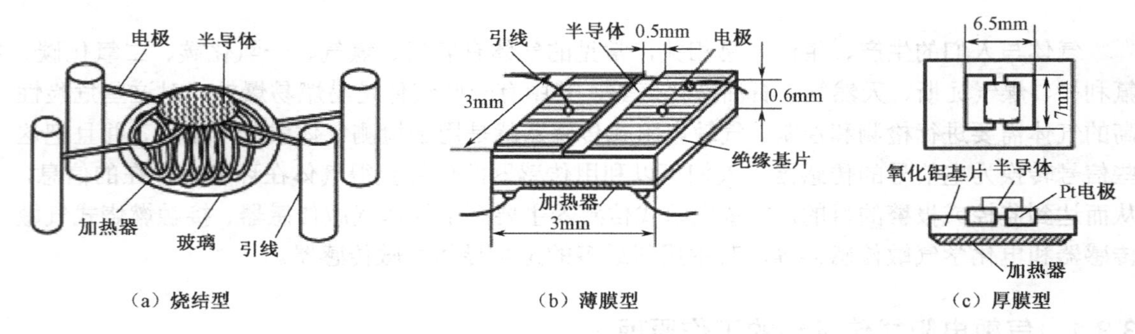

（a）烧结型　（b）薄膜型　（c）厚膜型

图3-27　气敏电阻式传感器的结构

2．按加热方式分

气敏电阻式传感器按加热方式可分为直热型和旁热型。

直热型气敏电阻式传感器如图3-28所示，这种传感器结构简单、成本低，但易受环境气流影响，稳定性差。

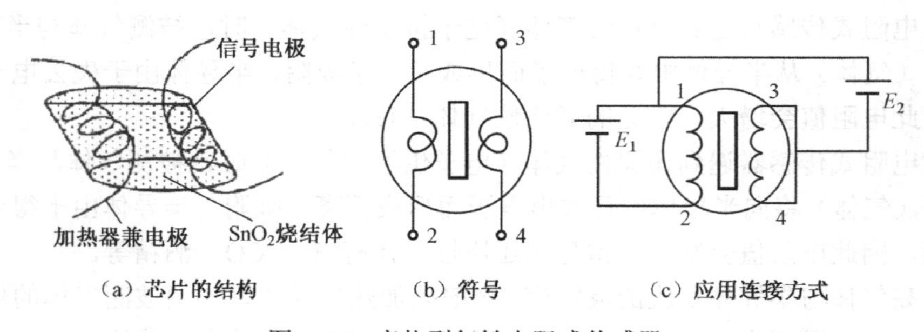

（a）芯片的结构　（b）符号　（c）应用连接方式

图3-28　直热型气敏电阻式传感器

旁热型气敏电阻式传感器如图3-29所示，其管芯结构的测量电路与加热器分离，避免相互干扰，这种传感器的可靠性和使用寿命比直热型高。

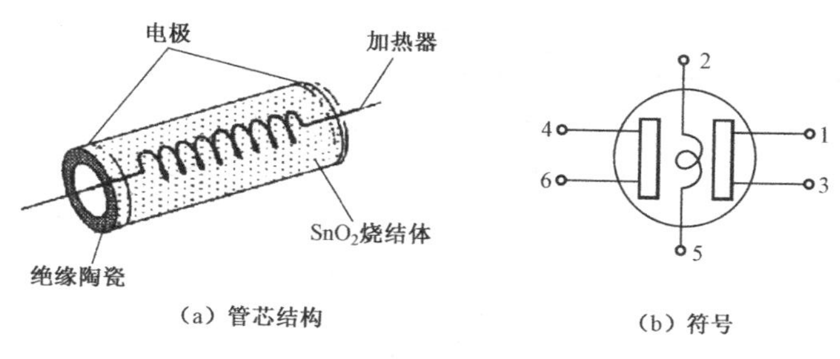

图 3-29 旁热型气敏电阻式传感器

3.3.3 气敏电阻式传感器的应用与检测

1. 简易家用气体报警器

如图 3-30 所示为一种比较简单的家用气体报警器的电路原理图，该电路采用的是直热型气敏电阻式传感器 TGS109。当所测环境的可燃性气体浓度增大时，气敏电阻式传感器接触到可燃性气体，传感器电阻会减小，导致流经测试回路的电流增大，达到蜂鸣器的报警电流，驱动蜂鸣器 BZ 报警。

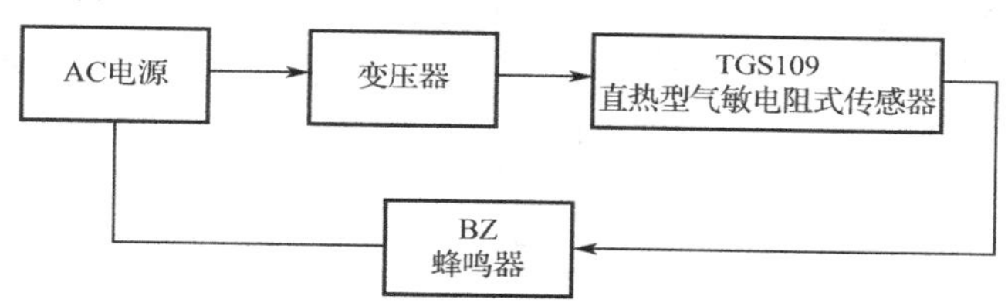

图 3-30 家用气体报警器电路原理图

2. 酒精检测报警器

酒精用途广泛，医疗上用于消毒，生活中可以制作成酒。近年来，酒后驾驶引起的交通事故层出不穷，因此控制酒后驾驶势在必行。如果在车上安装一个酒精检测报警器，就可以警告驾驶员不能酒后驾驶，同时可以控制汽车不能启动，保证驾驶员的安全。

如图 3-31 所示为酒精检测报警器的内部电路，其中三端稳压器 7805 为酒精检测报警器提供稳定的 5V 电压。当酒精检测报警器接触到酒精后，A、B 两点间的电阻减小，电流增大，B 点的电位升高，使高速集成电子开关 TWH8778 达到闭合电压值，TWH8778 闭合后，音乐芯片 IC3 得电工作，经 C_6 输入到 IC4 放大后，由扬声器 Y 发出响亮的报警声，并驱动 LED 闪光报警，同时继电器 KA 动作，其常闭触点断开，切断汽车发动机的点火电路，强制发动机熄火。

3. 火警烟雾报警器

如图 3-32 所示，#109 为烧结性 SnO_2 气敏电阻，对烟雾非常敏感，用于火灾烟雾报警器，可对火灾发生之前或初期进行报警。电路有双重报警装置，当烟雾或可燃性气体达到预定报警浓度时，气敏电阻的阻值减小到使 V_3 触发导通，蜂鸣器鸣响报警；在火灾发生初期，因环境温度异常升高，导致热传感器动作，使蜂鸣器鸣响报警。

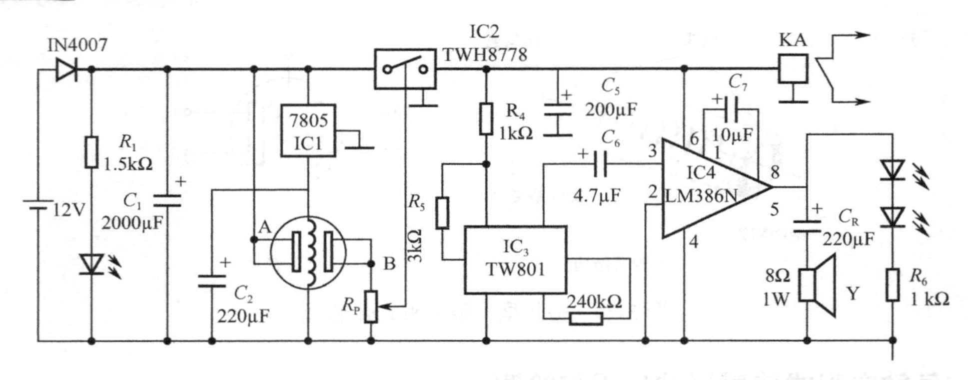

图 3-31　酒精检测报警器的内部电路

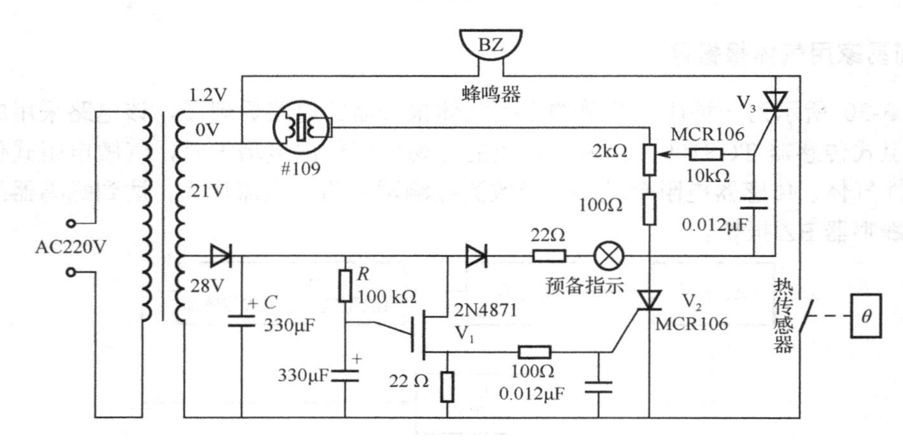

图 3-32　火警烟雾报警器

气敏电阻传感器可用作气体烟雾探测报警器，直接控制家用排风扇，可在室内有害气体（煤气、石油液化气等）达到一定浓度时自动开启排风扇排除有害气体，并发出声、光报警，防止隐患事故的发生。

4．电子鼻

电子鼻是利用气敏传感器阵列的响应图案来识别气味的电子系统，可在几小时、几天甚至数月的时间内连续地、实时地监测特定位置的气味状况。

电子鼻主要由气味取样操作器、气敏传感器阵列和信号处理系统等组成。电子鼻识别气味的主要原理是：阵列中的每个传感器对被测气体都有不同的灵敏度。当某种气味呈现在一种活性材料的传感器面前，传感器将化学输入转换成电信号，由多个传感器对一种气味的响应便构成了传感器阵列对该气味的响应谱。气味中的各种化学成分均会与敏感材料发生作用，所以这种响应谱为该气味的广谱响应谱。为实现对气味的定性或定量分析，必须将传感器的信号进行适当的预处理（消除噪声、特征提取、信号放大等）后采用合适的模式识别分析方法对其进行处理。理论上，每种气味都会有它的特征响应谱，根据其特征响应谱可区分不同的气味。同时还可利用气敏传感器构成阵列对多种气体的交叉敏感性进行测量，通过适当的分析方法，实现混合气体分析。

电子鼻正是利用各个气敏器件对复杂成分气体都有响应却又互不相同的这一特点，借助数据处理方法对多种气味进行识别，从而对气味质量进行分析与评定。

细菌生长时会发出化学气味，电子鼻接触气味后，每个感应器的电阻会各自发生变化。由于每个感应器对应一种不同的化学物质，因此各不相同的电阻变化组成的“格式”便分别代表了不同气味的“指纹”。电子鼻只需要数小时便可发现是否有细菌存在。

电子鼻的应用场合包括环境监测、产品质量检测（如食品、烟草、发酵产品、香精香料等）、爆炸物检测等，在医疗方面可以用于检查身体部位的感染，癌症的检测，帮助病人早发现，早治疗。

5. 汽车用氧传感器

如图 3-33 所示为汽车用氧传感器的结构原理图，汽车用氧传感器是气敏电阻式传感器在汽车上的应用。由于氧气是氧化性气体，因此当汽车上的氧传感器检测到汽车尾气中的氧气浓度较高时，氧传感器的电阻值将增大，此信号可以反映汽车可燃混合气空燃比的状态，可以判断此时是浓混合气还是稀混合气，将此信号输入到汽车发动机电脑 ECU，ECU 经过判断和计算可控制发动机 ECU 输出适合此时发动机工作的信号，起到降低燃油消耗和降低排放的作用。

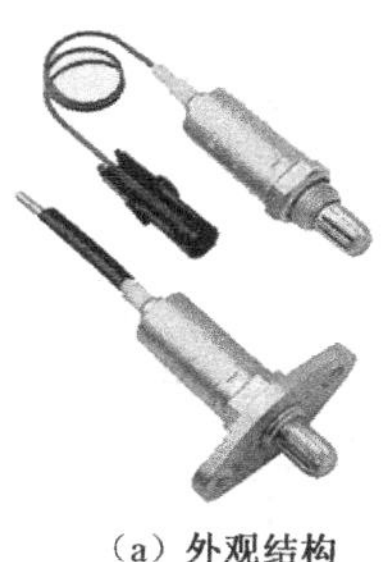

（a）外观结构

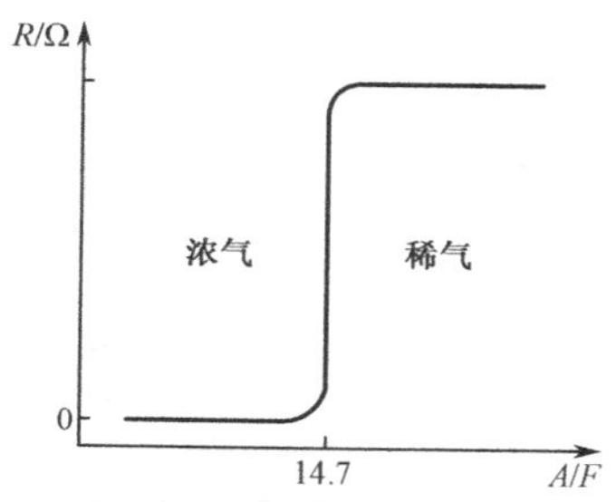

（b）输出电阻R与理想空燃比A/F的关系曲线

图 3-33 汽车用氧传感器的原理

汽车发电机工作时，排气中的氧含量可以反映发动机的空燃比，在特定工况时，氧传感器的信号传递给 ECU，ECU 控制喷油量，使空燃比始终保持在理想值附近，从而得到较好的经济性能。

（1）氧传感器的结构及工作原理

如图 3-34 所示为氧化钛式氧传感器，由二氧化钛元件、导线、金属外壳和接线端子等组成。

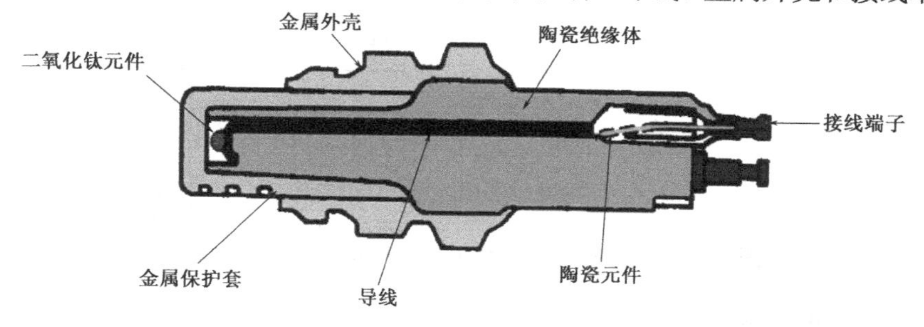

图 3-34 氧化钛式氧传感器的结构图

氧化钛式氧传感器是电阻型的传感器，当排气管中氧气浓度发生变化时，氧传感器的电阻值将发生变化，废气中的氧浓度高时，二氧化钛的电阻值增大；废气中氧浓度较低时，二氧化钛的电阻值减小。

发动机控制模块根据传感器两端的电压来判定混合气的浓度，进而对混合气的浓度进行适当的调整。

氧传感器产生的电压将在理想空燃比为 14.7 时产生突变，如图 3-33（b）所示，浓混合气时，氧传感器输出电压几乎为零，一般为 0.1V；稀混合气时，氧传感器输出电压接近 1V 或 0.9V。

（2）氧传感器的电路连接图

如图 3-35 所示为氧传感器与发动机控制模块（ECU）的连接电路图。通常在发动机上装有两个氧传感器：三元催化器之前是主氧传感器，三元催化器之后是副氧传感器。图中 OXR1、OXL1、OXR2、OXL2 为信号端子，E11 为搭铁端子，主氧传感器利用线圈加热，提高其反应特性，加热电源由主继电器和 ECU 控制。

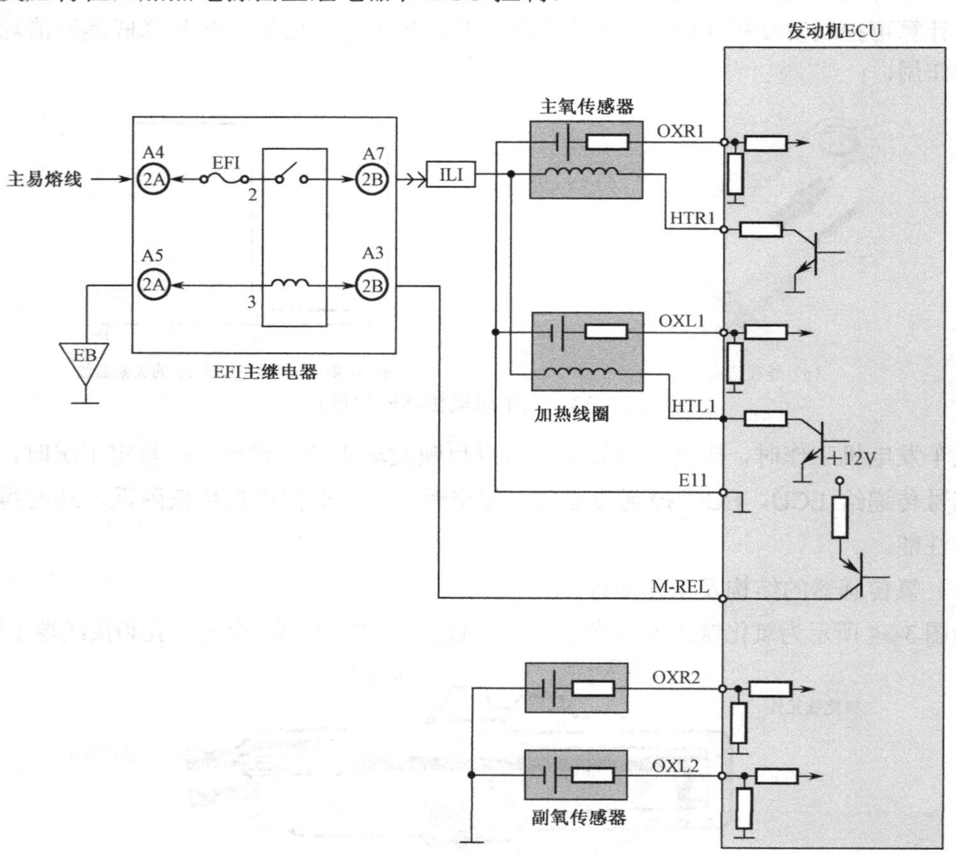

图 3-35　氧传感器与发动机控制模块（ECU）电路图

（3）氧传感器的检测方法

当发动机的氧传感器出现故障时需要进行检测，检测的方法如下。

a．万用表检测

如图 3-36 所示为氧传感器的电路图，利用万用表分别检测以下参数。

① 检测加热线圈：线圈电阻在室温时为 1～5Ω，供电电压在启动后为 12V，搭铁电阻为 0Ω。

② 检测信号电路：

- 动态值：发动机运转 2500r/min，以 0.45V 为中心上下波动次数在 10s 内不少于 8 次；
- 静态值：发动机不运转，0.45～0.5V。

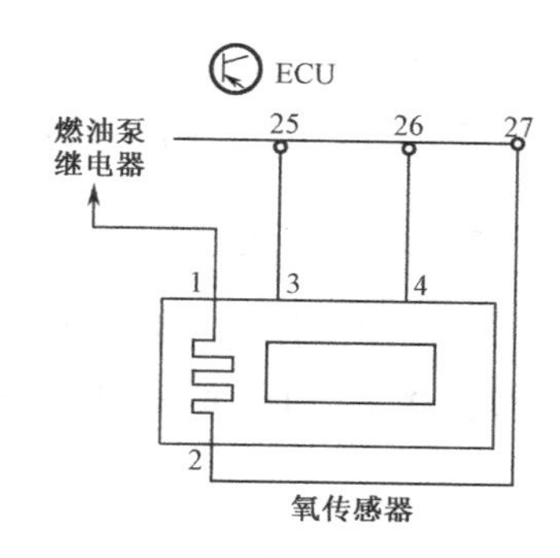

图 3-36　氧传感器的电路图

b．示波器检测

如图 3-37 所示为氧传感器的示波器图。氧传感器的输出信号最高电压大于 850mA，最低为 75～175mA，每 10s 内变化不少于 8 次。

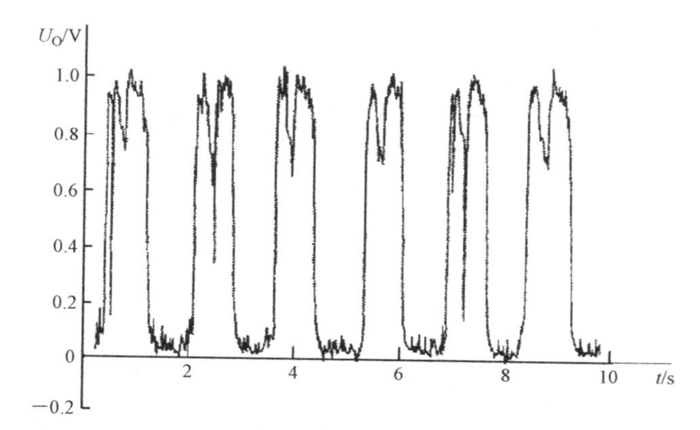

图 3-37　氧传感器的示波器图

在有氧传感器的 EFI 系统中，并不是所有工况都进行闭环控制。在启动、怠速、暖机、加速、全负荷、加速断油等工况下，发动机不可能以理论空燃比工作，此时仍采用开环控制方式。当氧传感器出现故障时，发动机会出现怠速不稳、油耗增大、污染增大等现象。

3.4　湿敏电阻式传感器

湿度测量在生产、生活中十分必要。储存货物的仓库湿度过大，货物容易发霉腐烂；在蔬菜大棚中，湿度大小影响着蔬菜的生长；在集成电路生产车间中，湿度过低容易引起静电，造成电子器件损坏；在粉尘较大的厂房里，湿度过低时粉尘容易产生静电，严重时会造成爆炸；纺纱厂的纱线在湿度过低的环境中容易断，因此需要高湿度环境。

湿敏电阻式传感器是能感受外界湿度的变化，并利用其物理或化学性质的变化，将环境湿度转换为电信号的装置，通常由湿敏元件和转换电路组成。

3.4.1 大气湿度与露点

所谓湿度是指空气中所含水蒸气的量，它反映的是大气的干湿程度，常用绝对湿度和相对湿度表示。固体中的水分含量则被称为含水量。

1．绝对湿度

绝对湿度用每单位体积的混合气体中所含水蒸气的质量表示。一般用符号 AH 表示，单位为g/m³或mg/m³，其表达式为

$$AH=\frac{m_V}{V} \tag{3-11}$$

式中，m_V为待测空气中的水蒸气的质量（g）；V为待测空气的总体积（m³）。

2．相对湿度

在许多与大气湿度相关的现象中，通常与大气的绝对湿度没有直接关系，而与大气中的水蒸气离饱和状态的远近程度有关。

相对湿度是指被测气体中的水蒸气的气压与该气体在相同温度下饱和水蒸气的气压的百分比。用符号 RH 表示，其表达式为

$$RH=\frac{P_V}{P_W}\times 100\% \tag{3-12}$$

式中，P_V为在 t℃时被测气体中的水蒸气的气压（Pa）；P_W为待测空气在温度 t℃下的饱和水蒸气的气压（Pa）。

在标准大气压的不同温度下饱和水蒸气的气压值如表 3-2 所示。

表 3-2　在标准大气压的不同温度下饱和水蒸气的气压值

t/℃	P_W/Pa	t/℃	P_W/Pa	t/℃	P_W/Pa	t/℃	P_W/Pa
−20	0.77	−9	2.13	2	5.29	22	19.83
−19	0.85	−8	2.32	3	5.69	23	21.07
−18	0.94	−7	2.53	4	6.10	24	22.38
−17	1.03	−6	2.76	5	6.45	25	23.78
−16	1.13	−5	3.01	6	7.01	30	31.82
−15	1.24	−4	3.28	7	7.51	40	55.32
−14	1.36	−3	3.57	8	8.05	50	92.50
−13	1.49	−2	3.88	9	8.61	60	149.4
−12	1.63	−1	4.22	10	9.21	70	233.7
−11	1.78	0	4.58	20	17.54	80	355.7
−10	1.93	1	4.93	21	18.65	100	760.0

3．露点

当温度下降到某一温度值时，空气中的水蒸气由气态水蒸气小液滴转化成液态水凝结成

露珠，这一特定的温度被称为空气的露点温度。如果这一温度低于0℃，水蒸气将会结霜，因此，这一温度称为霜点温度，通常两者被统称为露点。

3.4.2 湿敏电阻式传感器的工作原理及类型

水是一种强极性的电介质（水能导电）。水分子极易吸附于固体表面并渗透到固体内部，引起半导体材料的电阻值降低（水分增多，导电能力增强），因此可以利用多孔陶瓷、三氧化二铝等吸湿材料制作湿敏电阻。

常用的湿敏电阻式传感器主要有金属氧化物陶瓷湿敏电阻式传感器、金属氧化物膜型湿敏电阻式传感器、高分子材料湿敏电阻式传感器等。

1. 金属氧化物陶瓷湿敏电阻式传感器

如图3-38所示，金属氧化物陶瓷湿敏电阻式传感器是由金属氧化物多孔陶瓷烧结而成的。烧结体上有微小的细孔，可以使感受湿度的湿敏层吸附或释放水分子，造成其电阻值的变化。外界气体、灰尘等附着在陶瓷基片上时，会影响传感器的测量精度，因此在陶瓷基片外安装由镍铬丝制成的加热线圈，对陶瓷基片进行加热清洗，以减小测量误差。

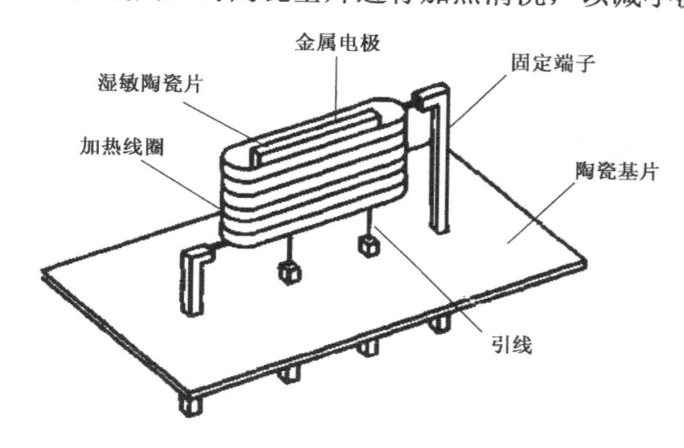

图3-38 金属氧化物陶瓷湿敏电阻式传感器

如图3-39所示，金属氧化物陶瓷湿敏电阻式传感器的电阻值的变化随所处环境的相对湿度的增加而减小，同时又受到周围环境温度的影响。

2. 金属氧化物膜型湿敏电阻式传感器

如图3-40所示为金属氧化物膜型湿敏电阻式传感器的结构图，在陶瓷基片上先制作梳状电极，并固定引线，然后覆盖上金属氧化物，烧结或烘干使之固化成膜。它的特点是传感器电阻的对数值与湿度呈线性关系，具有测湿范围广及工作温度范围大等优点。

3. 高分子材料湿敏电阻式传感器

高分子材料湿敏电阻式传感器是目前发展较快的一种新型湿敏电阻式传感器，如图3-41所示。高分子材料湿敏电阻式传感器的吸湿材料是用可吸湿电离的高分子材料制成的，具有反应速度快、线性程度好、成本低等特点。

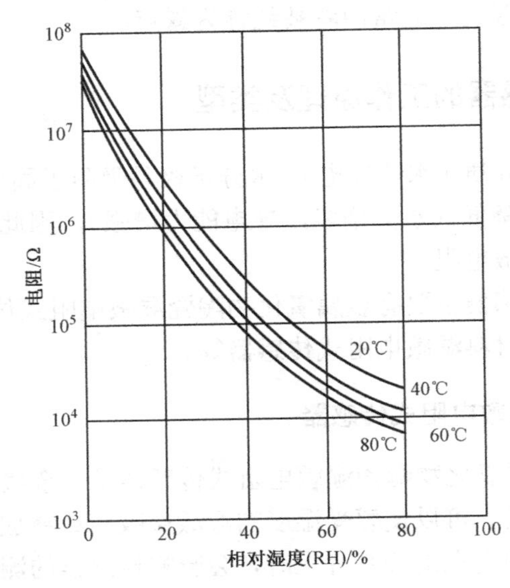

图3-39 金属氧化物陶瓷湿敏电阻式传感器的相对湿度与电阻的关系

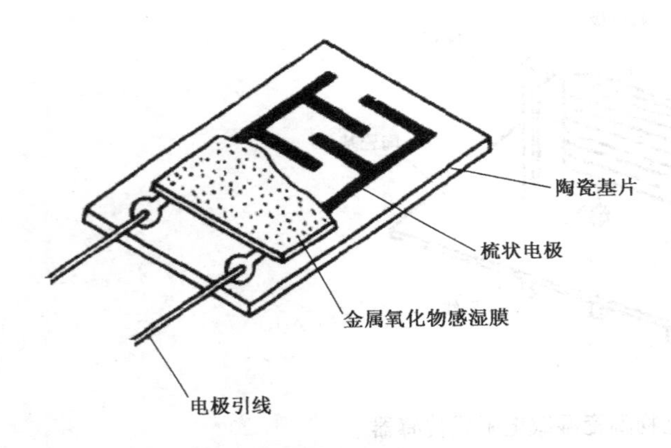

图3-40 金属氧化物膜型湿敏电阻式传感器

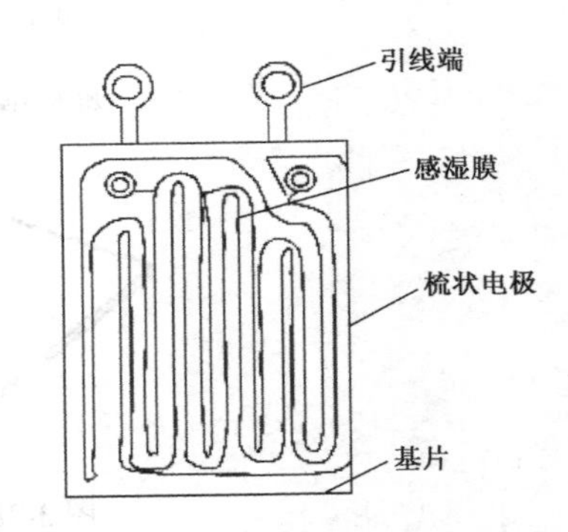

图3-41 高分子材料湿敏电阻式传感器

3.4.3 湿敏电阻式传感器的应用

湿敏电阻式传感器的应用非常广泛，下面介绍一种在汽车上的应用。

如图3-42所示为汽车后窗玻璃自动去湿装置的内部电路。当环境是正常湿度时，R_H电阻较大，导致VT_1导通，VT_2截止，此时继电器KA不工作，LED是灭的状态，R_L上没有电流通过，R_L不加热去湿；当环境湿度增大时，R_H电阻较小，导致VT_1截止，VT_2导通，此时继电器工作，LED点亮，R_L上有电流通过，R_L由于电流作用而发热，后窗玻璃上的潮气被驱散。

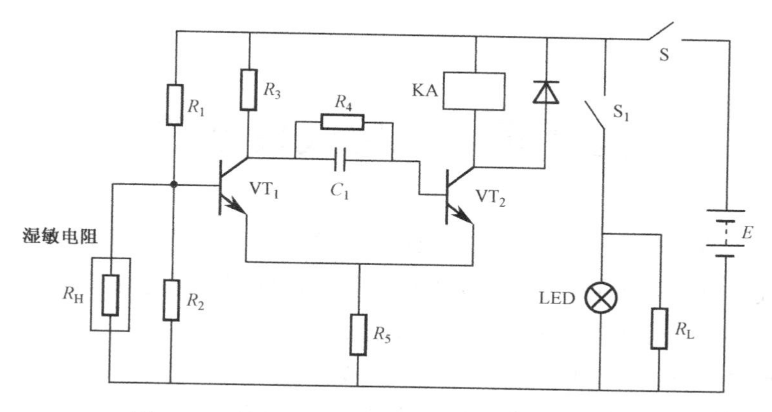

图 3-42　汽车后窗玻璃自动去湿装置的内部电路

本 章 小 结

本章主要介绍了电阻应变式传感器、热电阻式传感器、气敏电阻式传感器和湿敏电阻式传感器。

电阻应变式传感器的测量原理是应变效应，即将电阻应变片的机械变形转换为电阻值的变化，电信号的变化反映应变片的变形量。可以测量力、加速度、位移等。

热电阻式传感器是利用对温度敏感的电阻，将温度的变化转化为电阻的变化，常见的类型有金属和半导体两种，其中半导体热敏电阻 NTC 应用非常广泛。

气敏电阻式传感器是利用半导体材料接触不同气体呈现阻值变化的原理进行测量的，可以检测各种类型的气体。

湿敏电阻式传感器是利用半导体材料吸收水分后阻值变化来测量湿度的，广泛应用于生产、生活中。

习 题 3

3-1　什么是应变效应？

3-2　电阻应变片由哪几部分组成？其工作原理是什么？

3-3　热电阻传感器分为哪两大类？分别有什么特点？

3-4　铜电阻 R_t 与温度 t 的关系为 $R_t=R_0(1+\alpha t)$，已知此铜电阻的分度号为 Cu_{100}，求当温度为 100℃时的铜电阻值。

3-5　气敏电阻式传感器有哪些类型？分别有什么特点？

3-6　气敏电阻式传感器的加热器的作用是什么？

3-7　什么是湿度？什么是含水量？

3-8　怎么区别绝对湿度和相对湿度？

第 4 章　电感式传感器

电感式传感器的原理是：利用电磁感应原理测量位移、压力、流量、振动等信号，将这些信号转换成线圈自感量 L 或互感量 M 的变化量，再利用测量电路转换为电压或电流的变化量输出。这种类型的传感器称为电感式传感器。

电感式传感器具有结构简单、工作可靠、灵敏度高、测量精度高、输出功率较大等优点，其缺点是频率响应较慢，不适用于快速动态测量。电感式传感器可以进行远距离传输、记录、显示和控制信号，广泛应用于工业自动化系统。

电感式传感器种类很多，本章主要介绍自感式、差动变压器式（互感式）、电涡流式三大类电感式传感器。

4.1　自感式传感器

4.1.1　自感式传感器的工作原理

自感式传感器把被测量信号的变化量转换成自感量（电感）的变化量，再由测量转换电路转换成电流或电压输出。如图 4-1 所示为自感式传感器的原理图，当衔铁 4 不受外力时，毫安表的指示值约为几十毫安，用手慢慢将衔铁 4 向下按时，毫安表的读数将逐渐减小，当衔铁 4 与固定铁芯 1 之间的气隙 2 等于零时，毫安表的读数只剩下十几毫安。

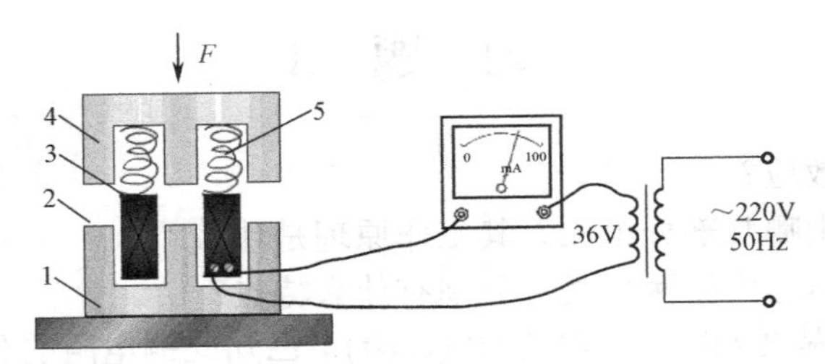

1—固定铁芯；2—气隙；3—线圈；4—衔铁；5—弹簧

图 4-1　自感式传感器的原理图

在图 4-1 中，当衔铁 4 上下移动时，气隙 2 的厚度 δ 将会增大或减小，引起磁场回路中的磁阻变化，导致流过线圈 3 的电流 I 发生变化。因此，可以利用电感随着气隙变化而变化的原理来制作测量位移的自感式传感器。

自感式传感器主要由线圈、铁芯、衔铁及测杆等组成，目前常用的自感式传感器可分为变隙式自感式传感器、变截面式自感式传感器和螺线管式自感式传感器，如图 4-2 所示。

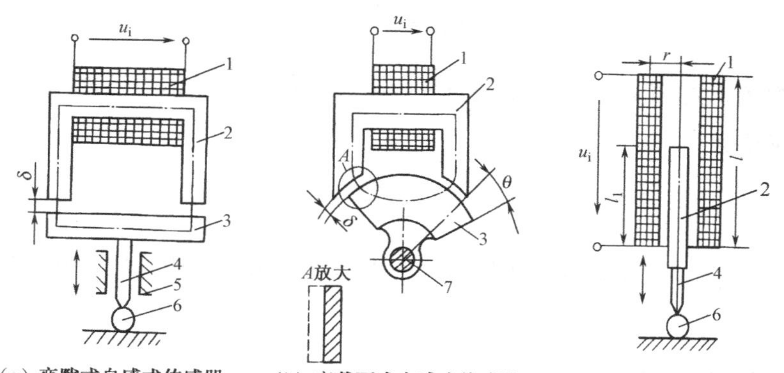

（a）变隙式自感式传感器 （b）变截面式自感式传感器 （c）螺线管式自感式传感器

1—线圈；2—铁芯；3—衔铁；4—测杆；5—导轨；6—被测物体；7—转轴

图 4-2 自感式传感器的结构示意图

1. 变隙式自感式传感器

图 4-3 所示为变隙式自感式传感器的结构原理图，其主要由铁芯、衔铁和线圈组成。其中，δ_0 为铁芯与衔铁的初始气隙长度；N 为线圈匝数；S 为铁芯横截面积。

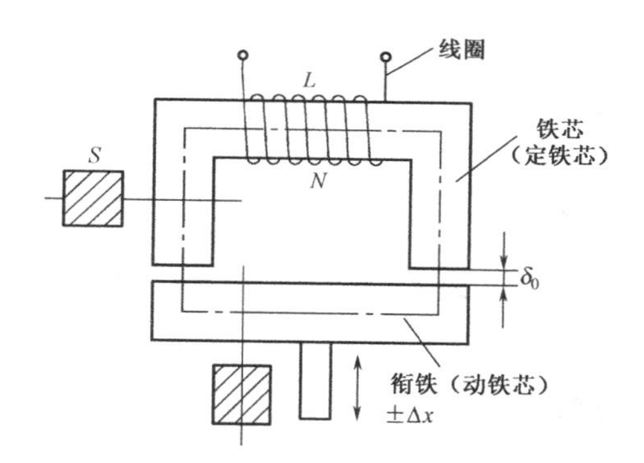

图 4-3 变隙式自感式传感器的原理结构图

设磁路总的磁阻为 R_m，其由两部分组成，分别是导磁体磁阻 R_{m1} 和气隙磁阻 R_{m0}，则线圈电感为

$$L=\frac{N^2}{R_m}=\frac{N^2}{R_{m1}+R_{m0}} \tag{4-1}$$

由于 $R_{m1} \ll R_{m0}$，所以式（4-1）又可以写成

$$L \approx \frac{N^2}{R_{m0}} \tag{4-2}$$

而气隙磁阻 R_{m0} 为

$$R_{m0}=\frac{2\delta_0}{\mu_0 S_0} \tag{4-3}$$

式中，S_0为气隙有效导磁截面积；μ_0为空气的磁导率；δ_0为铁芯与衔铁的初始气隙长度。

则线圈电感值为

$$L=\frac{N^2\mu_0 S_0}{2\delta_0} \tag{4-4}$$

由式（4-4）可知，变隙式自感式传感器的电感和气隙厚度成反比，其输出特性如图4-4所示。

2．变截面式自感式传感器

在变隙式自感式传感器的气隙厚度不变的情况下，铁芯与衔铁之间相对面积随被测物体的变化而变化，导致线圈的电感发生变化，这种形式的传感器称为变截面式自感式传感器，如图4-2（b）所示，其输出特性如图4-5所示。

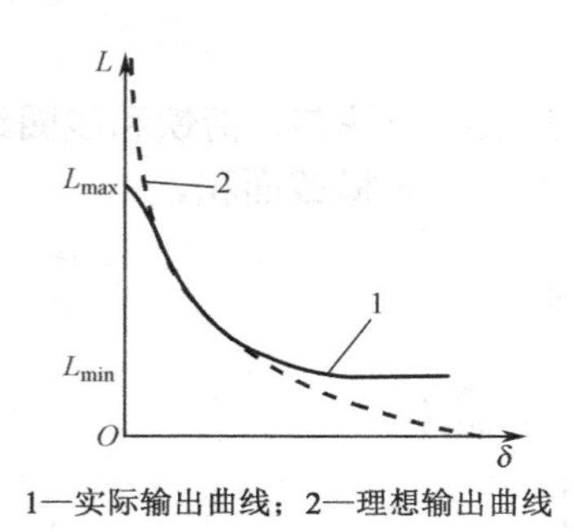

1—实际输出曲线；2—理想输出曲线

图4-4　变隙式自感式传感器的输出特性

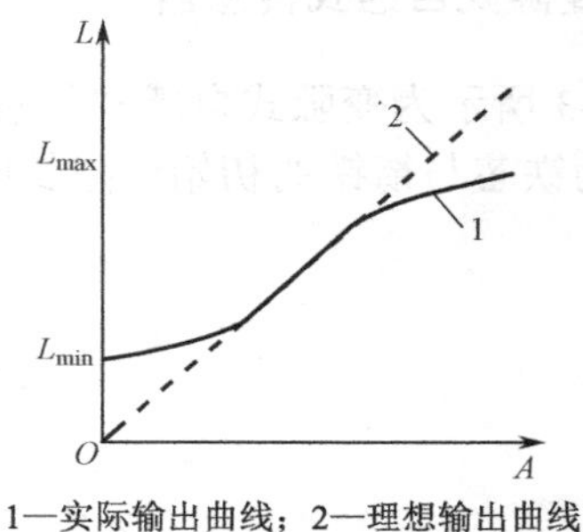

1—实际输出曲线；2—理想输出曲线

图4-5　变截面式自感式传感器的输出特性

3．螺线管式自感式传感器

螺线管式自感式传感器的结构如图4-2（c）所示，其由一个螺线管（线圈）和一根柱形的衔铁组成，衔铁设置在线圈中，可以自由上下移动。螺线管的电感量与衔铁插入深度l成正比。螺线管式自感式传感器常用于测量较大位移，但灵敏度比较低。

上述三种电感式传感器的线圈都输入交流励磁电流，此时衔铁一直受到电磁吸力作用，这种情况会引起附加误差，而且会产生非线性误差。此外，如电源电压、频率、温度的变化等外界的干扰也会使输出产生误差，因此在实际测量中常采用差动形式，其不但可以提高传感器的灵敏度，而且可以减小测量误差。

两个完全相同、单个线圈的自感式传感器共用一个衔铁就构成了差动式自感式传感器，如图4-6所示。

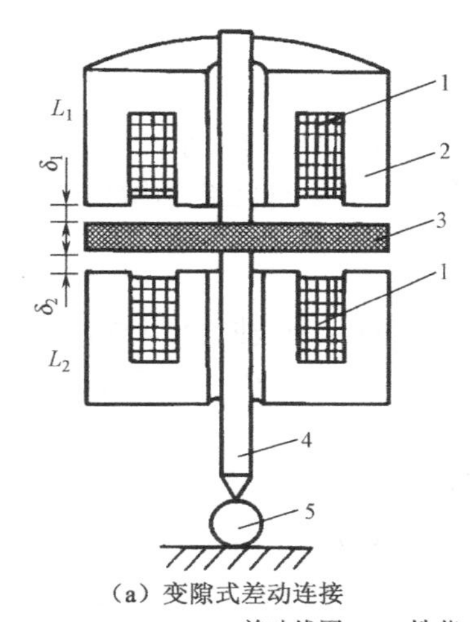

（a）变隙式差动连接

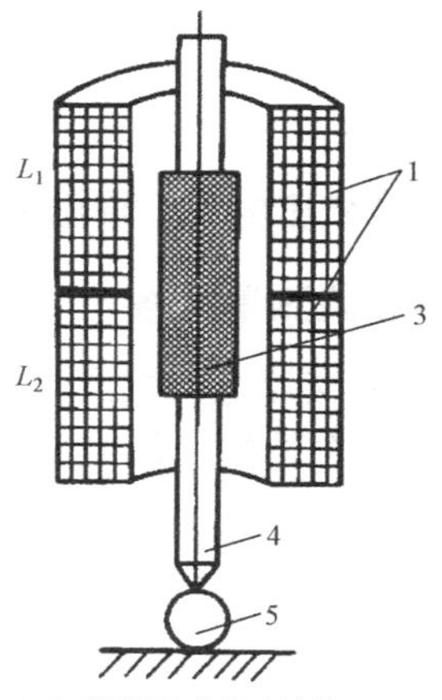

（b）螺线管式差动连接

1—差动线圈；2—铁芯；3—衔铁；4—测杆；5—被测物体

图 4-6　差动式自感式传感器的结构

在差动连接的电感传感器中，当衔铁随被测物体移动偏离中间位置时，两个单个线圈的电感量一个在增大，另一个在减小，形成差动形式。如图 4-7 所示为差动式自感式传感器的输出特性曲线。

从该图可以看出，差动式自感式传感器的线性程度较好，而且输出曲线比较陡，灵敏度约为非差动式自感传感器的两倍。采用差动形式后，不但可以使输出特性线性度提高，灵敏度提升，而且可以对温度、电压、频率和其他外界影响进行补偿。

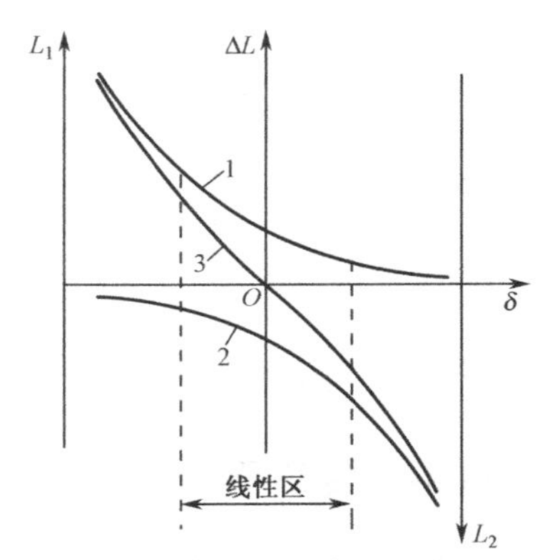

1—上线圈的特性；2—下线圈的特性；

3—差动连接后的特性

图 4-7　差动式自感式传感器的输出特性曲线

4.1.2　自感式传感器的测量转换电路

1．变压器式交流电桥

变压器式交流电桥测量电路如图 4-8 所示，电桥两臂 Z_1、Z_2 为自感式传感器的线圈阻抗，另外两桥臂分别为交流变压器次级线圈的 1/2 阻抗。

当负载阻抗为无穷大时，桥路输出电压

$$\dot{U}_o = \frac{Z_2\dot{U}}{Z_1+Z_2} - \frac{\dot{U}}{2} = \frac{(Z_2-Z_1)\dot{U}}{2(Z_1+Z_2)} \tag{4-5}$$

当传感器的衔铁处于中间位置，即 $Z_1=Z_2=Z$ 时，$\dot{U}_o=0$，电桥平衡。

当传感器衔铁上移时，则 $Z_1=Z+\Delta Z$，$Z_2=Z-\Delta Z$，此时

$$\dot{U}_o = \frac{\Delta Z\cdot\dot{U}}{2Z} = \frac{\Delta L\cdot\dot{U}}{2L} \tag{4-6}$$

当传感器衔铁下移时，即 $Z_1=Z-\Delta Z$，$Z_2=Z+\Delta Z$，此时

$$\dot{U}_o = -\frac{\Delta Z \cdot \dot{U}}{2Z} = -\frac{\Delta L \cdot \dot{U}}{2L} \tag{4-7}$$

从上述两式可知，如果衔铁上下移动相同距离，输出电压的大小相等，但方向（相位）相反。由于$\dot{U}_o$是交流电压，输出指示无法判断位移方向，必须配合相敏检波电路来判断。

2. 交流电桥式测量电路

图 4-9 所示为交流电桥式测量电路，把自感传感器的两个线圈分别作为电桥的两个桥臂Z_1和Z_2，另外两个桥臂用纯电阻代替，对于高Q值（$Q=\omega L/R$）的差动式自感式传感器，其输出电压为

$$U_o = \frac{U\Delta Z_1}{2Z_1} = \frac{U\mathrm{j}\omega\Delta L}{2(R_{m0}+\mathrm{j}\omega L_0)} \approx \frac{U}{2}\frac{\Delta L}{L_0} \tag{4-8}$$

式中，L_0为衔铁处于中间位置时单个线圈的电感；ΔL为单个线圈电感的变化量。

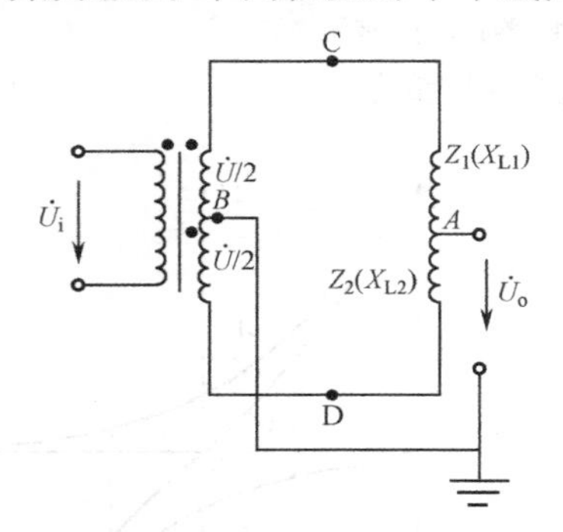

图 4-8　变压器式交流电桥测量电路

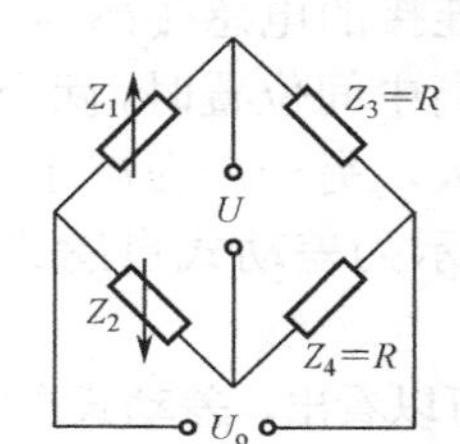

图 4-9　交流电桥式测量电路

4.1.3　自感式传感器的应用

1. 自感式位移传感器

如图 4-10 所示为螺线式管自感式传感器的结构图。测量端 10 利用螺纹固定在测杆 8 上，测杆 8 能够在导轨 7 上自由轴向移动，衔铁 3 固定在测杆 8 的上端，如果测杆 8 移动，就会带动衔铁 3 在自感线圈 4 中移动，自感线圈 4 处于固定磁筒 2 中，设置成差动形式，即当衔铁 3 从中间位置向上移动时，上面线圈的电感增大，下面线圈的电感减小，两个线圈用引线电缆 1 引出，接入测量转换电路。测力弹簧 5 产生测量力，防转销 6 用来防止测杆 8 的转动，密封套 9 的作用是防止尘土进入可换测量端 10 内。导轨 7 消除了径向间隙，可以提高测量精度，灵敏度和使用寿命也可以达到较高指标。因此，该自感式位移传感器广泛应用于几何量的测量领域，如位移、轴的跳动、零件的受热变形等。

2. 自感式压力传感器

如图 4-11 所示为一种自感式压力传感器的结构原理图，采用的是变隙式自感式传感器。主要结构包括 C 形弹簧管、衔铁、铁芯和线圈。当被测压力 P 进入 C 形弹簧管时，其对管壁产生的压力导致 C 形弹簧管变形，使自由端摆动出现位移，与自由端连接成一体的衔铁也产生运动，使线圈 1、线圈 2 中的电感一个增大，另一个减小，电感的变化通过电桥电路转换成电压输出，此电压可反映被测压力 P 的大小。

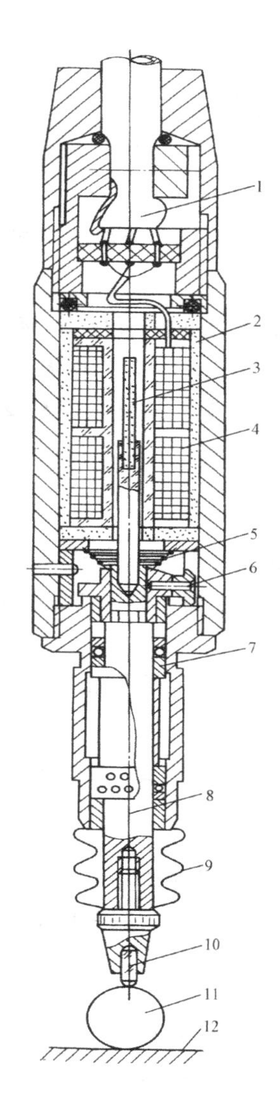

1—引线电缆；2—固定磁筒；3—衔铁；4—自感线圈；5—测力弹簧；6—防转销；7—钢球导轨（直线轴承）；8—测杆；9—密封套；10—测量端；11—被测物体；12—基准面

图 4-10　螺线管式自感式传感器的结构图

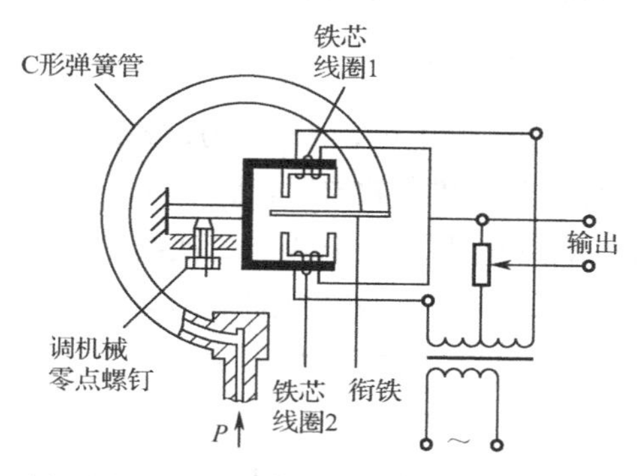

图 4-11　自感式压力传感器的结构原理图

4.2 差动变压器式传感器

在日常生活中，电源用到的单相变压器有一个一次线圈（又称为初级线圈），若干个二次线圈（又称为次级线圈）。当一次线圈加上交流励磁电压 U_i 后，将会在二次线圈中产生感应电动势 U_o。

差动变压器式传感器是把被测量转换为一次线圈与二次线圈间的互感量 M 的变化量的装置。当一次线圈接入激励电源之后，二次线圈就将产生感应电动势，当两者间的互感量变化时，感应电动势也相应变化。由于两个二次线圈采用差动接法，故称为差动变压器。

4.2.1 差动变压器式传感器的工作原理

差动变压器式传感器的结构如图 4-12 所示。在绝缘框架上绕有一组输入线圈（称一次线圈）；在同一绝缘框架的上端和下端再绕制两组完全对称的线圈（称二次线圈），它们反向串联，组成差动输出形式。

理想差动变压器式传感器的等效电路如图 4-13 所示。图中标有“黑点”的一端称为同名端，通俗说法是指线圈的“头”。

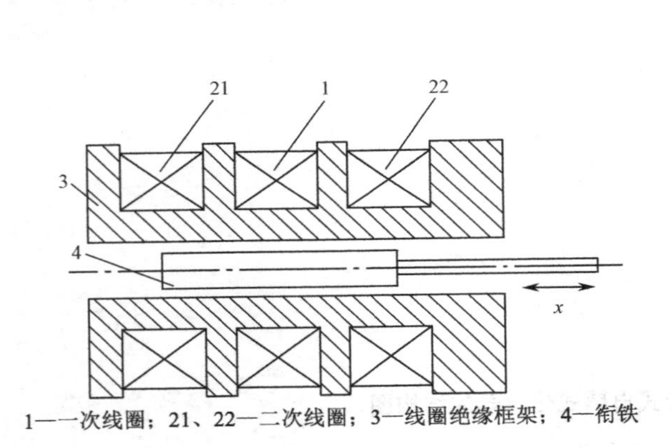

1—一次线圈；21、22—二次线圈；3—线圈绝缘框架；4—衔铁

图 4-12 差动变压器式传感器的结构

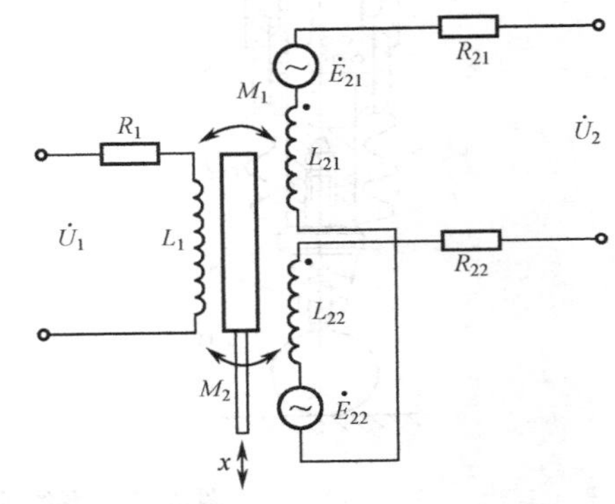

图 4-13 差动变压器式传感器的等效电路

在图 4-13 中，$\dot{U}_1$ 为一次线圈励磁电压，M_1、M_2 分别为一次线圈和两个二次线圈间的互感，L_1 和 R_1 分别为一次线圈的电感和有效电阻，L_{21} 和 L_{22} 分别为两个二次线圈的电感，R_{21} 和 R_{22} 分别为两个二次线圈的有效电阻。由于两个二次线圈反向串联，其感应电动势 $\dot{E}_{21}$ 和 $\dot{E}_{22}$ 的输出电压分别是 $\dot{U}_{21}$ 和 $\dot{U}_{22}$，所以差动输出的电动势为

$$\dot{U}_2=\dot{U}_{21}-\dot{U}_{22} \tag{4-9}$$

衔铁位于中间位置时，$M_1=M_2$，$\dot{U}_2=\dot{U}_{21}-\dot{U}_{22}=0$；衔铁上移时，$M_1>M_2$，$\dot{U}_2=\dot{U}_{21}-\dot{U}_{22}>0$；衔铁下移时，$M_1<M_2$，$\dot{U}_2=\dot{U}_{21}-\dot{U}_{22}<0$。衔铁移动时，$\dot{U}_2$ 随着衔铁位移 x 线性增加，其输出电压特性曲线如图 4-14 所示。

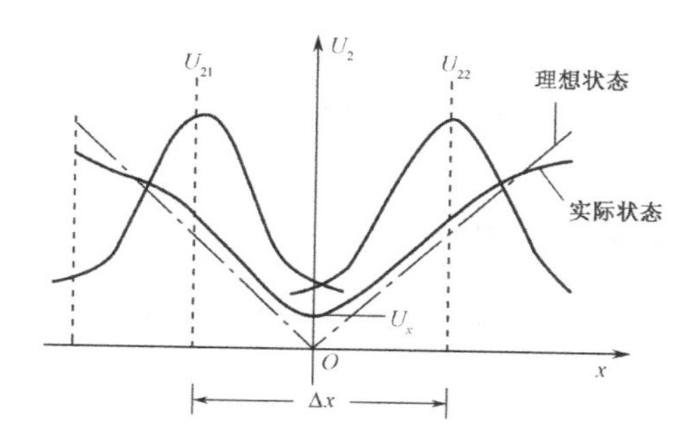

图 4-14　差动变压器式传感器输出电压特性曲线

从图 4-14 中可看出，当衔铁位于中心位置时，输出电压 U_2 并不为零，这个电压就是零点残余电压 U_x，它的存在使差动变压器式传感器的输出特性曲线不经过零点，造成实际特性和理论特性不完全一致，在测量过程中会造成测量误差。差动变压器式传感器的性能好坏由残余电压 U_x 衡量，残余电压 U_x 值越小，此传感器性能越好。

4.2.2　差动变压器式传感器的测量转换电路

差动变压器式传感器最常用的测量转换电路是差动整流电路。把差动变压器式传感器的两个二次线圈的输出电压分别整流，然后将整流电压的差值作为输出，所以称为差动整流电路。此电路不但可以反映被测位移的大小（电压的幅值），还可以反映位移的方向（电压的正负）。

图 4-15 所示为差动整流电路的全波电压输出电路，此电路利用二极管的单向导通特性，在 A、B 点相位变化时，使流经电容 C_1 的电流方向始终是从 2 到 4，电容 C_1 两端的电压为 $\dot{U}_{24}$；在 C、D 点相位变化时，使流经电容 C_2 的电流方向始终是从 6 到 8，电容 C_2 两端的电压为 $\dot{U}_{68}$。

差动变压器式传感器的输出电压为上述两个电容电压之差，即

$$\dot{U}_2 = \dot{U}_{24} - \dot{U}_{68} \tag{4-10}$$

当衔铁在中间位置时，由于 $\dot{U}_{24} = \dot{U}_{68}$，因而 $\dot{U}_2 = 0$；当衔铁在零位以上时，由于 $\dot{U}_{24} > \dot{U}_{68}$，因而 $\dot{U}_2 > 0$；当衔铁在零位以下时，由于 $\dot{U}_{24} < \dot{U}_{68}$，因而 $\dot{U}_2 < 0$。

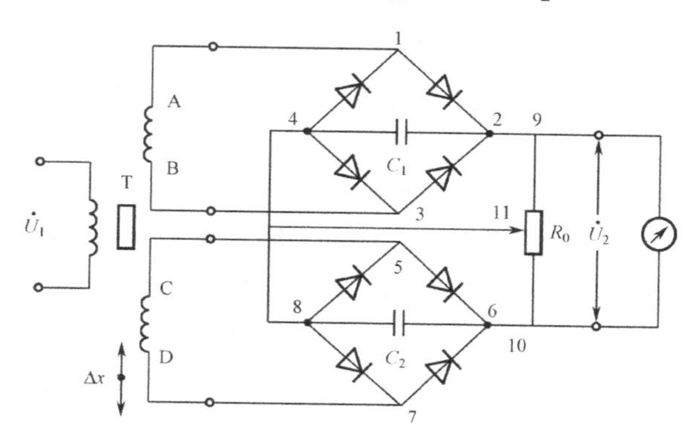

图 4-15　差动整流电路的全波电压输出电路

差动整流电路可以自动消除零点残余电压，可以由输出信号直接判断被测位移的大小和方向。具有结构简单、便于远距离传输、分布电容小等优点，广泛应用于工业测量领域。

4.2.3 差动变压器式传感器的应用

差动变压器式传感器常用于位移测量，同时也可以测量与位移相关的任何机械量，如力、力矩、应变、速度等。

1. 差动变压器式加速度传感器

如图 4-16 所示为差动变压器式加速度传感器的结构原理图，主要由悬臂梁和差动变压器组成，悬臂梁 1 和差动变压器 2 的线圈骨架是固定在一起的，衔铁的 A 端和被测物体相连。测量时，被测物体产生加速度，由于惯性作用衔铁也会产生位移的变化，此时差动变压器中的线圈电感将会变化，差动变压器的输出电压反映位移的变化，从而反映被测物体的加速度变化。

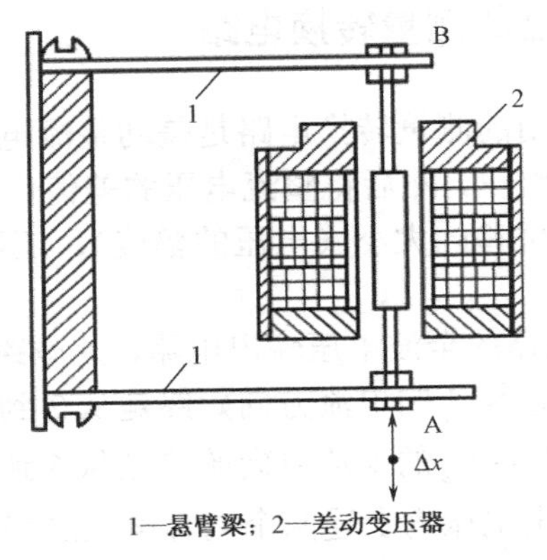

1—悬臂梁；2—差动变压器

图 4-16　差动变压器式加速度传感器的结构原理图

2. 差动变压器式传感器在仿形机床中的应用

在加工比较复杂的机械零件时，常采用一种比较简单和经济的方法，即仿形加工。如图 4-17 所示为差动变压器式传感器在仿形机床中应用的示意图。

如果被加工的工件为一个凸轮，先在机床的左边转轴上固定一个已经加工好的标准凸轮 1，而未加工的毛坯 8 则固定在右边的转轴上，左右两个转轴同步旋转；铣刀龙门架 4 由伺服电动机 6 驱动，顺着立柱 5 的导轨上下移动，铣刀龙门架 4 上面安装着铣刀 7 与电感测微器 3；电感测微器 3 的硬质合金测端 2 与标准凸轮 1 外表轮廓直接接触。仿形机床工作时，当衔铁没有处于差动电感线圈的中心位置时，电感测微器 3 有输出信号，表示毛坯还没有被切割到标准位置，此输出电压经伺服电动机 6 放大后，驱动伺服电动机 6 正转（或反转），带动铣刀龙门架 4 上移（或下移），直到电感测微器 3 的衔铁恢复到差动电感线圈的中间位置为止，此时毛坯的加工达到标准位置。铣刀龙门架 4 上下移动的位置决定了铣刀 7 的切削深度，当标准凸轮 1 转过一个微小的角度时，衔铁上升（或下降），偏离中心位置，此信号决定着减小（或增大）切削的深度，这个过程一直持续到加工出与标准凸轮完全一样的工件为止。

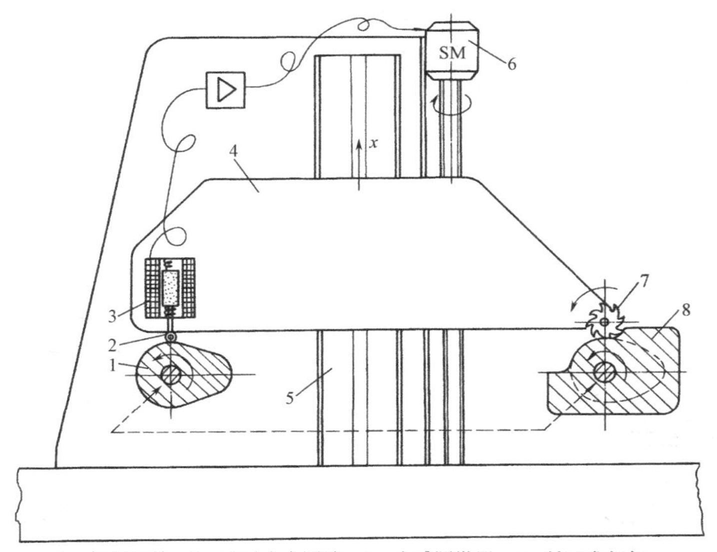

1—标准凸轮；2—硬质合金测端；3—电感测微器；4—铣刀龙门架；
5—立柱；6—伺服电动机；7—铣刀；8—毛坯

图 4-17　差动变压器式传感器在仿形机床中应用的示意图

4.3　电涡流式传感器

电涡流式传感器是利用法拉第电磁感应原理制成的，可以非接触式地测量位移、振幅、表面温度、速度、应力、金属板厚度等，也可以对金属物件进行无损探伤。

电涡流式传感器具有结构简单、灵敏度高、测量范围大、频率响应快、抗干扰能力强的优点，在工业生产和生活的各个领域都得到了广泛的应用。

4.3.1　电涡流效应

根据法拉第电磁感应定律，当金属导体置于变化的磁场中或者切割磁力线时，金属导体表面就会有感应电流产生，电流在金属导体内自行闭合，这种由电磁感应原理产生的旋涡状感应电流称为电涡流。电涡流的产生必然要消耗一部分能量，从而使产生磁场的线圈阻抗发生变化，这一物理现象称为电涡流效应。

4.3.2　电涡流式传感器的工作原理

电涡流式传感器是利用电涡流效应，将非电量转换为阻抗变化进行测量的。根据电涡流在导体中的分布情况，把电涡流式传感器按频率的高低分为高频反射式传感器和低频透射式传感器。目前，高频反射式电涡流传感器的应用更为广泛。

电涡流式传感器的结构非常简单，如图 4-18 所示。线圈主要选用电阻率小的材料，一般采用多股漆包铜线或银线绕制而成，框架材料要求损耗小、电性能较好和热膨胀系数小。

如图 4-19 所示为电涡流式传感器的工作原理图。当电涡流线圈与被测金属导体的距离 x 减小时，电涡流线圈的等效电感 L 减小，流过电涡流线圈的电流 I_1 增大。

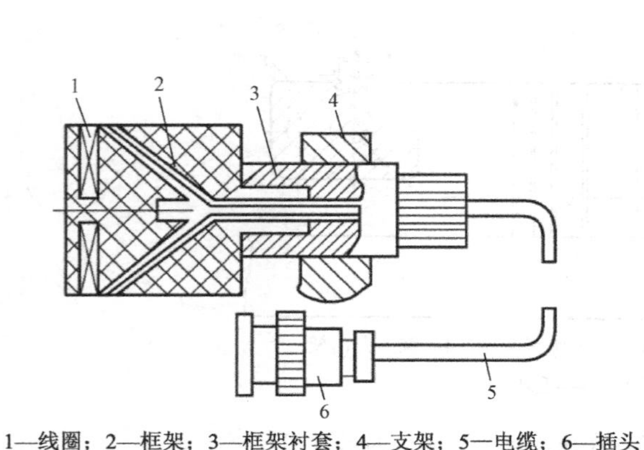

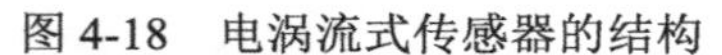
1—线圈；2—框架；3—框架衬套；4—支架；5—电缆；6—插头

图 4-18　电涡流式传感器的结构

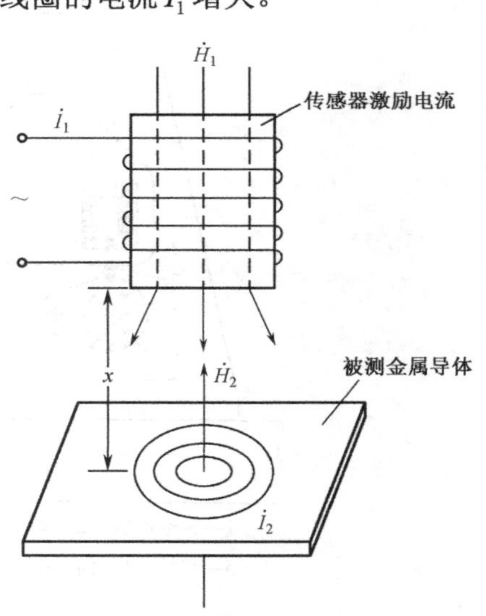

图 4-19　电涡流式传感器的工作原理图

根据法拉第电磁感应定律，当传感器线圈通以正弦交变电流 $\dot{I}_1$ 时，线圈周围空间必然产生正弦交变磁场 $\dot{H}_1$，使置于此磁场中的金属导体中感应电涡流 $\dot{I}_2$， $\dot{I}_2$ 又产生新的交变磁场 $\dot{H}_2$。根据愣次定律，$\dot{H}_2$ 的作用将反抗原磁场 $\dot{H}_1$，导致传感器线圈的等效阻抗发生变化。由上可知，线圈阻抗的变化完全取决于被测金属导体的电涡流效应，而电涡流效应既与被测金属导体的电阻率ρ、磁导率μ以及几何形状γ有关，又与线圈几何参数、线圈中激磁电流频率 f 有关，还与线圈与导体间的距离 x 有关。因此，传感器线圈受电涡流影响时的等效阻抗 Z 的函数关系式为

$$Z=f(I_1,\ \rho,\ \mu,\ \gamma,\ f,\ x) \tag{4-11}$$

如果保持式（4-11）中其他参数不变，而使其中一个参数随被测量的变化而改变，传感器线圈阻抗 Z 就仅仅是这个参数的单值函数。通过与传感器配用的测量电路测出阻抗 Z 的变化量，即可实现对被测量的测量。

4.3.3　电涡流式传感器的测量转换电路

电涡流式传感器的线圈与被测金属导体间的距离 x 的变化可以转换为品质因数、阻抗、线圈电感量三个参数的变化量。利用品质因数的测量转换电路不常用。利用阻抗的测量转换电路一般采用电桥电路，属于调幅电路。利用线圈电感量的测量转换电路采用谐振电路，根

据输出是电压幅值或是电压频率，谐振电路又可分为调幅式电路和调频式电路两种。

1. 电涡流式传感器的电桥电路

如图 4-20 所示，差动电涡流式传感器常采用电桥电路，L_1 和 L_2 为差动电涡流式传感器的两个线圈，分别和选频电容 C_1 和 C_2 并联组成相邻两个桥臂，电阻 R_1 和 R_2 组成另外两个桥臂，电源由振荡器提供，振荡频率根据电涡流式传感器的需求选择。电桥电路将两个线圈阻抗的变化转换成电压幅值的变化。

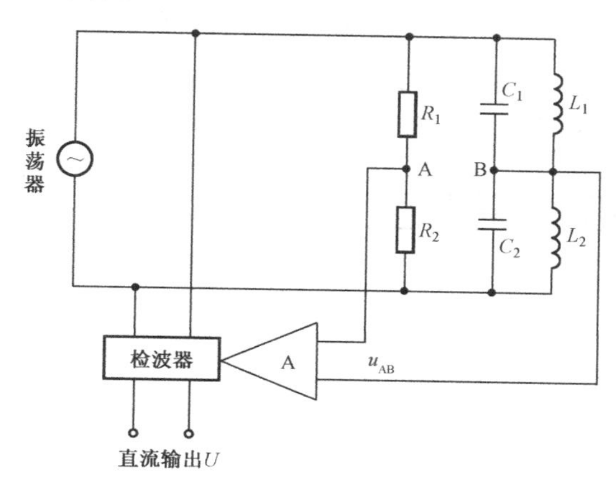

图 4-20　电涡流式传感器的电桥电路

当静态时，电桥平衡，输出电压 $u_{AB}=0$；当传感器接近被测金属导体时，产生电涡流效应，导致电涡流式传感器的线圈阻抗发生变化，电桥失去平衡，即 $u_{AB}\neq 0$，电桥电路输出的电压 u_{AB} 经过线性放大和检波器检波后输出直流电压 U，此时输出电压 U 与被测距离成正比，从而可以实现对位移的测量。

2. 电涡流式传感器的谐振电路

电涡流式传感器中的线圈与电容并联在一起就可以组成并联谐振电路。该并联谐振电路的谐振频率为

$$f_0=\frac{1}{2\pi\sqrt{LC}} \tag{4-12}$$

式中，f_0 为谐振电路的谐振频率（Hz）；L 为电涡流式传感器线圈的电感（H）；C 为谐振电路的电容（F）。谐振电路的等效阻抗为

$$Z_0=\frac{L}{R'C} \tag{4-13}$$

式中，R' 为谐振电路的等效损耗电阻（Ω）。

（1）调幅式电路

调幅式电路是利用输出高频信号的幅度来反映电涡流式传感器的探头与被测金属导体之间的关系。如图 4-21 所示为调幅式电路的原理图。

石英振荡器产生稳频、稳幅高频振荡电压（100kHz～1MHz）用于激励电涡流线圈。当被测金属导体远离电涡流式传感器时，并联谐振电路的谐振频率就是石英振荡器的频率 f_0，此时阻抗最大，输出电压最大；当被测金属导体靠近电涡流式传感器时，导致电涡流式传感器的电感变化，引起电涡流线圈端电压的衰减，最终输出的电压 U_o 反映了金属导体对电涡流线圈的影响。

（2）调频式电路

调频式电路的原理图如图 4-22 所示。电涡流式传感器的线圈成为振荡器的电感元件，当电涡流线圈与被测金属导体的距离 x 改变时，电涡流线圈的电感量 L 也随之改变，引起 LC 振荡器的输出频率变化，该频率可以由频率计测量得到，也可以由频率/电压转换器转化为数字信号，通过电压表来显示。

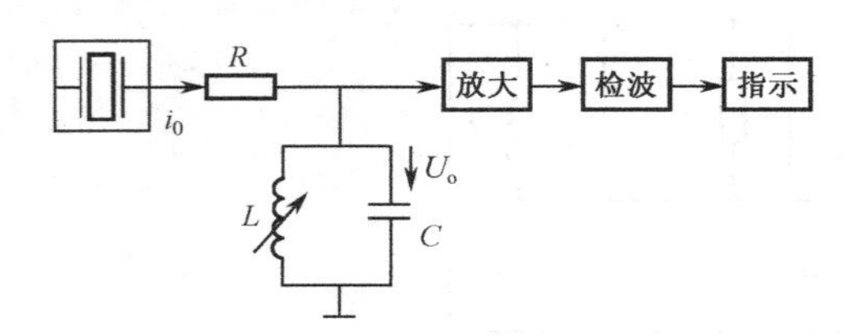

图 4-21　调幅式电路的原理图

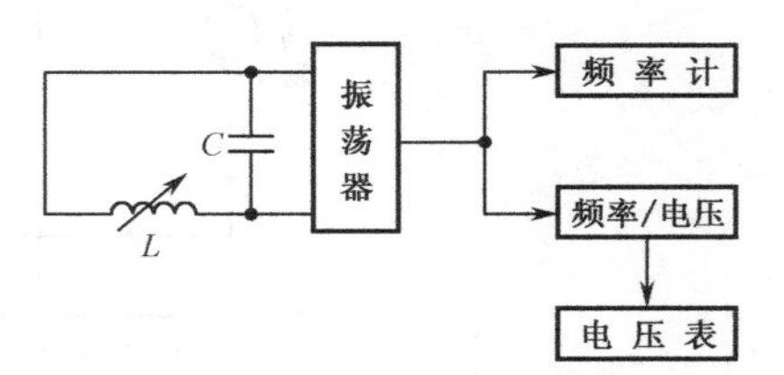

图 4-22　调频式电路的原理图

4.3.4　电涡流式传感器的应用

电涡流式传感器测量的恒定参数、变化量及主要用途见表 4-1。

表 4-1　电涡流式传感器测量的恒定参数、变化量及主要用途

恒定参数	变化量	主要用途
ρ、μ、f、γ	x	位移、厚度尺寸及振动幅度的测量
μ、f、γ、x	ρ	温度检测及材质的判断
ρ、x、f、γ	μ	应力及硬度的测试
f、γ	ρ、μ、x	物体的探伤

1. 位移测量

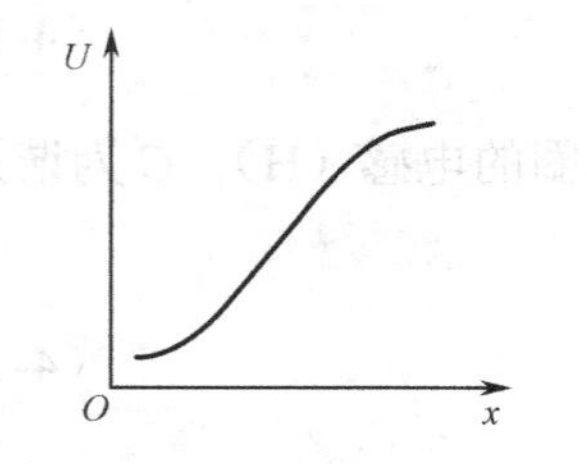

图 4-23　位移-电压关系曲线

由式（4-11）可知，电涡流式传感器的等效阻抗 Z 与被测金属导体的电阻率ρ、磁导率μ、线圈与被测金属导体的几何形状γ、线圈与被测金属导体间的距离 x 和线圈励磁电压的频率 f 等参数相关。如果ρ、μ、γ 和 f 确定，此时 Z 只与 x 有关，通过适当的测量转换电路可得出位移-电压关系曲线，如图 4-23 所示。

2. 振幅测量

利用电涡流式传感器可以无接触地测量旋转轴的径向振动。在监测汽轮机、空气压缩机

的主轴振动时常采用电涡流式传感器，如图 4-24 所示。此外，电涡流式传感器还可以测量汽轮机涡轮叶片的振幅，如图 4-25 所示。

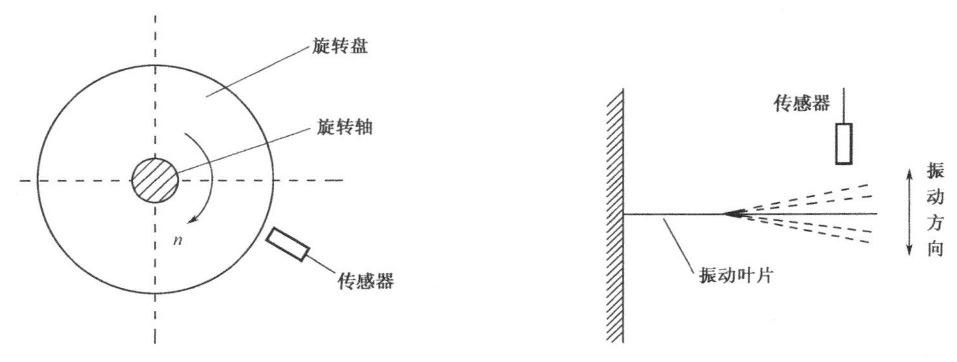

图 4-24 电涡流式传感器监控主轴的径向振动　　图 4-25 测量汽轮机涡轮叶片的振幅

当研究轴的振动时，需先了解轴的振动形状，再画出轴振图。如图 4-26 所示，通常采用多个电涡流式传感器平行排列在被测轴附近，利用多通道指示仪输出给记录仪。当被测轴振动时，可以获得每个电涡流式传感器各点的瞬间振幅值，就可以画出轴振图。

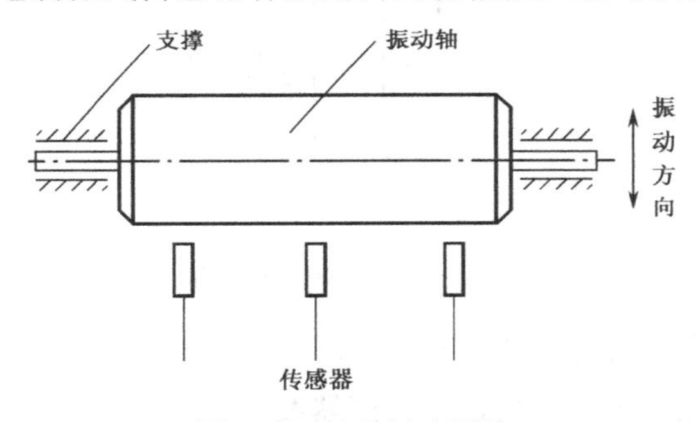

图 4-26 轴的振动测量

3. 厚度测量

利用电涡流式传感器可以无接触地测量金属板的厚度或者非金属板的镀层厚度。如图 4-27（a）所示，当金属板 1 的厚度变化时，电涡流式传感器的探头 2 和金属板 1 之间的距离发生变化，从而引起输出电压变化。由于在测量过程中金属板 1 会上下跳动，将会影响测量精度，因此电涡流式传感器在测量厚度时常采用图 4-27（b）所示的方法。在被测金属板 1 的上下方各装一个电涡流式传感器的探头 2，两个电涡流式传感器之间的距离为 D，且与被测金属板 1 的上下表面分别相距 x_1 和 x_2，这样被测金属板的厚度为 $t=D-(x_1+x_2)$，两个传感器在工作时分别测得 x_1 和 x_2，转换成电压值后相加，相加后的电压值与两个传感器探头的距离 D 对应的设定电压相减，就得到与厚度相对应的电压值。如果在测量时，被测金属板 1 发生上下跳动的现象，此时 x_1 和 x_2 分别会增大或者减小，它们的变化量相互抵消，t 值不会受到影响，输出电压也不会受到影响。因此，这种测量方法可以消除测量误差，得到了广泛的应用。

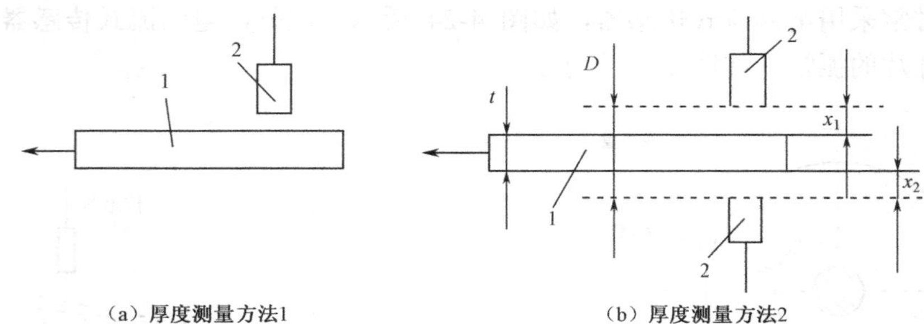

图 4-27　厚度测量的示意图

4．转速测量

如图 4-28 所示，在由软磁材料制成的输入轴上加工一个或者数个键槽（或装上一个齿轮状的零件），在距离输入表面 d_0 处设置电涡流式传感器，输入轴与被测旋转轴相连。

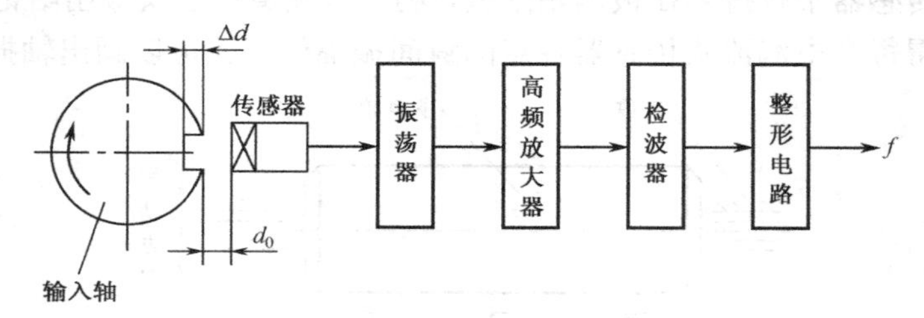

图 4-28　转速测量原理图

当旋转体转动时，输出轴的距离在某些时刻会变成 $d_0+\Delta d$。根据电涡流效应，这种变化会导致振荡谐振回路的品质因数变化，使传感器线圈电感信号随 Δd 的变化而发生变化，此时振荡器的电压幅值和振荡频率也会发生变化。因此，随着输入轴的旋转，从振荡器输出的信号中包含着与转数成正比的脉冲频率信号，该信号经过放大、检波、整形，输出脉冲频率信号 f，经转换电路处理便可得到被测转速。

若转轴上开 z 个槽（或齿），频率计的读数为 f（单位为 Hz），则转轴的转速 n（单位为 r/min）的计算公式为

$$n=\frac{60f}{z}$$

5．电涡流探伤

利用电涡流式传感器可以对被测金属导体进行探伤。例如，可以检查金属的表面有没有裂纹、热处理裂纹以及焊接部位的缺陷等。在检查过程中，电涡流探头和被测金属导体的距离要保持不变，若被测物体有裂纹出现将使被测金属导体的电阻率和磁导率发生变化，导致电涡流变小，从而引起电涡流式传感器的输出电压变化。

6. 电感式接近开关

如图 4-29 所示，电感式接近开关由三大部分组成：LC 振荡器、开关电路及放大输出电路。LC 振荡器产生一个交变磁场，当金属目标接近这一磁场，并达到感应距离时，在金属目标内产生涡流，从而导致振荡衰减，甚至停振。振荡器振荡及停振的变化被后级放大电路处理并转换成开关信号，触发驱动控制器件，从而达到非接触式检测的目的。

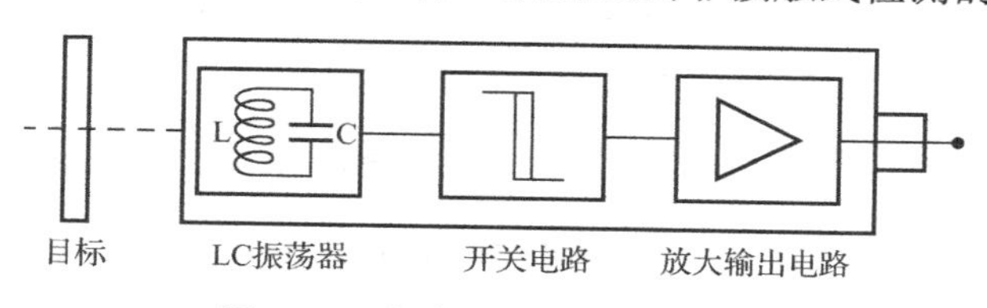

图 4-29 电感式接近开关原理图

7. 电涡流与电磁炉

日常生活中使用的电磁炉，就是基于电涡流效应制造的。电磁炉面板内部设置电感线圈，并且电磁炉通常配置铁锅或者不锈钢锅使用。电磁炉开始工作时，电源接通，线圈通上交变电压，此时产生交变磁场，当锅放置在电磁炉面板上时，铁锅作为金属导体与变化的磁场产生切割运动，即电磁感应原理中的导体切割磁力线，铁锅内部此时感应出电涡流，电涡流电场推动金属中载流子（锅里的是电子而绝非铁原子）运动，电涡流的焦耳热效应使金属升温，从而实现加热。

本 章 小 结

本章主要介绍了自感式传感器、差动变压器式传感器和电涡流式传感器。

自感式传感器是利用自感原理制成的，常用来测量位移和压力等。差动变压器式传感器利用互感原理测量参数，常用于测量加速度等。电涡流式传感器利用电涡流效应测量位移、振幅、厚度、转速等参数，同时还可以进行无损探伤。

习 题 4

4-1 电感式传感器有哪些类型？

4-2 变隙式自感传感器由哪几部分组成？其工作原理是什么？

4-3 差动自感式传感器和差动变压器式传感器有什么区别？

4-4 什么是电涡流效应？简述电涡流式传感器的工作原理。

4-5 如图 4-30 所示为生产线工件计数系统原理图，请利用电涡流式传感器的原理简述其工作过程。

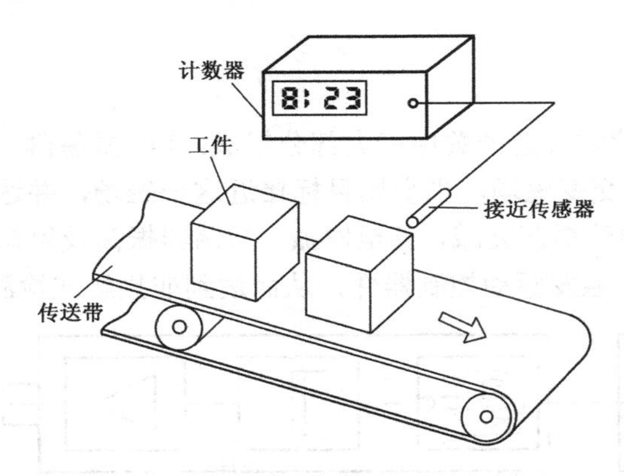

图 4-30　生产线工件计数系统原理图

第 5 章　电容式传感器

电容式传感器是把被测量转换为电容值的一种传感器。它具有结构简单、分辨率高、动态特性良好、自身发热低的优点，可以非接触式测量。电容式传感器常应用于位移、厚度、液位、压力、转速、加速度、角度、流量、振幅等的测量。

5.1　电容式传感器的工作原理

如图 5-1 所示为平行板电容器的结构图。

平行板电容器的电容表达式为

$$C=\frac{\varepsilon S}{d}=\frac{\varepsilon_0\varepsilon_r S}{d} \tag{5-1}$$

式中，S 是极板正对面积（m^2）；d 是两极板间的距离（m）；ε是两极板间介质的介电常数（F/m）；ε_r 是相对介电常数（F/m）；ε_0 是真空的介电常数，$\varepsilon_0=8.854\times10^{-12}\text{F/m}$。

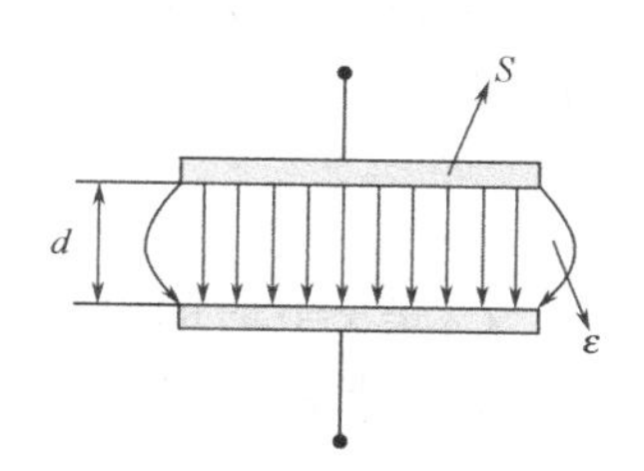

图 5-1　平行板电容器的结构图

改变 S、d、ε 三个参量中的任意一个量，都可使平行板电容器的电容量 C 改变。固定三个参量中的两个，可以做成三种类型的电容式传感器。因此常用的电容式传感器可分为变面积式电容式传感器、变极距式电容式传感器和变介电常数式电容式传感器。

如图 5-2 所示为不同类型的电容式传感器，其中变面积式见图 5-2（a）～图 5-2（f）；变极距式见图 5-2（g）和图 5-2（h）；变介电常数式见图 5-2（i）～图 5-2（l）。

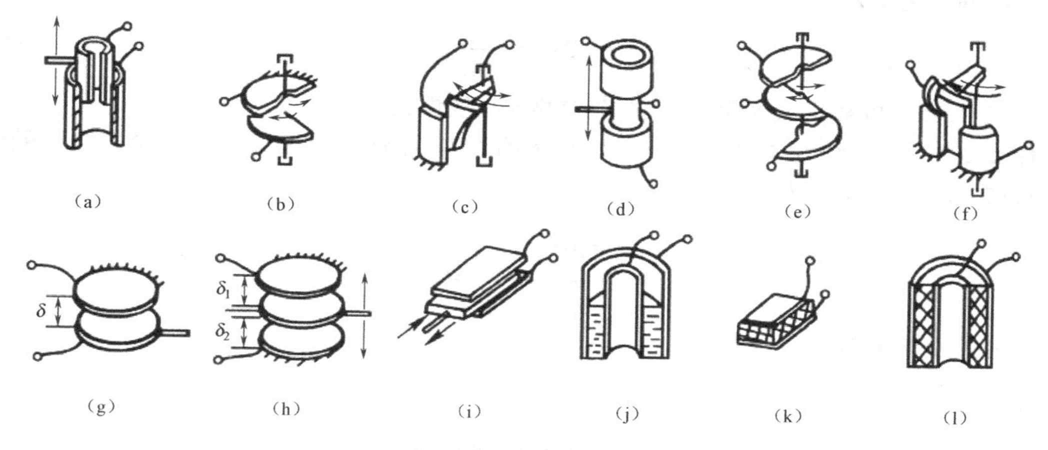

图 5-2　不同类型电容式传感器示意图

5.1.1 变面积式电容式传感器

变面积式电容式传感器的原理图如图 5-3 所示。当电容的介电常数ε 和极距 d 固定不变时，被测对象通过移动动极板引起电容两极板的正对面积 S 的变化，从而改变电容 C。

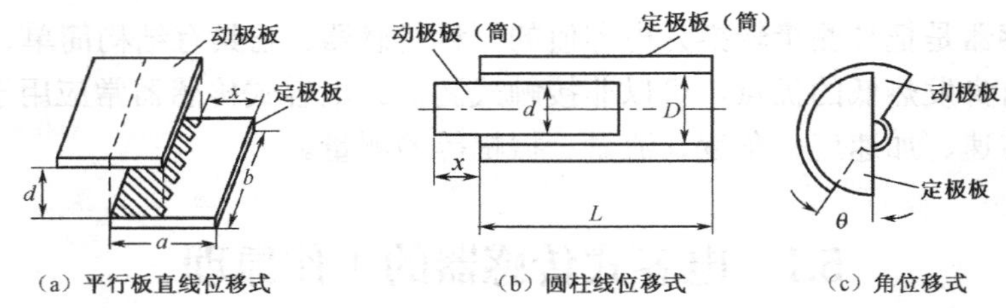

（a）平行板直线位移式　（b）圆柱线位移式　（c）角位移式

图 5-3　变面积式电容式传感器的原理图

图 5-3（a）所示是平行板直线位移式结构，其中动极板可以左右移动，定极板固定不动。当动极板水平移动一个位移 x 时，两极板间的电容为

$$C_x = \frac{\varepsilon_0 \varepsilon_r (a-x)b}{d} = C_0\left(1-\frac{x}{a}\right) \tag{5-2}$$

式中，C_0 是 x=0 时的电容值。

电容的变化量为

$$\Delta C = C_x - C_0 = -C_0 \frac{x}{a} \tag{5-3}$$

由式（5-3）可知，电容变化量ΔC 与位移 x 呈线性关系。

图 5-3（b）所示是圆柱线位移式结构，当动极板（筒）水平移动一个位移 x 时，此时的电容为

$$C_x' \approx C_0 - \frac{x}{L} C_0 \tag{5-4}$$

电容的变化量为

$$\Delta C = -\frac{x}{L} C_0 \tag{5-5}$$

由式（5-5）可知，电容变化量ΔC 与位移 x 呈线性关系。

图 5-3（c）是一个角位移式结构。动极板的轴由被测物体带动而旋转一个角位移θ角度（单位为弧度）时，两极板的遮盖面积 S 就减小，两极板间的电容为

$$C_\theta = \frac{\varepsilon_0 \varepsilon_r S\left(1-\frac{\theta}{\pi}\right)}{d} = C_0\left(1-\frac{\theta}{\pi}\right) \tag{5-6}$$

电容的变化量为

$$\Delta C = C_\theta - C_0 = -C_0 \frac{\theta}{\pi} \tag{5-7}$$

由式（5-7）可知，电容变化量ΔC 与角位移θ呈线性关系。

变面积式电容式传感器的输出特性曲线是线性的，其灵敏度是常数。这一类传感器多用于检测直线位移、角位移、尺寸等参数。

5.1.2 变极距式电容式传感器

如图 5-4 所示，变极距式电容式传感器的极板正对面积 S 和介电常数 ε 固定不变，当动极板受被测物体作用引起移动时，改变了两极板之间的初始距离 d_0，从而使电容发生变化。

当电容极板间的初始距离 d_0 由于受力而变小时，则电容变为

$$C_d = C_0 + \Delta C = \frac{\varepsilon_0 \varepsilon_r S}{d_0 - \Delta d} = \frac{C_0}{1 - \dfrac{\Delta d}{d_0}} = \frac{C_0\left(1 + \dfrac{\Delta d}{d_0}\right)}{1 - \dfrac{\Delta d^2}{{d_0}^2}} \tag{5-8}$$

由式（5-8）可知，变极距式电容式传感器的输出特性不是线性关系，而是如图 5-5 所示的双曲线关系。

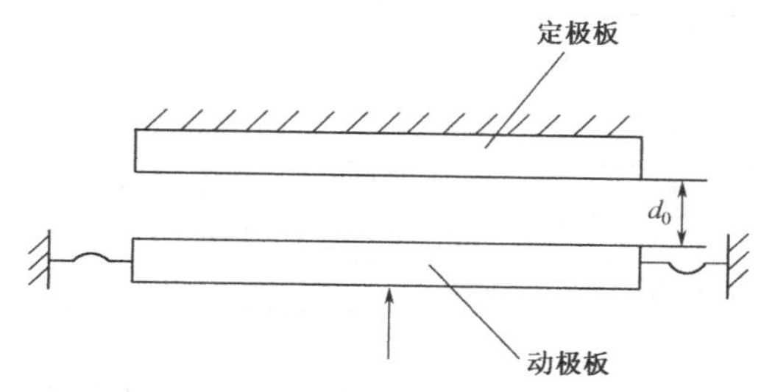

图 5-4 变极距式电容式传感器结构图

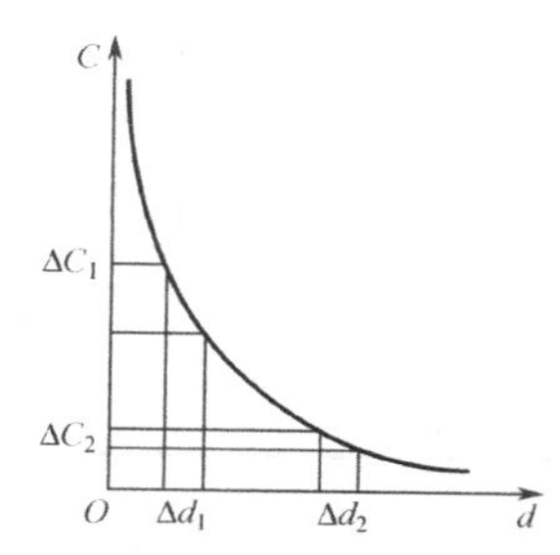

图 5-5 变极距式电容式传感器的输出特性

在式（5-8）中，当 $\Delta d/d_0 \ll 1$ 时，$1-(\Delta d/d_0)^2 \approx 1$，即

$$C_d = C_0\left(1 + \frac{\Delta d}{d_0}\right) \tag{5-9}$$

电容的变化量为

$$\Delta C = C_d - C_0 = C_0 \frac{\Delta d}{d_0} \tag{5-10}$$

在实际使用中，总是希望初始极距 d_0 尽量小些，这样就可以提高灵敏度，但同时也带来了变极距式电容式传感器测量行程较小的缺点。

为了提高灵敏度并减小非线性，避免外界因素（如电源电压和环境温度）对测量的影响，经常采用差动式电容式传感器的结构，其原理图如图 5-6 所示。

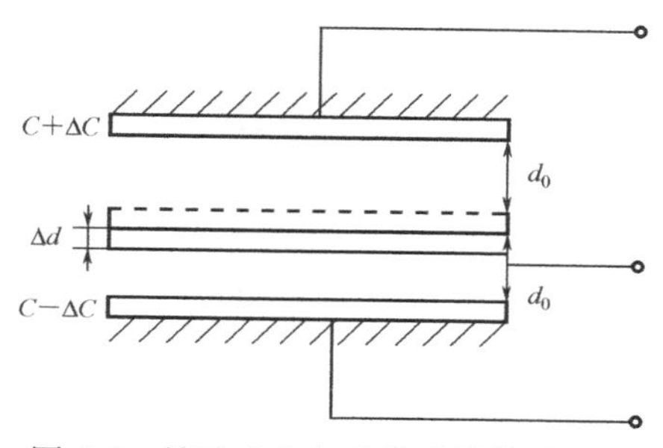

图 5-6 差动式电容式传感器的原理图

采用差动连接后，动极板产生位移后导致上下两个电容一个增大、一个减小，这样电容式传感器的灵敏度可以提高一倍，线性度得到改善，同时两个电容可以抵消外界因素的影响。

5.1.3 变介电常数式电容式传感器

不同的介质有着不同的相对介电常数，所以在同一电容两极板间放置不同介质时，电容器的电容量就会不同。表 5-1 所示为常见的气体、液体、固体介质的相对介电常数。

表 5-1 常见气体、液体、固体介质的相对介电常数

介质名称	相对介电常数 ε_r	介质名称	相对介电常数 ε_r
真空	1	玻璃釉	3～5
空气	略大于 1	SiO_2	38
其他气体	1～1.2	云母	5～8
变压器油	2～4	干的纸	2～4
硅油	2～3.5	干的谷物	3～5
聚丙烯	2～2.2	环氧树脂	3～10
聚苯乙烯	2.4～2.6	高频陶瓷	10～160
聚四氟乙烯	2.0	低频陶瓷、压电陶瓷	1000～10000
聚偏二氟乙烯	3～5	纯净的水	80

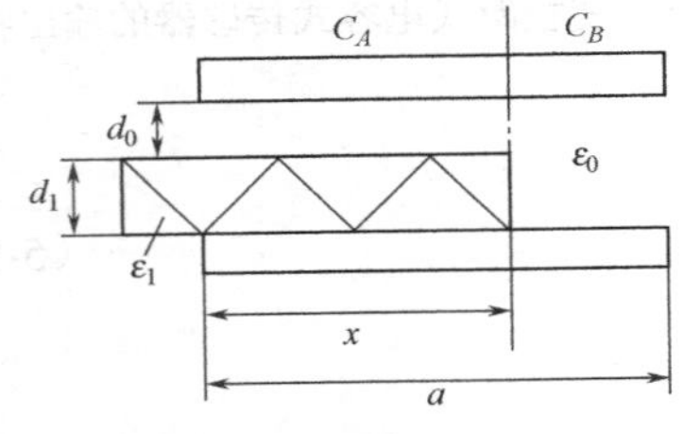

图 5-7 变介电常数式电容传感器原理图

变介电常数式电容式传感器的原理图如图 5-7 所示，相对介电常数为 ε_1 的介质进入极板的长度为 x，当 x=0 时，电容值为

$$C_0 = \frac{\varepsilon_0 ab}{d_0 + d_1} \tag{5-11}$$

式中，a 为极板长度，b 为极板宽度（图中没显示）。

当相对介电常数为 ε_1 的介质进入极板的长度为 x 时，电容值为

$$C_x = C_A + C_B \tag{5-12}$$

式中，

$$C_A = \frac{bx}{\dfrac{d_1}{\varepsilon_0\varepsilon_1} + \dfrac{d_0}{\varepsilon_0}} \tag{5-13}$$

$$C_B = \frac{\varepsilon_0(a-x)b}{d_1 + d_0} \tag{5-14}$$

由以上三式整理可得

$$C_x = C_0 + \frac{\left(1 - \dfrac{1}{\varepsilon_1}\right)C_0 x}{a\left(\dfrac{1}{\varepsilon_1} + \dfrac{d_0}{d_1}\right)} \tag{5-15}$$

由式（5-15）可知，电容的变化与位移 x 呈线性关系。如果选择的介质的相对介电常数 ε_1 比较大，材料的厚度 d_1 也比较大，就可以提高传感器的灵敏度。上述结论没有考虑边缘效应。实际上，由于边缘效应，将存在非线性，从而使灵敏度下降。

5.2 电容式传感器的测量转换电路

5.2.1 电桥电路

交流电桥电路的其中两个桥臂采用的是电容式传感器，如果电容式传感器由于外界因素影响产生电容的变化，电桥电路将会失去平衡，此时电容的变化量就转化成电压的变化量输出。交流电桥电路可以分为电阻-电容、电感-电容两类，图 5-8 所示为电感-电容交流电桥电路。

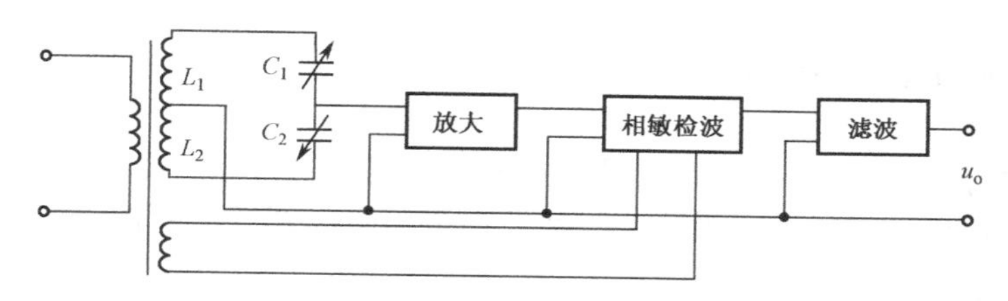

图 5-8 电感-电容交流电桥电路

电桥电路的四个桥臂分别是变压器的两个二次绕组 L_1、L_2 和差动式电容式传感器的两个电容 C_1、C_2。电桥的输出电压信号经过放大、相敏检波、滤波后，获得的信号反映被测量的变化情况，最后在仪表中显示出来。

5.2.2 调频电路

如图 5-9 所示，电容式传感器作为调频振荡器的电容连接在的 LC 谐振电路中，被测量变化引起电容式传感器的电容值 C_x 变化，此时调频振荡器的谐振频率就会发生变化。谐振电路的频率变化量经过鉴频器转换成电压信号的变化量，最后经过放大器放大输出。

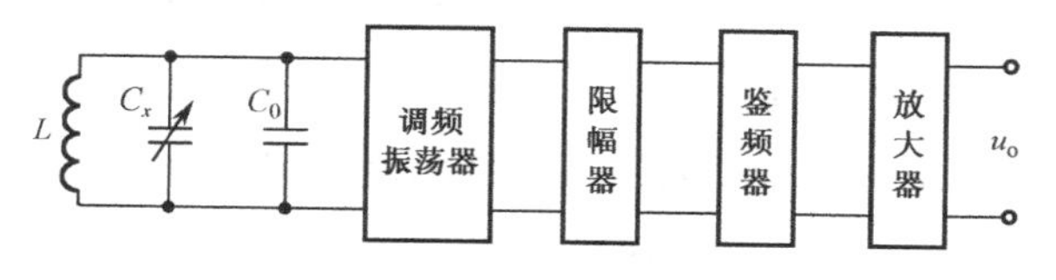

图 5-9 调频电路的原理图

这种测量转换电路的灵敏度很高，最小可测 0.01μm 的位移变化量，具有较高的抗干扰能力。它的缺点是受电缆电容、温度变化影响较大，输出电压 u_o 与被测量的特性曲线是非线性的，需要校正电路进行校正，因此导致电路更加复杂。

5.2.3 运算放大器电路

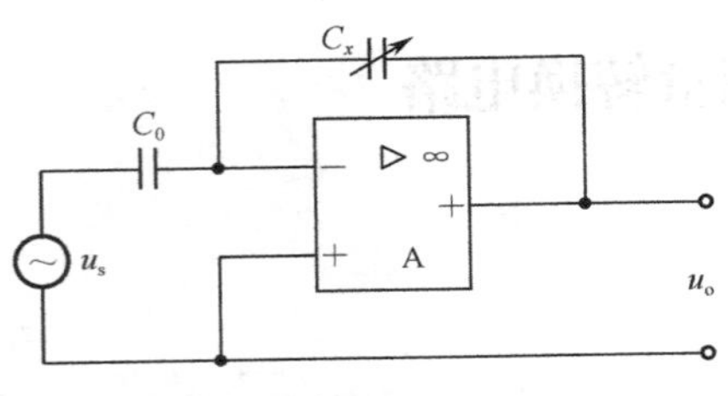

图 5-10 运算放大器电路的原理图

变极距式电容式传感器的电容与极距之间的变化关系为反比关系，传感器输出特性为非线性。在运算放大器的反相比例运算电路中，将变极距式电容式传感器的电容值 C_x 作为反馈电容，这个电路的输出电压与极距之间的关系为线性关系，在测量过程中可以大大减小非线性误差。如图 5-10 所示为运算放大器电路的原理图。

运算放大器电路要求输入阻抗和放大系数比较大，其优点是结构原理比较简单，灵敏度很高。缺点是加入“驱动电缆”消除电缆电容的同时会导致电路更加复杂。

5.2.4 二级管双 T 型电桥电路

如图 5-11 所示为二极管双 T 型交流电桥电路原理图。e 为高频电源，提供的是幅值为 U_i 的对称方波，VD_1、VD_2 为二极管，其特性完全相同，$R_1=R_2=R$，C_1、C_2 为电容式传感器的两个差动电容。

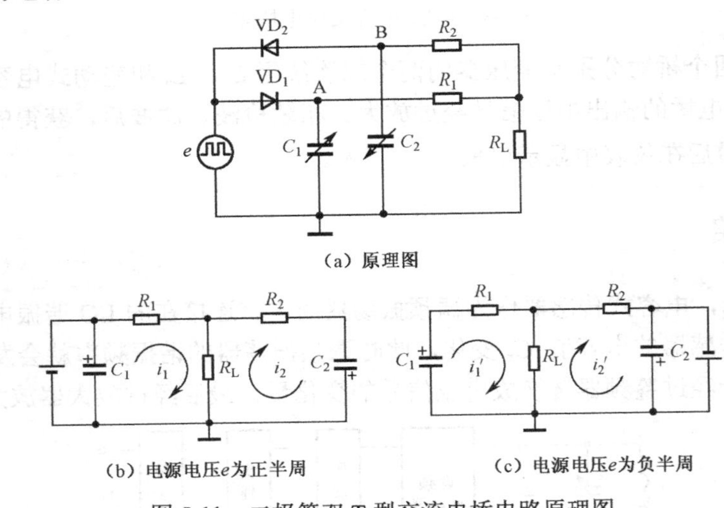

图 5-11 二极管双 T 型交流电桥电路原理图

二极管双 T 型交流电桥电路的工作原理是：当电源电压 e 为正半周时，VD_1 导通，VD_2 截止，电容 C_1 开始充电；当电源电压 e 为负半周时，VD_1 截止，VD_2 导通，电容 C_2 开始充电，C_1 上的电荷通过 R_1、R_L 放电，此时流经 R_L 的电流为 i_1。到下一个正半周，VD_1 导通，VD_2 截止，电容 C_1 又开始充电，C_2 上的电荷通过 R_2、R_L 放电，此时流过 R_L 的电流为 i_2。

若 $R_1=R_2=R$、$C_1=C_2$，则流经 R_L 的电流 i_1 和 i_2、i_1' 和 i_2' 大小相等，方向相反，在一个

周期内流过 R_L 的平均电流为零，R_L 无电压信号输出；若 C_1 或 C_2 变化，则在一周期内流过 R_L 的平均电流不为零，R_L 有电压信号输出，输出电压信号反映电容的变化量。

5.3 电容式传感器的应用

电容的电容值受三个因素影响，即极距 d、正对面积 S 和介电常数 ε。固定其中两个变量，电容 C 就是另一个变量的一元函数。只要想办法将被测非电量转换成极距、面积或介电常数的变化量，就可以通过测量电容这个电参量来达到测量非电量的目的。

5.3.1 电容测厚仪

如图 5-12 所示为电容测厚仪的工作原理图，用来测量金属带材在轧制过程中的厚度。

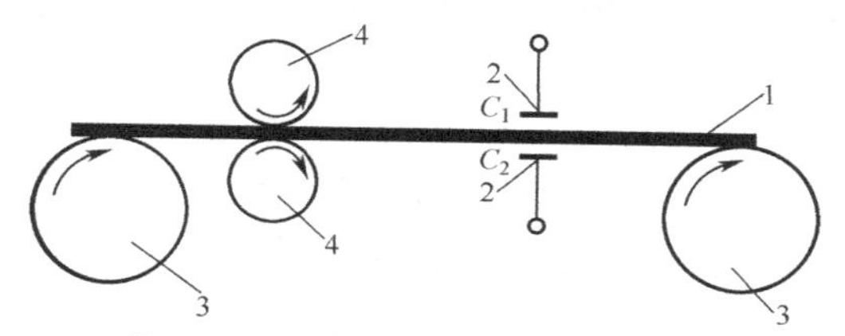

1—被测金属带材；2—定极板；3—导向轮；4—轧辊

图 5-12 电容测厚仪的工作原理

在被测金属带材 1 的上下两侧各放置一块面积相等、与带材距离相同的电容定极板 2，这样电容定极板 2 与被测金属带材 1 就形成了两个电容。把两块电容极板用导线连接起来，总电容值相当于两个电容的并联值，其总电容为 $C_x = C_1 + C_2 = 2C$ 。如果轧制的带材厚度发生变化，则引起总电容的变化，利用交流电桥电路将电容的变化量检测出来，经过放大，由显示仪表显示出带材厚度的变化。测量过程中，如果被测金属带材 1 出现上下波动的现象，就会导致两个电容一个增大、一个减小，根据公式 $C_x = C_1 + C_2 = 2C$ 可知，产生的误差会相互抵消，因此当使用两个电容定极板时，可以克服带材在传输过程中的上下波动带来的误差。

5.3.2 电容式压差传感器

如图 5-13 所示为电容式压差传感器的原理图。被测压力经过过滤网后作用在金属弹性膜片 1 的两侧，当金属弹性膜片 1 两侧的压力不同时会产生压差，膜片将凸向压力低的一侧。膜片 1 和两个镀金玻璃圆片 2 形成电容结构，膜片 1 变形后电容量发生变化，电容值的变化量反映膜片 1 两侧的压力差。这种传感器的特点是分辨率高，常用于气体、液体的压力或压差测量，或者液位和流量的测量。

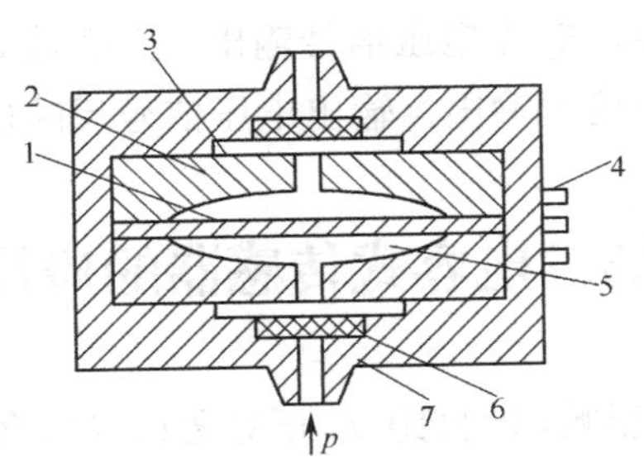

1—弹性膜片；2—镀金玻璃圆片；3—金属涂层；

4—输出端子；5—空腔；6—过滤网；7—壳体

图 5-13　电容式压差传感器的原理图

5.3.3　电容式油量表

油箱油量检测系统由电容器、电桥电路、伺服电动机、减速器、显示仪表等组成，如图 5-14 所示。

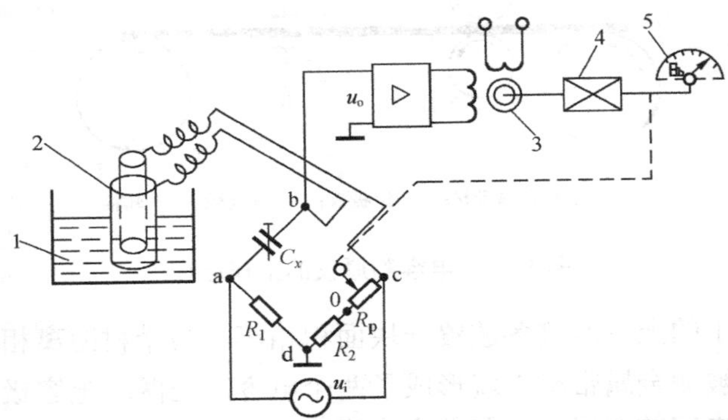

1—油料；2—电容器；3—伺服电动机；4—减速器；5—显示仪表

图 5-14　油箱油量检测系统

当油箱中没有油时，电容 C_x 的起始值为 C_{x0}，滑动电阻器 R_P 处于零值的位置，电桥电路平衡，伺服电动机不工作，显示仪表的示数为零。

当油箱中开始注入油时，液位上升到 h 处时，电容 C_x 的变化量 ΔC_x 与 h 成正比，电容为 $C_x = C_{x0} + \Delta C_x$，此时，电桥失去平衡，电桥的输出电压 u_o 经放大器放大后驱动伺服电动机转动，经减速器减速后带动指针顺时针偏转，显示仪表开始出现示数，同时带动滑动变阻器 R_P 滑动，使 R_P 的阻值增大。当滑动变阻器 R_P 的阻值达到某一值时，电桥再次达到新的平衡状态，$u_o = 0$，伺服电动机停止转动，显示仪表的指针停留在对应角度，此时可以从油量刻度盘上直接读出油位的高度 h。

当油箱中的油位降低时，伺服电动机反向转动，显示仪表的指针逆时针偏转，同时带动滑动变阻器 R_P 滑动，使其阻值减小。当滑动变阻器 R_P 阻值达到一定值时，电桥又达到新的平衡状态，$u_o = 0$，于是伺服电动机再次停止转动，指针停留在转角对应角度。如此，就可判定油箱的油量。

5.3.4 电容式接近开关

如图 5-15 所示为圆柱形电容式接近开关的结构示意图，其主要由检测极板 1、测量转换电路 3、灵敏度调节电位器 5、信号电缆 7 和塑料外壳 4 等组成。

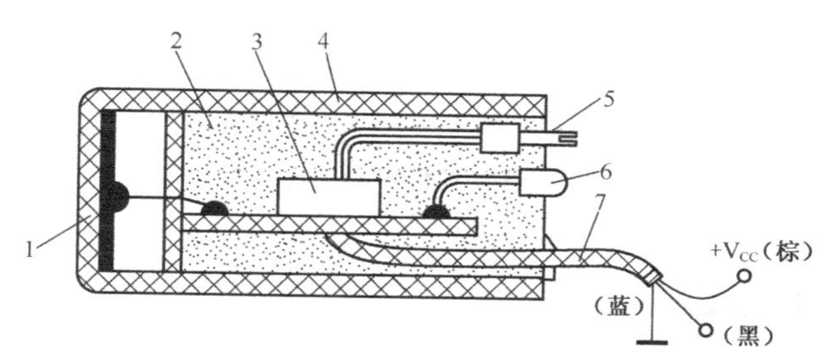

1—检测极板；2—充填树脂；3—测量转换电路；4—塑料外壳；
5—灵敏度调节电位器；6—工作指示灯；7—信号电缆

图 5-15 圆柱形电容式接近开关的结构示意图

如图 5-16 所示为电容式接近开关的原理图。当被检测物体（不接地、绝缘）接近检测电极时，由于检测电极板上接有高频电压，在其周围存在交变的电场，被检测物体会受到静电感应而产生极化现象，被检测物体距离检测电极越近，检测电极上的电荷就会越多，由于检测电极的静电电容 $C=Q/U$，电荷增多，使电容 C 随之增大，高频振荡电路的振荡减弱，甚至停止振荡。根据输出信号，可以判断被检测物体接近检测电极的程度。

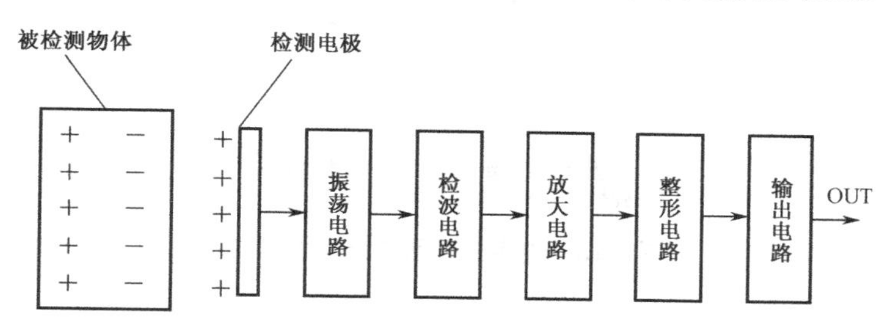

图 5-16 电容式接近开关的原理图

5.3.5 电容式传声器（话筒）

电容式传声器（话筒）的工作原理是：当声波作用于膜片时，膜片发生相应的振动，改变了它与固定的极板之间的距离，从而使电容量发生变化，电容量的变化可以转化成电路中电信号的变化，通过这样一个物理过程就可以把声波的振动转变为电路中相应的电信号，并由负载电阻输出，如图 5-17 所示。电容式传声器是目前各项指标都较为优秀的一种传感器，具有频率特性较好、音质清脆、构造坚固、体积小巧等优点，被广泛应用在广播电台、电视台、电影制片厂及厅堂扩声等各种场合。

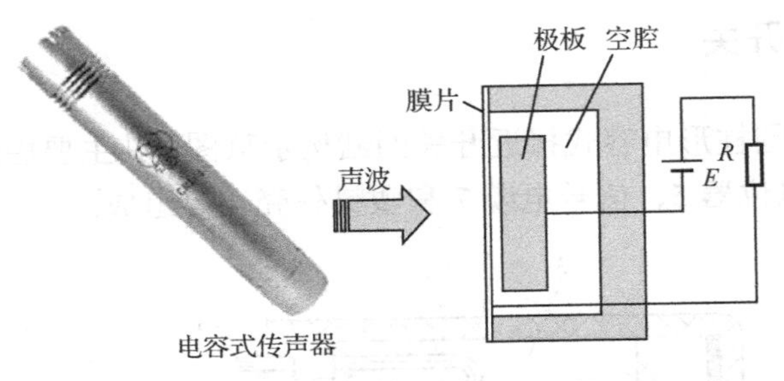

图 5-17　电容式传声器的工作原理

5.3.6　电容式称重传感器

大吨位电子吊秤用电容式称重传感器的原理图如图 5-18 所示，扁环形弹性体内腔上下平面上分别固定连接电容式传感器的定极板和动极板。称重时，弹性体受力变形，使动极板产生位移，导致电容式传感器的电容量产生变化，从而达到称重的目的。

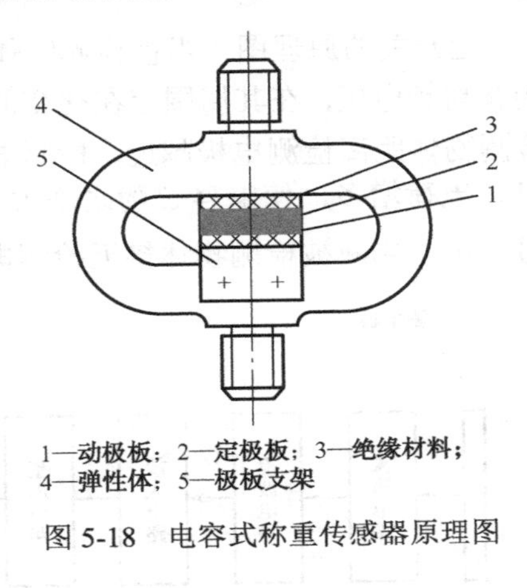

图 5-18　电容式称重传感器原理图

本 章 小 结

电容式传感器是将被测的非电量转化为电容值，达到测量目的的传感器，常用于测量厚度、压力、液位、位移等。

电容式传感器根据其工作原理可分为变面积式电容传感器、变极距式电容传感器、变介电常数式电容传感器。其测量转换电路有电桥电路、调频电路、运算放大器电路和二极管双 T 型电桥电路等。

习　题　5

5-1　电容式传感器分为几种类型？其工作原理分别是什么？

5-2　变面积式电容传感器分为几种类型？

5-3　电容式传感器采用差动连接方式后的优势是什么？

5-4　简述二极管双 T 型电桥电路的工作原理。

5-5　当今汽车不但需要舒适和动力，同时也更加注意安全。在车上安装电容式传感器，利用其测量加速度，在车辆发生碰撞时将加速度信号送到车载计算机中，计算机发出信号打开安全气囊，从而保护驾驶员和乘客的安全。如图 5-19 所示为加速度传感器结构示意图，根据所学知识分析其工作原理。

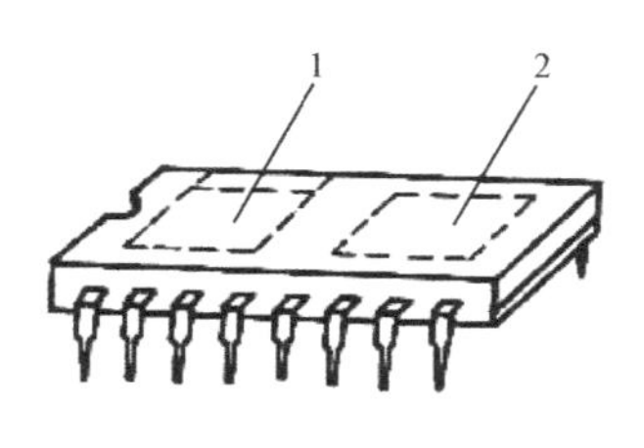

（a）微处理器

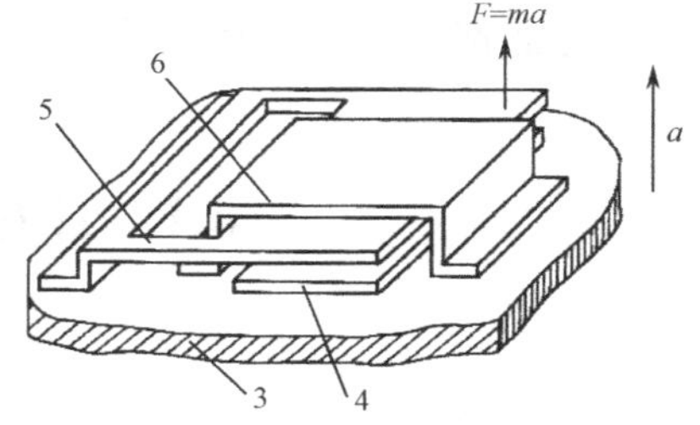

（b）差动电容器结构外形

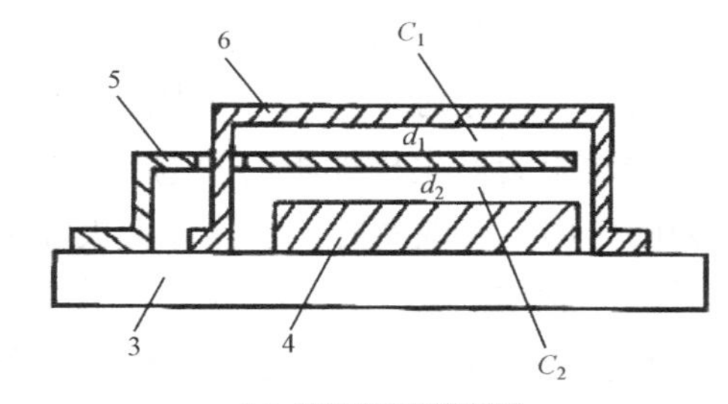

（c）差动电容器截面图

1—加速度测试单元；2—信号处理电路；3—衬底；4—底层多晶硅（下电极）；
5—多晶硅悬臂梁；6—顶层多晶硅（上电极）

图 5-19　加速度传感器结构示意图

第 6 章　压电式传感器

压电式传感器是基于某些介质材料的压电效应制成的。压电式传感器具有体积小、重量轻、工作频带宽等特点，因此常用于测量各种动态力、机械冲击与振动，在声学、医学、力学、宇航等方面都得到了非常广泛的应用。

6.1　压电效应和压电材料

6.1.1　压电效应

压电效应具有可逆性，可分为正压电效应和逆压电效应。

正压电效应是指某些电介质，当沿着一定方向对其施加压力而使其变形时，它的内部就会产生极化的现象，同时在它的两个表面上会产生极性相反的电荷，当施加的压力去掉后，它又重新恢复不带电的状态；当压力的作用方向改变时，它内部的极性也随着改变。电子打火机就是利用正压电效应（顺压电效应）制成的。

逆压电效应是指在某些电介质的极化方向施加电场，这些电介质就会在一定方向上产生机械变形或机械压力，当施加的电场撤去时，这些机械变形或机械压力也随之消失的现象。音乐贺卡的扬声器就是利用逆压电效应（电致伸缩效应）制成的。

6.1.2　压电材料

压电材料是具有压电效应的材料，常用的有石英晶体（单晶体）、压电陶瓷（多晶体）和有机高分子等。表 6-1 所示为常用的压电材料。

表 6-1　常用压电材料

类　别	材　料	成　分	特　性
石英晶体	单晶体、水晶（人造、天然）	SiO_2	压电系数稳定、固有频率稳定、承受压力 700～1000kg/cm^2
压电陶瓷	人造多晶体	锆钛酸铅系列压电陶瓷 非铅系列压电陶瓷	压电系数高、品种多、性能各异
有机高分子	有机高分子压电薄膜	聚二氟乙烯、聚氟乙烯、聚氯乙烯	质轻柔软、抗拉强度高、机电耦合系数高

1．石英晶体的压电效应

石英晶体的结构为六方晶体系，如图 6-1 所示。

在研究石英晶体时，晶体的结构可以用三根互相垂直的晶轴来表示，如图 6-2 所示。x 轴：两平行柱面内夹角等分线，垂直此轴压电效应最强，称为电轴；y 轴：垂直于平行柱面，在电场作用下变形最大，称为机械轴；z 轴：无压电效应，中心轴，也称为光轴。

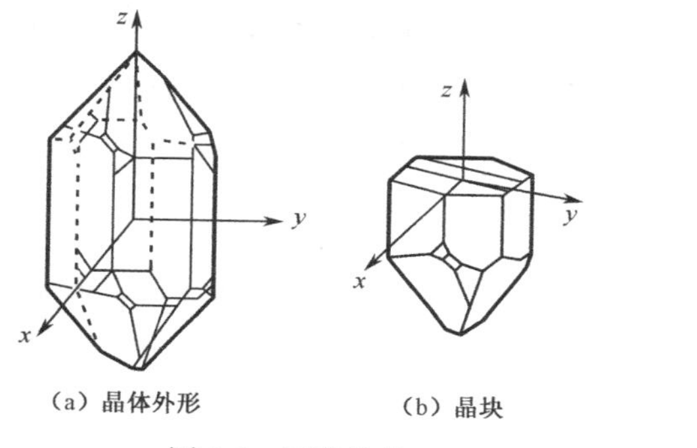

（a）晶体外形　　（b）晶块

图 6-1　石英晶体

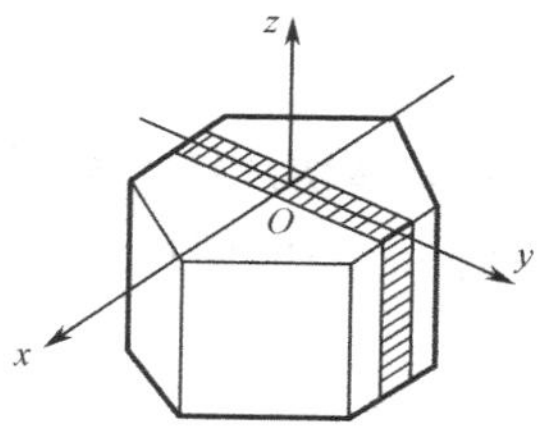

图 6-2　石英晶体的结构

石英晶体的化学式为 SiO_2，石英晶体的压电效应与其内部结构有关，它的每个晶格由硅离子和氧离子交替排列组成。沿光轴看去，可以等效为正六边形结构，如图 6-3（a）所示。

当石英晶体不受外力作用时，硅离子和氧离子在正六边形的六个顶角上，正负电荷的中心重合，所以对外不显电性，见图 6-3（a）；当石英晶体在 x 轴方向受力时，正负电荷中心偏移，负电荷中心向上偏移导致晶体的极面 A 上呈现负电荷，正电荷中心向下偏移导致晶体的极面 B 上呈现正电荷，见图 6-3（b）；当石英晶体在 y 轴方向受力时，正负电荷中心同样发生偏移，晶体的极面 A 上呈现正电荷，晶体的极面 B 上呈现负电荷，见图 6-3（c）；当晶体的光轴（z 轴）方向受力时，由于晶格的变形不会引起正负电荷中心的偏移，所以不会产生压电效应。

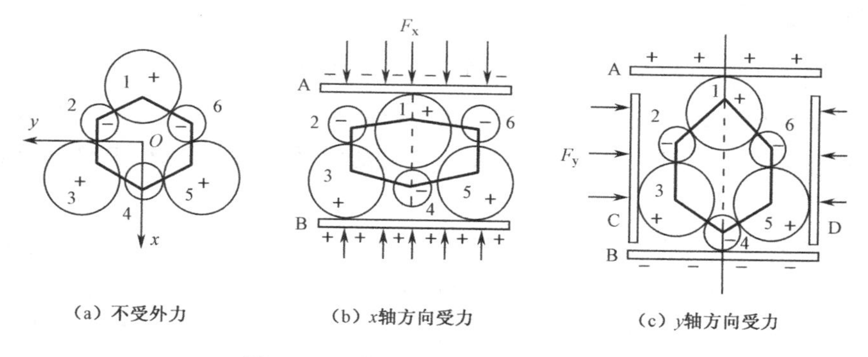

（a）不受外力　　（b）x轴方向受力　　（c）y轴方向受力

图 6-3　石英晶体的压电效应示意图

在实际应用中，从晶体上沿轴线切下的薄片作为压电式传感器的测量元件，这个薄片被

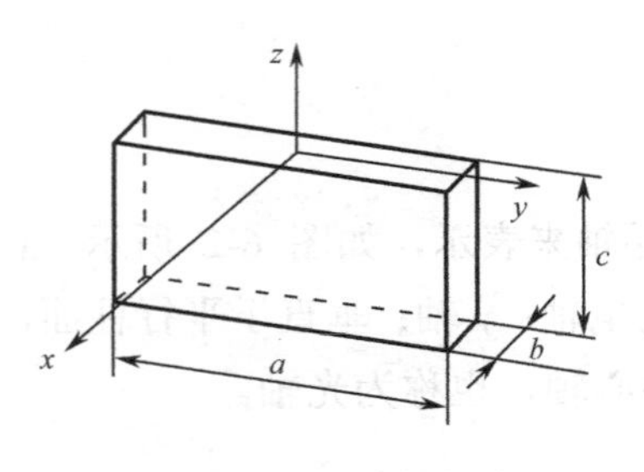

图 6-4　石英晶体切片

称为“石英晶体切片”。如图 6-4 所示是垂直于 x 轴切割的石英晶体切片，长为 a、宽为 b、高为 c。在与 x 轴垂直的两个平面上镀上金属材料，此时石英晶体切片可以看作一个电容。沿 x 轴方向施加作用力 F_x 时，在与 x 轴垂直的表面上产生的电荷 Q_{xx} 为

$$Q_{xx} = d_{11}F_x \tag{6-1}$$

式中，d_{11} 为石英晶体的纵向压电系数（2.31×10^{-12} C / N）。

在镀上金属的两个平面间产生的电压为

$$u_{xx} = \frac{Q_{xx}}{C_x} = \frac{d_{11}F_x}{C_x} \tag{6-2}$$

式中，C_x 为晶体切片镀上金属（银）后极面间的电容。

如果在同一晶体切片上，沿 y 轴方向施加作用力 F_y 时，则在与 x 轴垂直的平面上产生的电荷为

$$Q_{xy} = \frac{ad_{12}F_y}{b} \tag{6-3}$$

式中，d_{12} 为石英晶体的横向压电系数。

根据石英晶体的轴对称条件可得 $d_{12} = -d_{11}$，所以

$$Q_{xy} = \frac{-ad_{11}F_y}{b} \tag{6-4}$$

产生的电压为

$$u_{xy} = \frac{Q_{xy}}{C_x} = \frac{-ad_{11}F_y}{bC_x} \tag{6-5}$$

石英晶体在 20℃～200℃内压电系数的变化率比较小，性能非常稳定，但是其压电系数较小（d_{11}=2.31×10^{-12} C / N）。因此，在标准传感器、高精度传感器或使用温度较高的传感器中通常使用石英晶体。

2. 压电陶瓷的压电效应

压电陶瓷是人工制造的多晶体压电材料，是一种能够将机械能转换为电能的陶瓷材料。它比石英晶体的压电灵敏度高得多，而制造成本较低，因此目前国内外生产的压电元件绝大多数都采用压电陶瓷。常用的压电陶瓷材料有锆钛酸铅系列压电陶瓷（PZT）及非铅系列压电陶瓷（如 $BaTiO_3$ 等）。

如果让原始的压电陶瓷材料具有压电特性，就要在一定温度下对它进行极化处理。压电陶瓷的极化过程如图 6-5 所示。将这些材料置于外电场作用下，其中的电畴发生转动，使本身自发的极化方向趋向外电场方向并保持一致。极化处理过的压电陶瓷具有良好的压电特性。

当压电陶瓷在极化面上受到沿着极化方向（即 z 向）的作用力 F_z 时（即作用力垂直于极

化面），如图 6-6（a）所示，则在两个镀有金属（银）的极化面上分别出现正负电荷，电荷量 Q_{zz} 与力 F_z 成比例，即

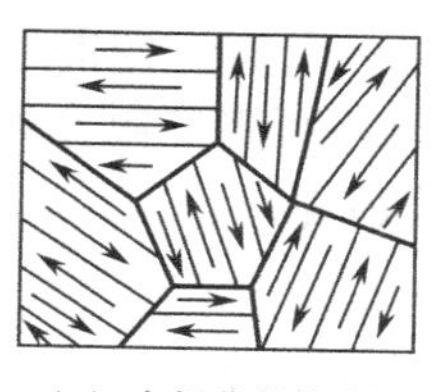
（a）未极化的陶瓷

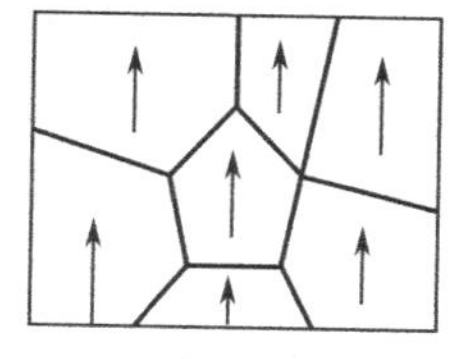
（b）正在极化的陶瓷

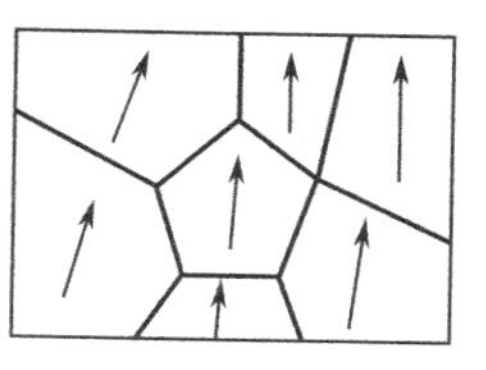
（c）极化后的陶瓷

图 6-5　压电陶瓷的极化过程

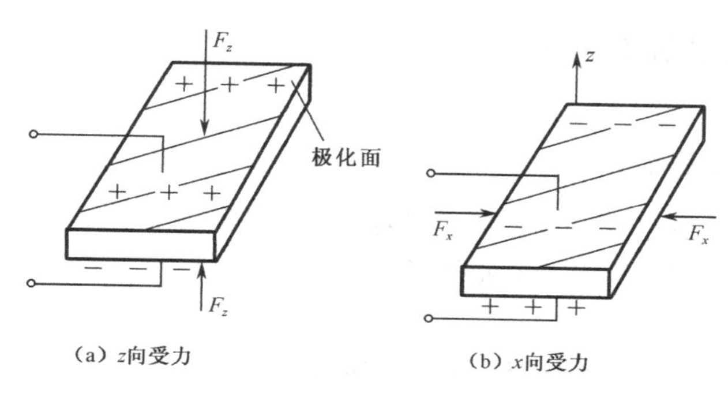

（a）z向受力　　（b）x向受力

图 6-6　压电陶瓷的压电效应

$$Q_{zz} = d_{zz}F_z \tag{6-6}$$

式中，d_{zz} 为压电陶瓷的纵向压电系数，则此时的输出电压为

$$u_{zz} = \frac{d_{zz}F_z}{C_z} \tag{6-7}$$

式中，C_z 为压电陶瓷的电容。

当沿着 x 轴方向受到作用力 F_x 时，如图 6-6（b）所示，在镀银极化面上产生电荷 Q_{zx} 为

$$Q_{zx} = \frac{S_z d_{z1} F_x}{S_x} \tag{6-8}$$

同理

$$Q_{zy} = \frac{S_z d_{z2} F_y}{S_y} \tag{6-9}$$

式（6-8）和式（6-9）中的 d_{z1}、d_{z2} 是压电陶瓷在横向力作用时的压电系数，均为负值。由于极化后的压电陶瓷平面各方向具有相同特性，所以 $d_{z1}=d_{z2}$；式（6-8）和式（6-9）中的 S_x、S_y、S_z 是分别垂直于 x 轴、y 轴、z 轴的压电陶瓷面积。电荷量 Q 除以晶片的电容 C_z 就可以得到输出电压。

石英晶体与压电陶瓷的比较：

（1）相同点：都是具有压电效应的压电材料。

（2）不同点：石英晶体的介电常数和压电常数的温度稳定性好，适合做工作温度范围很宽的传感器；极化后的压电陶瓷的压电系数是石英的几十倍甚至几百倍，但稳定性不如石英好，居里点也低。

3．有机高分子压电材料

某些有机高分子合成的聚合物薄膜经过拉伸和电场极化后，具有一定的压电性能，这种薄膜称为有机高分子压电薄膜。典型的有机高分子压电薄膜材料有聚二氟乙烯（PVF_2）、聚氟乙烯（PVF）、聚氯乙烯（PVC）等，其中 PVF_2 的压电系数最高。

6.2　压电式传感器的测量转换电路

6.2.1　压电传感器的等效电路

1．压电式晶体的连接方式

将压电晶体产生电荷的两个面镀银后封装，就构成了压电元件。当压电元件受力时，就会在两个电极上产生电荷，因此压电元件可以看作一个电荷源。两个电极之间是绝缘的压电介质材料，因此它也可以看作一个以压电材料为介质的电容器。

如图 6-7 所示，压电元件的电容为 C，电荷为 Q，电压为 U。压电元件采用不同的连接方式时，其参数变化如下。

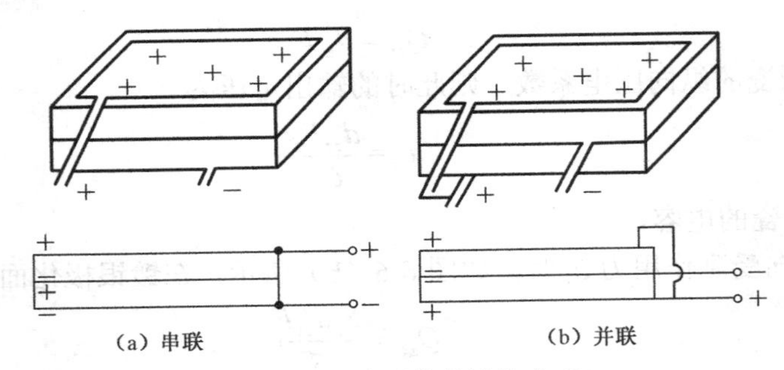

图 6-7　压电元件的连接方式

（1）串联

$$Q' = Q\,,\quad U' = 2U\,,\quad C' = C/2$$

串联接法输出电压大，本身电容小，适用于以电压作输出信号、且测量电路输入阻抗很高的场合。

（2）并联

$$Q' = 2Q\,,\quad U' = U\,,\quad C' = 2C$$

并联接法输出电荷大，本身电容大，时间常数大，适用于测量变化慢的信号并且以电荷作为输出量的场合。

2．压电元件的等效电路

根据压电元件的特性，可等效为一个与电容相并联的电荷源，也可以等效为一个与电容相串联的电压源，如图 6-8 所示。压电式传感器的实际等效电路如图 6-9 所示，其中 R_a 是压电传感器的等效内阻，C_a 是压电传感器的等效电容，C_c 是电缆电容，C_i 是前置放大器的输入电容，R_i 是前置放大器的输入电阻。

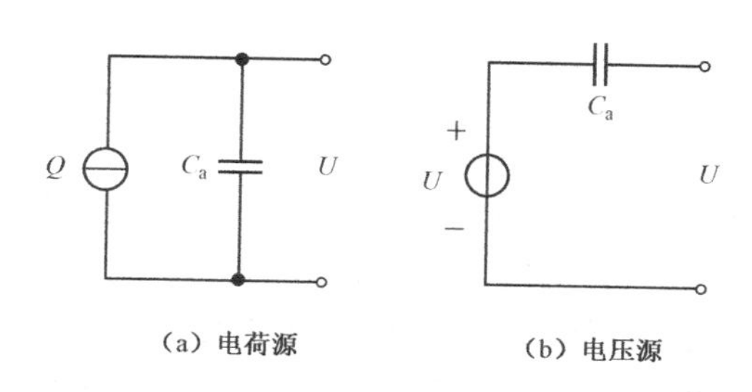

图 6-8　压电元件的等效电路

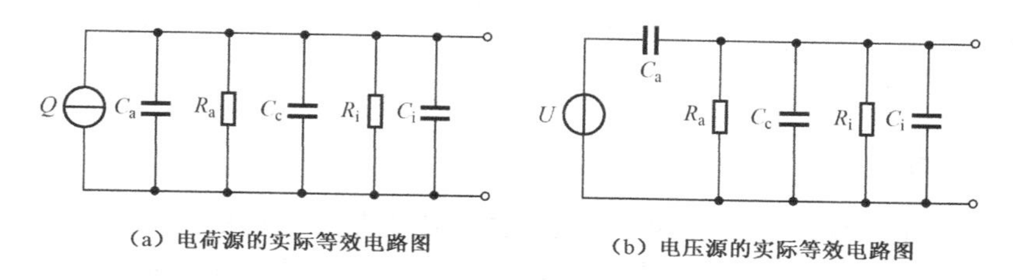

图 6-9　压电式传感器的实际等效电路

6.2.2　压电式传感器的测量电路

压电式传感器不能用于静态测量，压电元件只有在交变力的作用下，电荷才能源源不断地产生，可以供给测量回路一定的电流，故只适用于动态测量。

压电式传感器本身的输出信号小，内阻抗很高，在它的测量电路中通常需要接入一个高输入阻抗的前置放大器，放大器的作用：一是把压电式传感器的高阻抗变换为低阻抗；二是放大传感器的输出信号。压电式传感器的输出信号可以是电压也可以是电荷，因此前置放大器也就出现了两种形式：电荷放大器和电压放大器。

1．电荷放大器

电荷放大器的等效电路如图 6-10 所示。

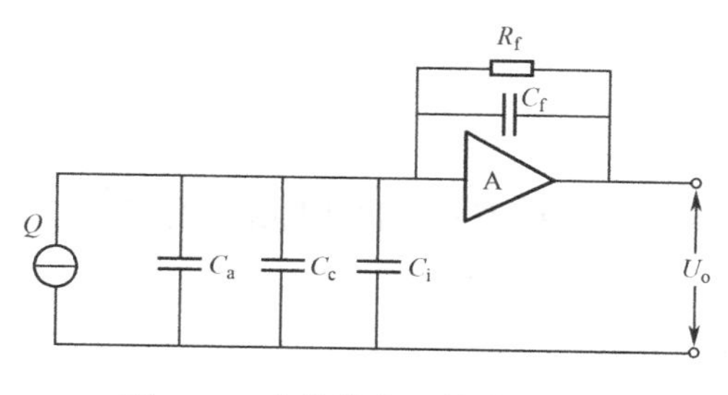

图 6-10　电荷放大器的等效电路

电荷放大器中的反馈电容 C_f 在输入端的等效电容是 $C_f(A+1)$。在式（6-10）中，C_f 在输入端的等效电容 $C_f(A+1) \gg (C_a+C_c+C_i)$，因而电缆电容 C_c 和前置放大器的输入电容 C_i 不会影响输出电压 U_o。因此，电荷放大器输出电压的表达式为

$$U_o = \frac{-QA}{C_f(A+1)+(C_a+C_c+C_i)} \approx -\frac{Q}{C_f} \tag{6-10}$$

由式（6-10）可以得出以下几点结论：

（1）电荷放大器的输出电压 U_o 只与输入电荷量 Q 和反馈电容 C_f 有关，与放大器的放大系数 A、电缆电容 C_c 和前置放大器的输入电容 C_i 等的变化都没有关系。

（2）只要保持反馈电容 C_f 不变，就可得到输出电压 U_o 与输入电荷量 Q 的线性关系。

（3）压电式传感器产生的电荷量 Q 一定时，反馈电容 C_f 越小，输出电压 U_o 越大。

（4）要提高输出灵敏度，就必须选择适当的反馈电容 C_f。

（5）输出电压 U_o 与电缆电容 C_c 和前置放大器的输入电容 C_i 无关的条件是 $C_f(A+1) \gg (C_a+C_c+C_i)$。

2. 电压放大器

串联连接的压电元件可以等效为电压源，由于压电效应引起的电容量很小，因此其电压源的等效内阻非常大，在连接成电压输出型测量电路时，要求前置放大器有足够大的放大倍数，而且应具有很高的输入阻抗，如图 6-11 所示。

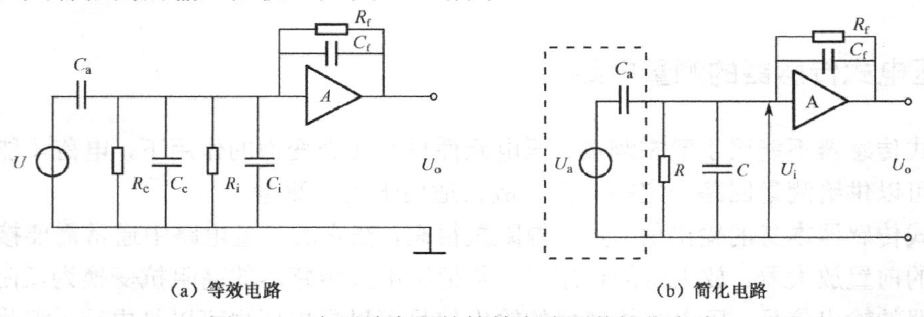

图 6-11 电压放大器的等效电路及其简化电路

电压放大器等效电路输入端的等效电压为

$$U_i = \frac{Q}{C_a+C_c+C_i} \tag{6-11}$$

输出电压为

$$U_o = \frac{AQ}{C_a+C_c+C_i} \tag{6-12}$$

6.3 压电式传感器的应用

6.3.1 压电式力传感器

压电式力传感器是以压电元件为转换元件，输出电荷与作用力成正比，将力的变化量转

化为电信号的装置。如图 6-12 所示，压力式传感器由基座、上盖、石英晶体切片（石英晶片）、电极、绝缘套以及引出插座等组成。

压电式力传感器适用于变化频率不太高的动态力的测量，测力范围可以达到几十千牛，非线性误差小于 1%，其固有频率可达数十千赫兹。在装配时需要注意的是，要有足够的预紧力，用以消除元件之间接触不良导致的非线性误差，使传感器工作在线性的状态。

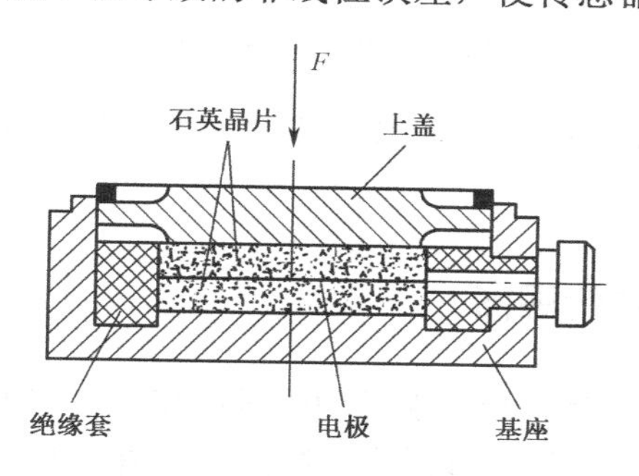

图 6-12 压电式力传感器的结构

6.3.2 压电式加速度传感器

压电式加速度传感器由压电元件、质量块、预压弹簧、基座及外壳等组成，如图 6-13 所示，整个部件装在外壳内，并用螺栓加以固定。

根据牛顿第二定律可知，$F=ma$，惯性力是加速度的函数。压电式传感器在测量加速度时，惯性力 F 作用于压电元件上，压电元件产生电荷 Q，在压电式传感器选定的情况下，其输出电荷与加速度 a 成正比，而加速度 a 与惯性力 F 成正比，因此输出电荷可以反映惯性力的变化。

（a）压电式加速度传感器实物图

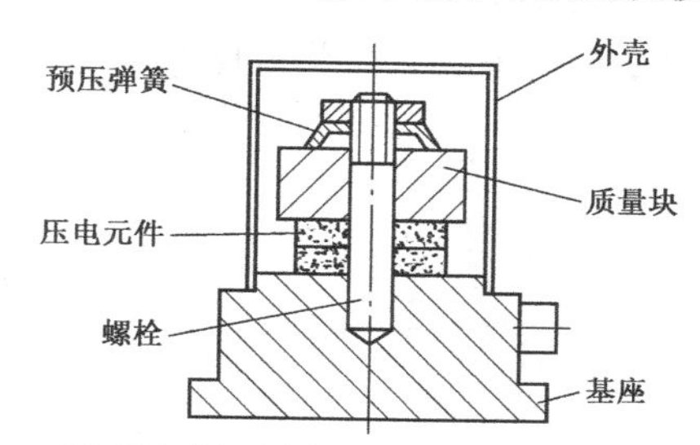

（b）压电式加速度传感器内部结构示意图

图 6-13 压电式加速度传感器

6.3.3 弯曲式压电式加速度传感器

如图 6-14 所示为弯曲式压电式加速度传感器的结构，压电元件粘贴在悬臂梁的侧面，悬臂梁的自由端装配质量块，固定端与基座连接。测量时，被测物体运动，质量块由于惯性会产生加速度，质量块带动悬臂梁发生弯曲，使悬臂梁的侧面受到拉伸或压缩，压电元件发生变形，产生电信号输出。

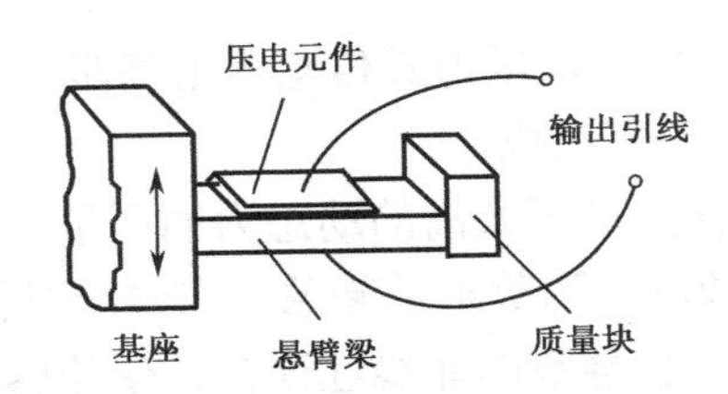

图 6-14　弯曲式压电式加速度传感器的结构

弯曲式压电式加速度传感器的优点是固有的共振频率低，灵敏度高，常用于低频测量；缺点是体积大，机械强度较差。

6.3.4　共振型压电式爆震传感器

汽车发动机在工作过程中有时会出现发动机抖动和金属敲击声，这是由于发动机出现了爆震，产生的原因有发动机或汽缸温度过高、汽油辛烷值过低、汽缸内压力异常、点火过早等。发动机爆震会使汽缸及缸体受到过大的冲击力，损伤零件，缩短发动机的寿命。因此在发动机上安装检测爆震的传感器十分必要。

爆震传感器是检测发动机燃烧时有无爆震，并把爆震信号送给发动机电脑，是修正点火提前角的重要参考信号。爆震传感器属于自发电式的传感器。

常见的爆震传感器有共振型磁致伸缩式、共振型压电式、非共振型压电式。以下以共振型压电式爆震传感器为例进行介绍。共振型压电式爆震传感器由压电元件、膜片等组成，如图 6-15 所示。

发动机发生爆震时，发动机缸体振动，导致共振型压电式爆震传感器内部的膜片发生振动，膜片与发动机发生共振现象，此时压电元件受到最大的外力作用，输出的信号电压明显增大，易于测量，不需要滤波电路。如图 6-16 所示为共振型压电式爆震传感器的信号输出特性。

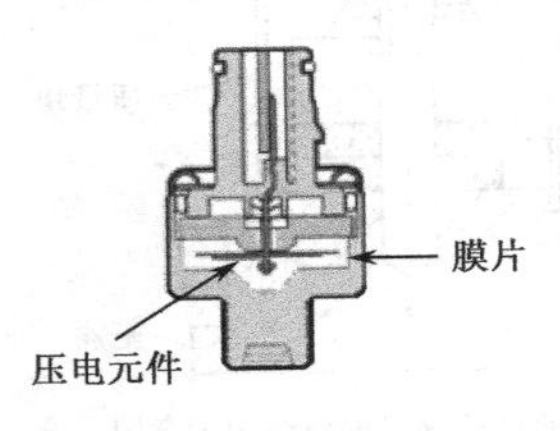

图 6-15　共振型压电式爆震传感器的结构图

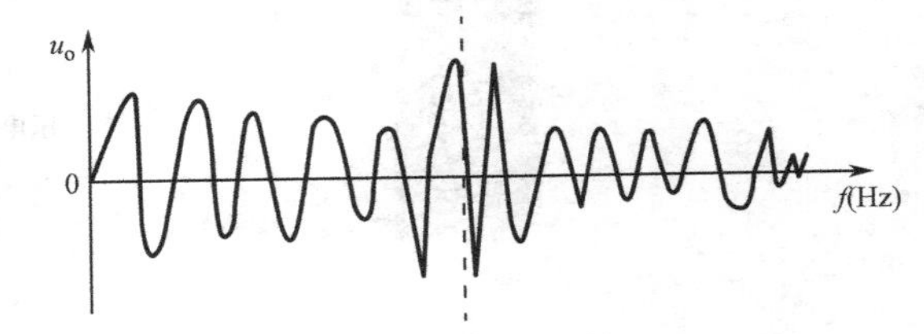

图 6-16　共振型压电式爆震传感器的信号输出特性

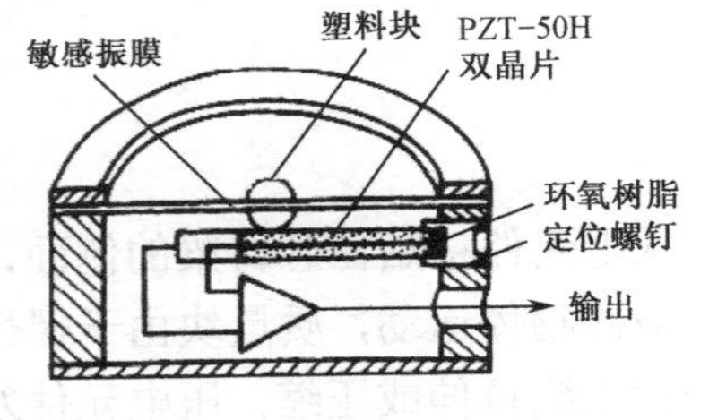

图 6-17　压电式血压传感器的结构

6.3.5　压电式血压传感器

如图 6-17 所示为压电式血压传感器的结构，由双晶片、敏感振膜、塑料块、定位螺钉等组成，采用的是悬臂梁结构。该传感器采用双晶片，两个压电元件极化方向相反，并联后可以增加电荷量输出。在敏感振膜的上下两侧各粘一个半圆形塑料块。使用压电式血压传感器

时，动脉血压作用在上塑料块，通过敏感振膜传递，再由下塑料块传递到双晶片的自由端，使悬臂梁弯曲变形，产生电荷，该电荷反映动脉血压的大小，从而达到测量目的。

6.3.6 监测结冰状况的冰传感器

在冬季和温度较低的环境中经常出现结冰现象，其危害很大。铁路电力机车接触网导线上结冰影响机车正常行驶、跑道结冰影响飞机安全飞行等。冰传感器可用来监测是否结冰以及冰层厚度。

如图 6-18 所示，冰传感器是利用压电效应制成的，在电极 1、2 间加交变电压，压电晶体产生机械振动，此时冰传感器的谐振频率为

$$f = c\sqrt{\frac{k}{m}} \tag{6-13}$$

式中，k 是等效刚度，m 是等效质量。

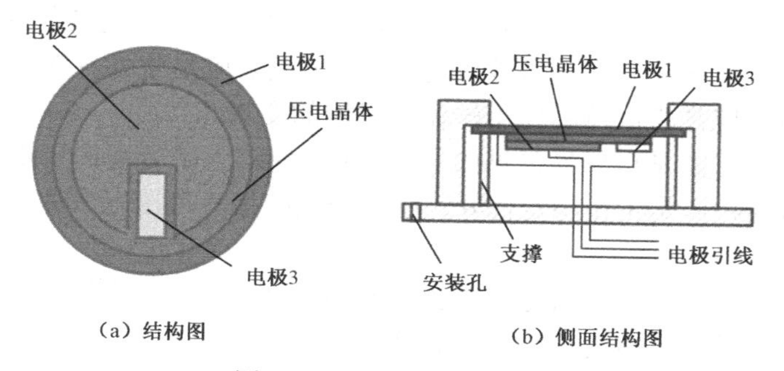

图 6-18 冰传感器的原理

冰层检测原理是：电极 1 上无附加物时，以自身的谐振频率作机械振动；电极 1 上有冰冻时，冰层增加系统刚度，谐振频率增大；冰层越厚，刚度增加越大，谐振频率越大。通过频率的测量就可以检测出结冰的情况。

6.3.7 压电式扬声器

扬声器（喇叭）在日常生活中应用非常广泛，如图 6-19 所示为压电式扬声器的原理图，当交变信号加在压电陶瓷两端面时，由于压电陶瓷的逆压电效应，压电陶瓷会在电极方向产生周期性的伸长和缩短。当振荡频率在声频范围内时，即可产生声音效果。

当一定频率的声频信号加在压电陶瓷上，压电陶瓷受到外力作用而产生压缩变形，由于压电陶瓷的正压电效应，压电陶瓷上将出现充、放电现象，可将声频信号转换成了交变电信号，此时压电陶瓷组成的传感器就是声频信号接收器。如果传感器中压电陶瓷的振荡频率在超声波范围内，则其发射或接收的声频信号即为超声波，这样的传感器称为压电超声传感器。

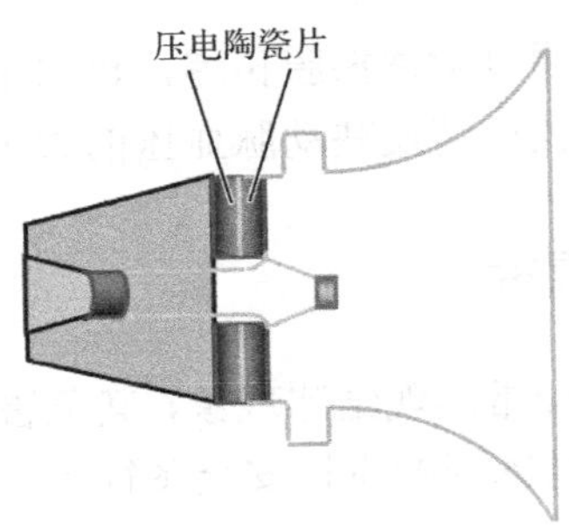

图 6-19　压电式扬声器原理图

本 章 小 结

压电式传感器是一种典型的自发电式传感器，利用某些电介质的压电效应制成，当外界的非电量信号作用在电介质上时，电介质产生电荷，从而将非电量转化为电量。

压电效应有正压电效应和逆压电效应之分。正压电效应是将外界的机械应力转化为电荷的过程，而逆压电效应是将电荷的作用转化为机械的变形。

压电材料通常使用的是自然界常见的石英晶体、经过人工处理的压电陶瓷以及高分子合成材料。压电晶体的特点是工作稳定性好；压电陶瓷的优势是压电系数高；高分子材料的特点是耐压、防水。

测量压电传感器信号的电路有电荷放大器和电压放大器。电荷放大器的输出电压不受电缆的影响，电压放大器的优点是结构简单、成本低、工作可靠。

习　题　6

6-1　什么是压电效应？

6-2　正压电效应和逆压电效应有什么不同？

6-3　压电材料有哪几种类型？分别有什么特点？

6-4　请画出压电传感器的等效电路，并分析其等效的原理。

第 7 章　霍尔式传感器

霍尔式传感器是基于霍尔效应的一种传感器，广泛用于电磁、压力、加速度、振动等方面的测量。其特点是体积小、功耗小、寿命长、安装方便，耐腐蚀和耐污染。

1879 年美国物理学家霍尔在试验中发现了金属材料具有霍尔效应，但是由于金属材料的霍尔效应太弱而没有得到应用。半导体出现后，研究人员开始使用半导体材料制成霍尔元件，而半导体的霍尔效应现象显著，从此霍尔式传感器才得到应用和发展。

7.1　霍尔效应及霍尔元件

7.1.1　霍尔效应

金属或半导体薄片放置在磁感应强度为 B 的磁场（磁场方向垂直于薄片）中，当有电流 I 通过时，在垂直于电流 I 和磁场 B 的方向上将产生电压 U_H，这种物理现象称为霍尔效应，该电压 U_H 称为霍尔电压。如图 7-1 所示为霍尔效应的原理图。

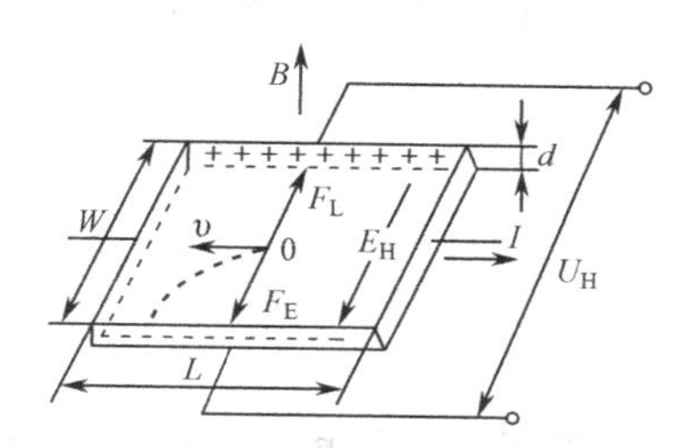

图 7-1　霍尔效应的原理图

如图 7-1 所示，N 型半导体材料的长为 L、宽为 W、厚为 d，放置在磁感应强度为 B 的磁场中，B 垂直于 L-W 平面，沿 L 方向通电流 I，N 型半导体的载流体——电子将受到 B 产生的洛伦兹力 F_L 的作用，洛伦兹力的表达式为

$$F_L = qvB \tag{7-1}$$

式中，q 为 N 型半导体材料的电子浓度；v 为电子在磁场中的运动速度；B 为磁感应强度。

在洛伦兹力 F_L 的作用下，电子向半导体的一面偏转，在该面上形成电子的积累，而在相对的面上会因为缺少电子而出现相同数目的正电荷，电荷的出现在这两个面上产生了霍尔电场 E_H，运动电子此时会受到电场力 F_E 的作用，电场力 F_E 的表达式为

$$F_E = qE_H \tag{7-2}$$

电场力的出现阻止了电子的偏移，当电子所受到的电场力和洛伦兹力相同时，电荷的积累达到平衡状态，霍尔电场 E_H 也就达到了稳定状态，半导体两个面之间出现了电位差（电

压）U_H，该电压被称为霍尔电压。

$$F_L = F_E \tag{7-3}$$

$$E_H = vB \tag{7-4}$$

$$U_H = \frac{E_H}{W} = \frac{vB}{W} \tag{7-5}$$

电子在磁场中运动的速度为$v = \dfrac{I}{nqWd}$，则霍尔电压为

$$U_H = \frac{R_H}{d} IB = K_H IB \tag{7-6}$$

式中，R_H为霍尔常数，表征霍尔元件产生霍尔电压的强弱程度，其表达式为

$$R_H = \frac{1}{nqd} \tag{7-7}$$

K_H为霍尔灵敏度，表征霍尔元件在单位电流、单位磁场强度的作用下产生霍尔电压的大小

$$K_H = \frac{R_H}{d} = \frac{U_H}{IB} \tag{7-8}$$

由以上分析可知，影响霍尔电压的因素有：

（1）材料。半导体材料比金属导体材料更适合作为霍尔材料，半导体材料的电子浓度q较小，霍尔电压U_H比较大。

（2）电流。流经霍尔元件的电流大小决定着霍尔电压U_H的大小。

（3）磁场强度。加在霍尔元件上的磁场强度决定着霍尔电压U_H的大小。

7.1.2 霍尔元件

1．霍尔元件的结构

霍尔元件由霍尔片、引线和壳体组成。如图 7-2 所示，霍尔元件有 4 个引脚，其中引脚 1、1′ 为激励电流的引线端子，称为激励电极，引脚 2、2′ 为霍尔电压的引线端子，称为霍尔电极，在电路中通常有两种符号表示，如图 7-2（c）所示。

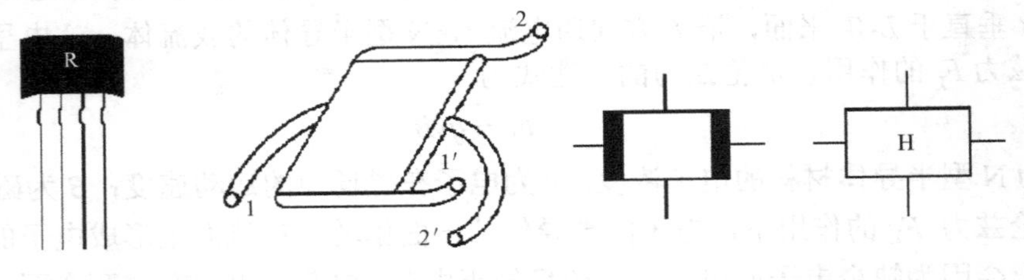

图 7-2　霍尔元件

2. 霍尔元件的材料

常用霍尔元件的材料有锗、硅、砷化铟、锑化铟等半导体材料。其中 N 型锗容易加工制造，其霍尔系数、温度性能和线性度都较好。N 型硅的线性度最好，其霍尔系数、温度性能与 N 型锗相近。锑化铟对温度最敏感，尤其在低温范围内温度系数大，但在室温时其霍尔系数较大。砷化铟的霍尔系数较小，温度系数也较小，输出特性线性度好。

3. 霍尔元件的主要参数

（1）额定激励电流和最大允许激励电流

在给霍尔元件加激励电流时，霍尔元件的温度升高 10℃，此时的激励电流称为额定激励电流，用符号 I_C 表示。当激励电流增大时，霍尔电压也会随着增大。为了获得较大的霍尔电压，在应用中会采用较大的激励电流，但是激励电流过大，霍尔元件的功耗就会增大，霍尔元件的温度升高，会引起霍尔电压的温度漂移增大，影响测量精度，因此各种型号的霍尔元件都规定了对应的最大允许激励电流 I_m，它的数值从几毫安至十几毫安不等。

（2）输入电阻和输出电阻

霍尔元件两个激励电流端的电阻被称为输入电阻 R_i，霍尔电压两个输出端子之间的电阻被称为输出电阻 R_o。不同类型的霍尔元件，输入电阻和输出电阻的阻值一般从几十欧姆到几百欧姆不等。

（3）不等位电动势

不等位电动势是指没有外加磁场时，霍尔元件在额定激励电流的作用下，霍尔元件输出的开路电压，一般用符号 U_M 表示，产生这一现象的原因有：

- 霍尔电极安装位置不对称或不在同一等电位面上；
- 半导体材料不均匀造成了电阻率不均匀或是几何尺寸不均匀；
- 激励电极接触不良造成激励电流不均匀分布等。

（4）寄生直流电动势

当外加磁场为零时，给霍尔元件通上交流电流，霍尔电极的两个端子会输出一个寄生直流电动势，这是由控制电极和基片之间的非完全欧姆接触所产生的整流效应造成的。

（5）霍尔电压的温度系数

霍尔电压的温度系数 α 是指在一定磁感应强度和一定控制电流下，温度每变化 1℃时，霍尔电压产生的变化率。

7.2　霍尔式传感器的测量转换电路

7.2.1　霍尔式传感器的基本电路

如图 7-3 所示为霍尔式传感器的基本电路。电源 E 提供额定激励电流 I_C，当改变电阻 R_A

时，额定激励电流 I_C 会发生变化，由于霍尔式传感器在同时满足磁感应强度 B 和额定激励电流 I_C 两个条件时才会产生霍尔电压。因此，在实际应用中，额定激励电流 I_C 或者磁感应强度 B 都可以作为输入信号。由图 7-3 可知，通过霍尔式传感器的额定激励电流 I_C 为

$$I_C = \frac{E}{R_A + R_B + R_i} \tag{7-9}$$

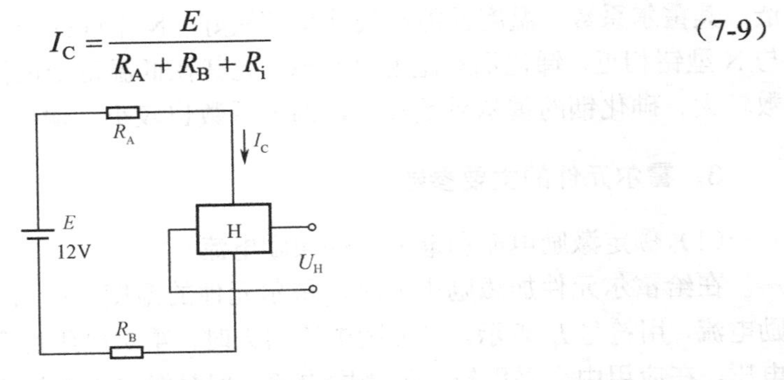

图 7-3　霍尔式传感器的基本电路

7.2.2　霍尔式传感器的集成电路

霍尔式传感器的集成电路的特点是体积较小、灵敏度高、输出幅度较大、温漂小、对电源的稳定性要求较低等。常见的类型有线性型霍尔式传感器的集成电路和开关型霍尔式传感器的集成电路。

1. 线性型霍尔式传感器的集成电路

线性型霍尔式传感器的集成电路的内部电路由霍尔元件、恒流源、线性差动放大器组成，将这几部分集成制作在一个芯片上，使用时可以直接得到电压输出信号，比单独使用霍尔元件更加方便。比较典型的线性型霍尔式传感器集成电路有 UGN3501，如图 7-4 所示。图 7-5 所示为 UGN3501 的输出特性曲线。

如图 7-6 所示为双端差动输出的线性型霍尔式传感器的特性曲线，当磁场为零时，输出电压等于零；当磁场为正向（磁铁的 S 极对准霍尔元件的正面）时，输出信号为正；磁场反向时，输出信号为负。

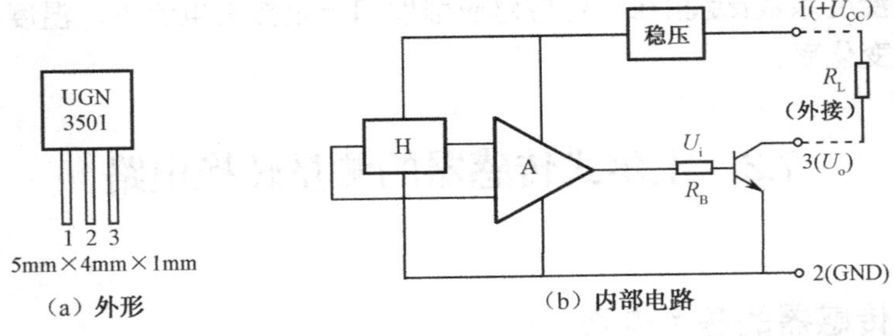

图 7-4　线性型霍尔式传感器集成电路 UGN3501 的外形及其内部电路

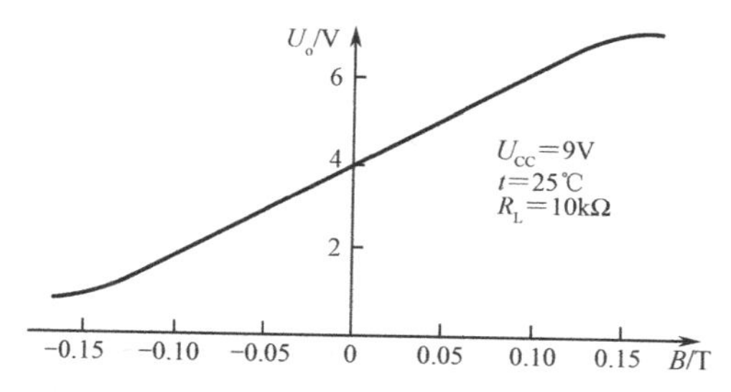

图 7-5　线性型霍尔式传感器集成电路 UGN3501 的输出特性

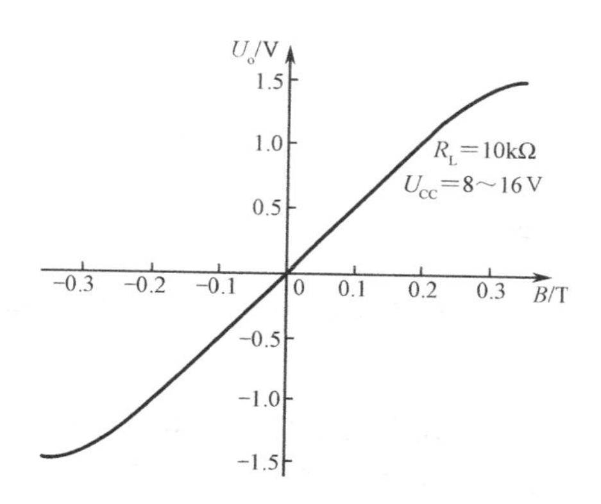

图 7-6　双端差动输出的线性型霍尔式传感器的输出特性

2. 开关型霍尔式传感器的集成电路

开关型霍尔式传感器的集成电路由霍尔元件、稳压电路、放大器、施密特触发器、OC 门（集电极开路输出门）等组成，如图 7-7 所示，将这些元件集成在一个芯片上就可制成该集成电路。当外加磁场强度超过预先设定的标准值时，NPN 型 OC 门导通，由高电平变为低电平；当外加磁场强度低于标准值时，OC 门截止，输出高电平。典型的开关型霍尔式传感器集成电路有 UGN3020 等。

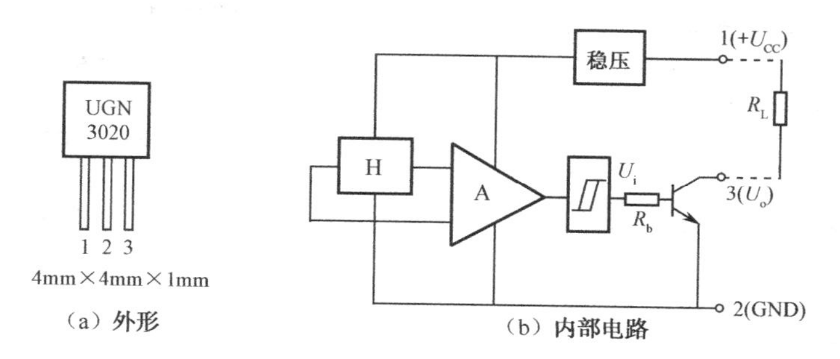

图 7-7　开关型霍尔式传感器集成电路 UGN3020 的外形及其内部电路

如图 7-8 所示为施密特触发电路的输出特性曲线，当回差越大时，该电路的抗振动干扰能力就越强。

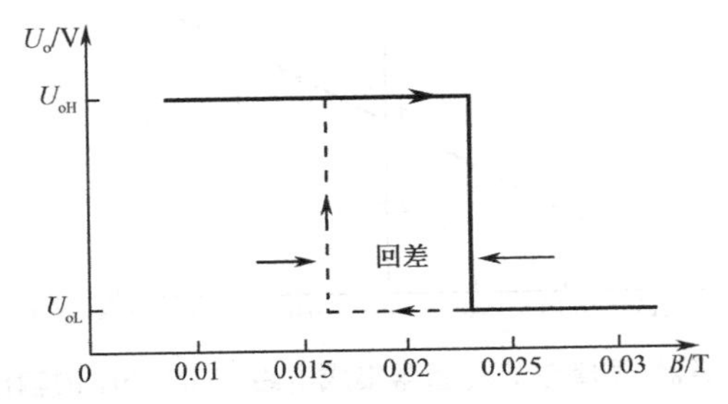

图 7-8　施密特触发电路的输出特性曲线

7.2.3　基本误差及补偿

1．不等位电动势误差的补偿

不等位电动势是霍尔元件产生误差的原因之一，也是最普遍的一种，其产生的原因如下：

（1）制造过程中不可能保证霍尔元件的两个霍尔电极绝对对称地焊接在它的两侧，这就会导致霍尔元件的两个电极点不能完全位于同一个等位面上。

（2）由于半导体的电阻特性造成。

在电路中可以把霍尔元件视为由 4 个电阻组成的电桥电路，如图 7-9 所示，不等位电动势就相当于电桥的初始不平衡时的输出电压。

当不等位电动势出现时，相当于电桥不平衡，为了使电桥再次平衡，在电路中加入补偿电阻 R_F，如图 7-10 所示，利用补偿电阻 R_F 可以变化的特性，可以将电桥调整到平衡状态，也就达到了补偿霍尔元件不等位电动势的目的。

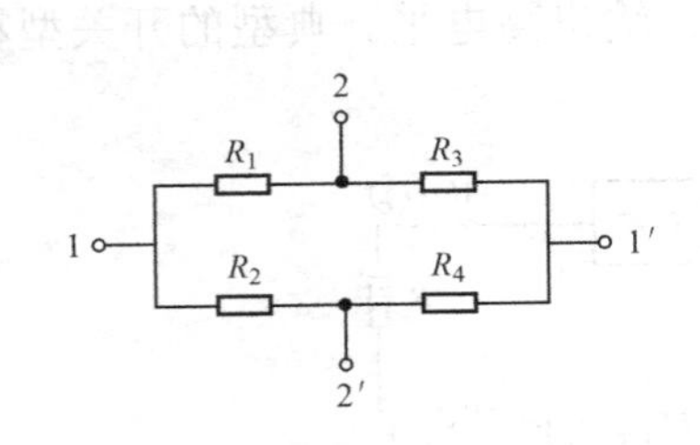

图 7-9　霍尔元件的等效电桥电路

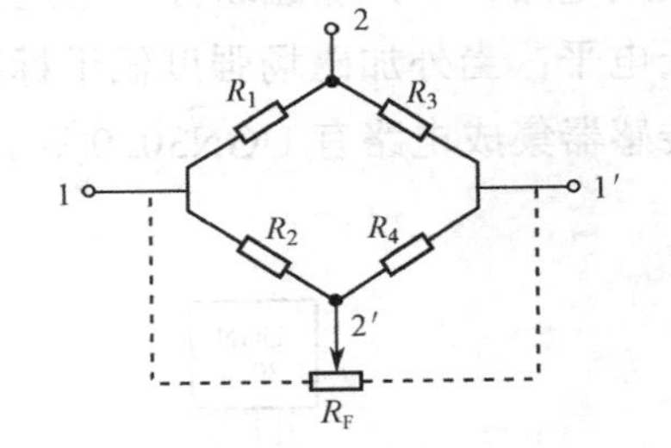

图 7-10　不等位电动势的补偿电路

2．温度特性

霍尔元件的温度特性是指其内阻及霍尔电压与温度之间的关系，如图 7-11 和图 7-12 所示。

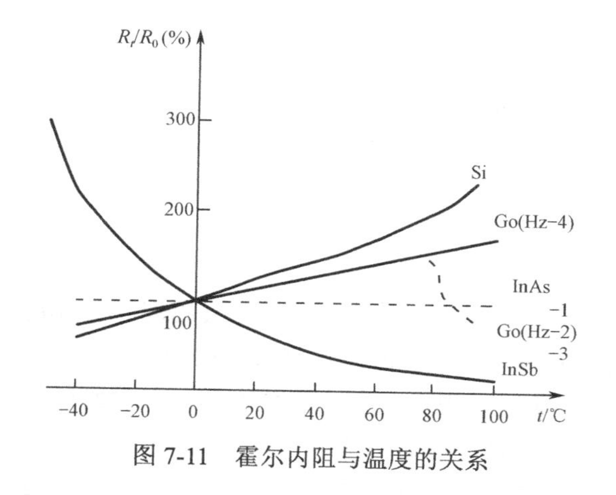

图 7-11 霍尔内阻与温度的关系

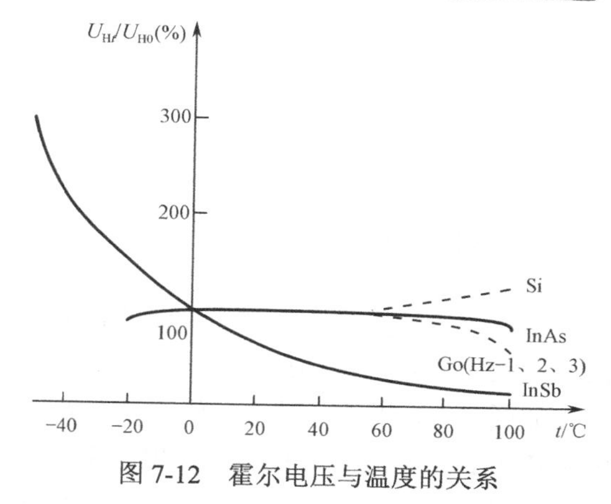

图 7-12 霍尔电压与温度的关系

3. 温度误差及其补偿

温度误差产生的原因有以下两种：

① 霍尔元件的材料是半导体，半导体对温度的变化非常敏感。半导体的载流子的浓度、迁移率、电阻率等参数都是温度的函数，因此容易受到温度的影响。

② 当温度发生变化时，霍尔元件的特性参数（如霍尔电压、输入电阻和输出电阻等）都会发生变化，从而导致霍尔式传感器产生温度误差。

减小霍尔元件的温度误差的方法有：

① 恒温措施补偿，包括以下两种：

- 将霍尔元件放在恒温器中；
- 将霍尔元件放在恒温的空调房中。

② 恒流源温度补偿

霍尔元件的灵敏度与温度的关系为

$$K_H = K_{H0}(1+\alpha\Delta t) \tag{7-10}$$

式中，K_{H0} 为温度在 t_0 时霍尔元件的灵敏度；α 为霍尔电动势的温度系数；Δt 为温度的变化量。

霍尔元件的霍尔电压的温度系数一般都是正值，其霍尔电压会随着温度的升高而增加。如图 7-13 所示，在霍尔元件的旁边并联一个电阻，使激励电流 I 相应减小，霍尔元件本身的温度就不会过高，使 $U_H = K_H IB$ 的结果保持不变，从而达到补偿的目的。

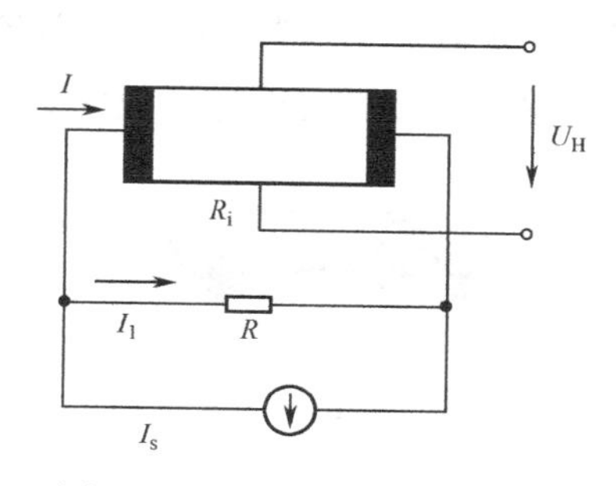

图 7-13 恒流源温度补偿电路

7.3 其他磁传感器

7.3.1 磁阻元件

当霍尔元件置于与电流方向垂直的磁场中时，会出现霍尔效应，同时还会出现半导体电阻率增大的现象，这种现象称为磁阻效应。利用磁阻效应做成的元件被称为磁阻元件。

如图 7-14 所示，磁阻元件在没有外加磁场作用时，电流方向为直线方向；在受到外加磁场作用后，电流的路径增长，电阻率就会增大，从而导致电阻增大。

磁阻元件具有阻抗低、阻值随磁场变化大、频率响应好、可非接触式测量、动态范围广及噪声小等优点，因此广泛应用于无触点开关、压力开关、角度传感器、转速传感器等场合。

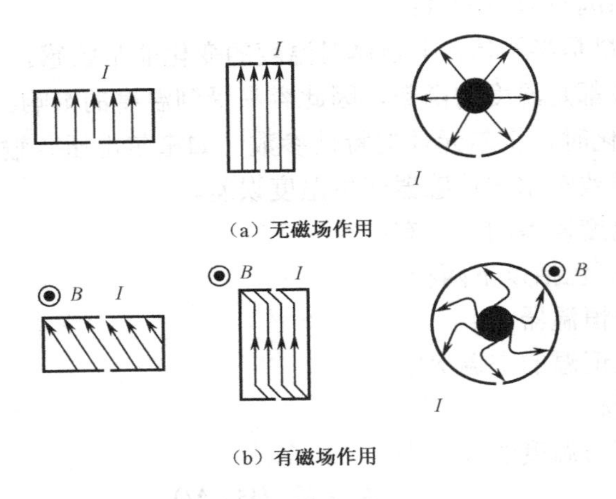

图 7-14 磁阻元件工作原理示意图

7.3.2 磁敏二极管

磁敏二极管的结构如图 7-15 所示。在高纯度半导体锗的两端掺入高杂质 P 型区（P^+）和 N 型区（N^-），I 区的范围远远大于载流子扩散的范围，载流子在 I 区可以自由移动，在 I 区的侧面做一个高复合区 r，在 r 区载流子的复合速率较大。

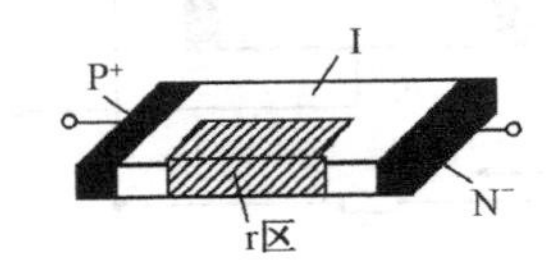

图 7-15 磁敏二极管的结构

磁敏二极管在无磁场时，大部分空穴和电子分别流入 N 区和 P 区而产生电流，只有少部分在 r 区复合，此时 I 区有稳定的阻值，如图 7-16（a）所示；若给磁敏二极管外加一个正向磁场 B_+，空穴和电子受到洛伦兹力的作用偏向 r 区，在 r 区复合，此时 I 区的空穴和电子数量减少，导电能力减弱，电阻值增大，如图 7-16（b）所示；若给磁敏二极管外加一个反向磁场 B_-，空穴和电子受到洛伦兹力的作用偏离 r 区，此时 I 区的空穴和电子数量增多，导电能力增强，电阻值减小，如图 7-16（c）所示。

由于磁敏二极管在正、负磁场作用下输出电阻不同，可以利用它来判断磁场的方向。

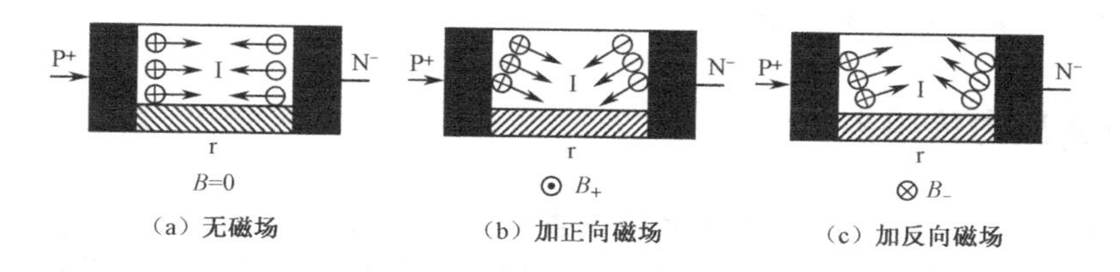

图 7-16 磁敏二极管工作原理

7.3.3 磁敏三极管

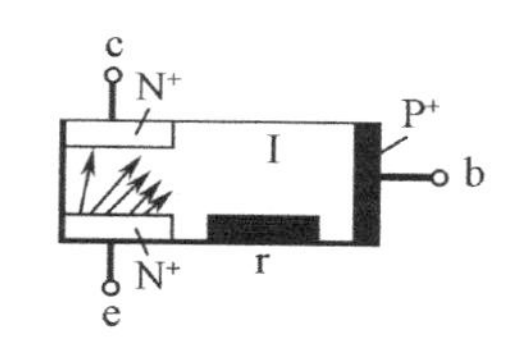

图 7-17 磁敏三极管的结构图

磁敏三极管结构如图 7-17 所示，在高纯度半导体锗的两端掺入高杂质 P 型区和 N 型区，和磁敏二极管一样也有 I 区和 r 区。

如图 7-18（a）所示，在没有外加磁场时，从发射极 e 注入 I 区的电子，在横向磁场的作用下，大部分与 I 区的空穴复合形成基极电流，少部分电子到集电极形成集电极电流。

此时基极电流大于集电极电流。

如图 7-18（b）所示，在外加磁场 B_+ 的作用下，从发射极 e 注入到 I 区的电子，在受到横向电场的作用外，还受到洛伦兹力的作用，使其向复合区 r 的方向偏转，导致电子的分布发生变化，原来注入集电极的部分电子注入基区，原来注入基区的部分电子进入了复合区，导致集电极电流减小，基极的电流基本保持不变。

如图 7-18（c）所示，在外加磁场 B_- 的作用时，其过程和外加磁场 B_+ 时的情况刚好相反，导致集电极电流增大，基极的电流基本保持不变。

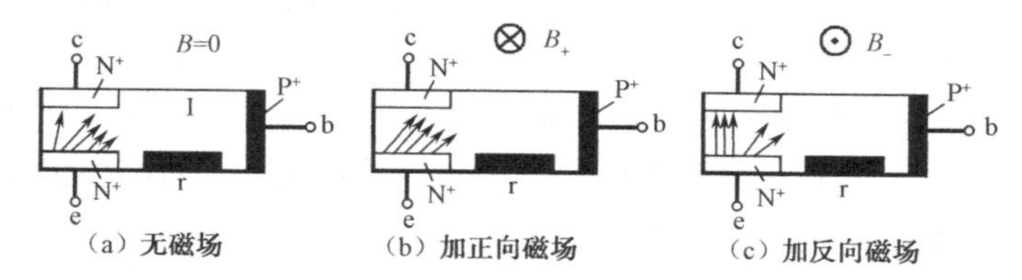

图 7-18 磁敏三极管工作原理示意图

由此可以看出，磁敏三极管和磁敏二极管的工作原理基本相同，可以用磁场方向控制集电极电流的增加或减小，也可以用磁场的强弱控制集电极电流增加或减小的变化量。

7.4 霍尔式传感器的应用

霍尔电压U_H是关于I、B、K_H三个变量的函数，即$U_H = K_H IB$。利用这个关系可以使其中两个量不变，将第三个量作为变量，或者固定其中一个量，其他两个量都作为变量，这一特性使得霍尔式传感器有许多用途。

7.4.1 霍尔式压力传感器

如图 7-19 所示，将霍尔式压力传感器 3 置于两块永久磁铁 2 的中间，当磁感应强度为零时，霍尔式压力传感器 3 的输出电压为零，此时的位置作为零点，当外界压力 P 作用在弹簧管 1 上时，弹簧管 1 内壁受到压力作用发生变形，导致霍尔式压力传感器 3 产生向上或者向下的偏移量，此时霍尔式传感器产生霍尔电压U_H，测出U_H的大小，就可以知道外界压力P的大小。

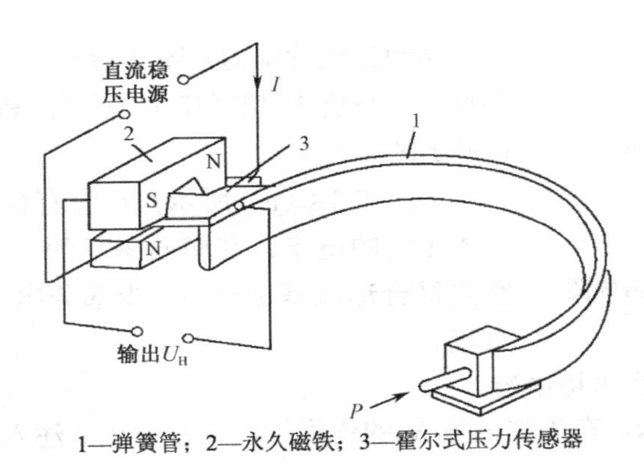

图 7-19 霍尔式压力传感器的工作原理

7.4.2 霍尔式加速度传感器

如图 7-20 所示，霍尔式加速度传感器置于两块永久磁铁中间，两块永久磁铁的放置方法是相同极性相对放置。当被测物体静止，磁感应强度为零时，霍尔式加速度传感器处于平衡状态，当质量为 M 的被测物体上下运动时，将会带动霍尔式加速度传感器上下运动，此时霍尔式传感器上的磁感应强度发生变化，使其产生霍尔电压，而产生的霍尔电压与物体的加速度之间有较好的线性关系，利用霍尔电压就可以测出物体的加速度。

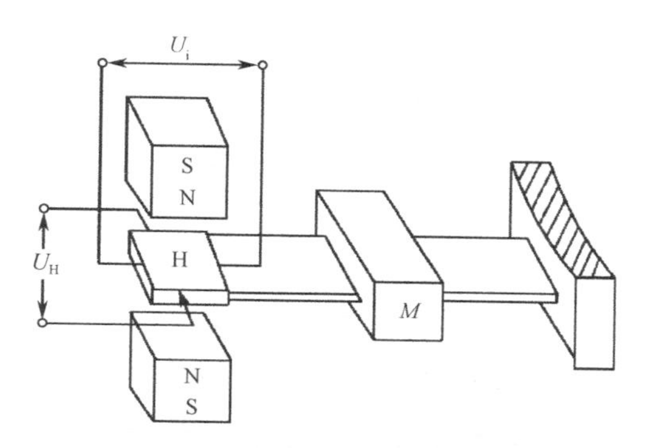

图 7-20　霍尔式加速度传感器的工作原理

7.4.3　霍尔式转速传感器

如图 7-21 所示，金属旋转体的表面存在缺口或突起，其旋转时会使霍尔元件上的磁感应强度发生变化，引起霍尔电压的变化，霍尔电压的变化速率可以反映被测物体的转速信号。

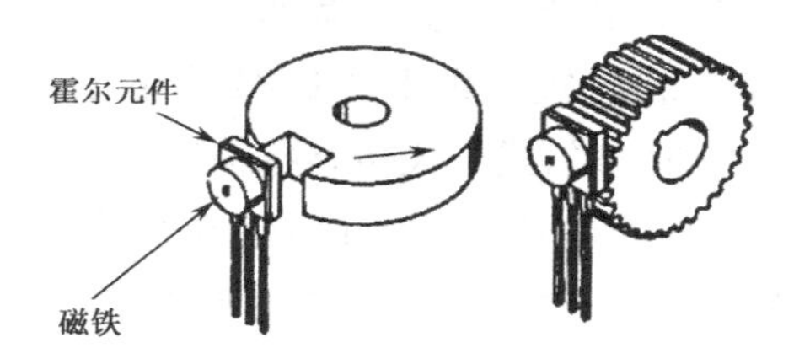

图 7-21　霍尔式转速传感器的工作原理

如图 7-22 所示为霍尔式转速传感器在汽车防抱死装置（ABS）中的应用原理图。

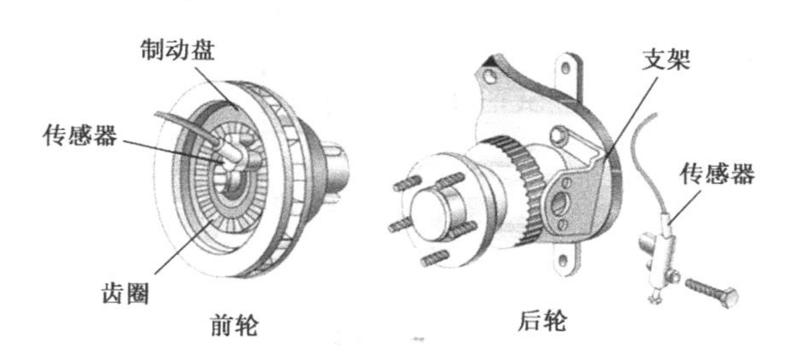

图 7-22　霍尔式转速传感器在 ABS 中的应用

若汽车在刹车时车轮抱死，将产生危险。如图 7-22 所示，利用霍尔式转速传感器 1 来检测车轮的转动状态有助于控制刹车力的大小。当车轮转动时，霍尔式转速传感器检测到其转速信号，当汽车车轮被抱死时，霍尔式转速传感器的输出信号发生变化，以此反映汽车车轮的抱死状态，此信号送给汽车的控制器 3，控制器 3 将对这种情况作出处理，如图 7-23 所示。

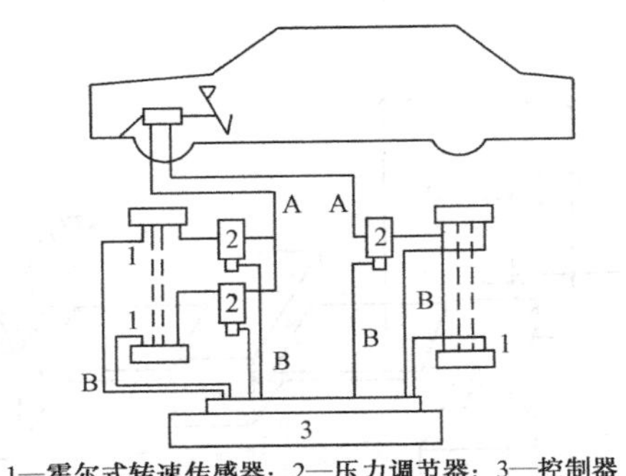

1—霍尔式转速传感器；2—压力调节器；3—控制器

图 7-23　汽车 ABS 的工作原理

7.4.4　霍尔式计数器

如图 7-24 所示为霍尔式计数器的工作原理及其内部电路。霍尔式开关传感器 SL3501 的特点是有较高的灵敏度，可以感受到非常微小的磁场变化，可以检测黑金属的存在与否。利用霍尔式开关传感器的这一特性可制成霍尔式计数器。

如图 7-24（a）所示，当钢球滚过霍尔式开关传感器的位置时，钢球导致霍尔式开关传感器上的磁感应强度发生变化，此时霍尔式开关传感器输出一个峰值为 20mV 的霍尔电压。如图 7-24（b）所示，这个霍尔电压的信号将经过 μA741 放大器的放大后驱动三极管 2N5812，完成导通和截止过程。将计数器接在三极管 2N5812 的输出端即可以构成霍尔式计数器。

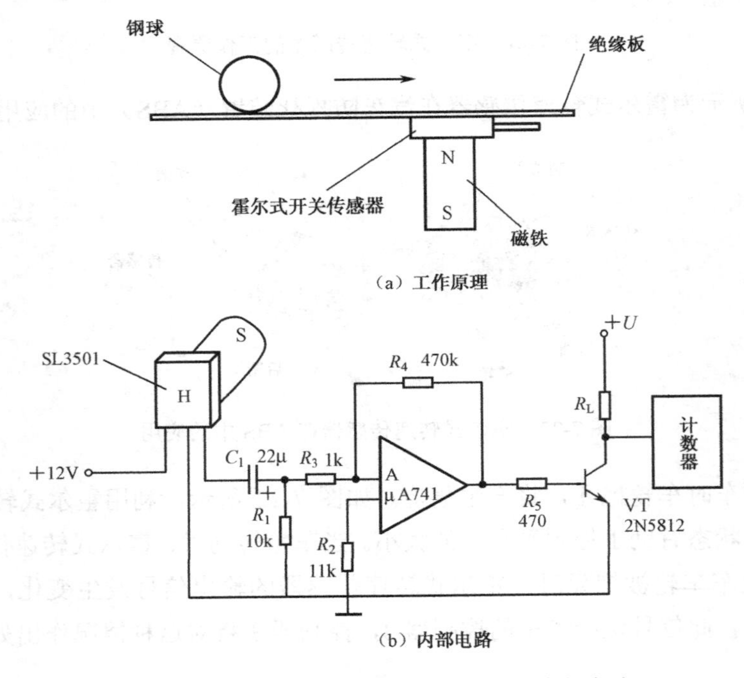

图 7-24　霍尔式计数器的工作原理及其内部电路

7.4.5　霍尔式无触点开关

如图 7-25 所示，霍尔式无触点开关的每个键上都有两小块永久磁铁，当按钮未按下时，通过霍尔式传感器的磁力线是由上向下的；当按下按钮时，通过霍尔式传感器的磁力线是由下向上的。霍尔式传感器输出不同的开关信号，该开关信号直接与后面的逻辑门电路配合使用，就可以实现键盘的功能。

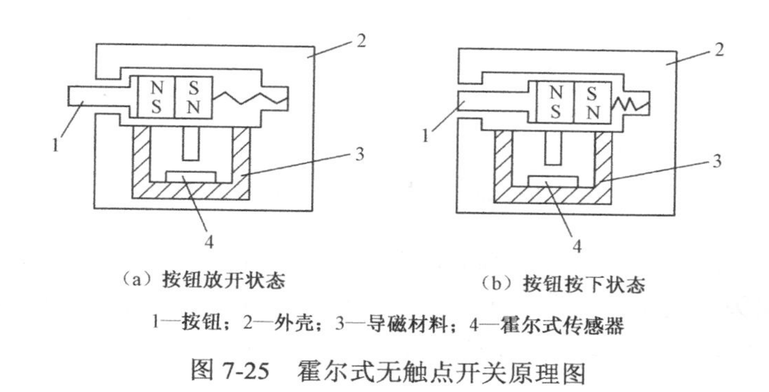

（a）按钮放开状态　（b）按钮按下状态

1—按钮；2—外壳；3—导磁材料；4—霍尔式传感器

图 7-25　霍尔式无触点开关原理图

这类键盘开关工作十分稳定可靠，功耗很低，动作过程中传感器与机械部件之间没有机械接触，使用寿命特别长。

7.4.6　霍尔式传感器应用于出租车计价器

霍尔式传感器在出租车计价器上的应用原理是：通过安装在汽车车轮上的霍尔式传感器检测到车速信号，此信号送到汽车的单片机经处理计算，再送给显示单元，这样就可以完成里程计算。车辆在行驶过程中，车轮每转一圈（设车轮的周长是 1m），霍尔式传感器检测并输出信号，单片机内部对传感器输出信号进行计数，当计数达到 1 000 次时，也就是 1km，此时单片机就控制计价器将金额自动增加（基价）。

7.4.7　霍尔式曲轴/凸轮轴位置传感器

当汽车发电机工作时，发动机控制模块 ECU 控制喷油和点火，使其符合发动机的工作状态，最终得到最好的动力性能和经济性能。为 ECU 提供喷油和点火基准信号的是曲轴和凸轮轴位置传感器，常用的有电磁式、光电式和霍尔式。以下以霍尔式曲轴位置传感器为例进行介绍。

1. 霍尔式曲轴位置传感器的结构及工作原理

霍尔式曲轴位置传感器由飞轮、曲轴位置传感器、永久磁铁组成，如图 7-26 所示。

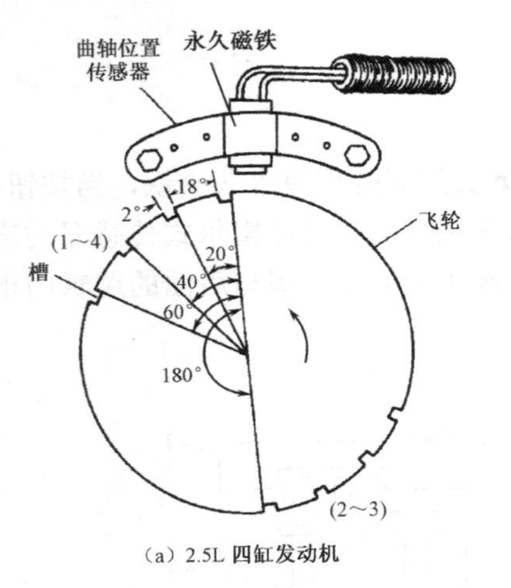

（a）2.5L 四缸发动机

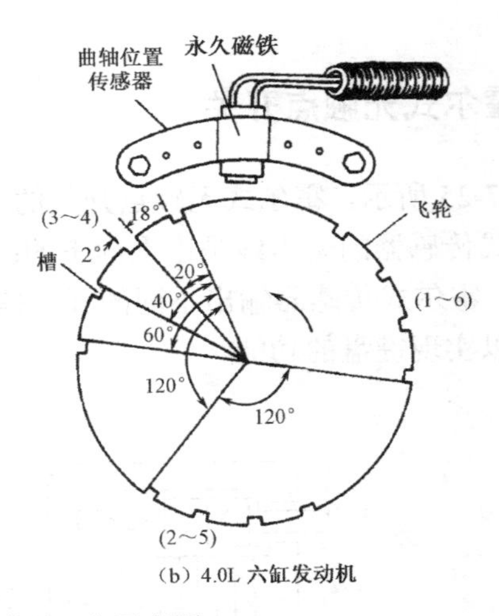

（b）4.0L 六缸发动机

图 7-26　曲轴位置传感器工作示意图

如图 7-26 所示，四缸和六缸发动机的信号转子上分别有 8 个或 12 个槽。当曲轴转动时，曲轴位置传感器探头与飞轮的气隙发生变化，正对时气隙最大，导致磁通量变化，曲轴位置传感器的输出电压随着飞轮的转动周期性变化，最终形成脉冲信号。

2．霍尔式曲轴位置传感器的信号特性

如图 7-27 所示，曲轴每转一圈，ECU 可接收到 8 个或 12 个信号，可根据此信号确定发动机曲轴转速信号。测量曲轴转角时，四缸发动机可利用一组信号知道 1、4 缸上止点，利用另一组信号知道 2、3 缸上止点。六缸发动机分别利用三组信号，可知 1、6 缸，2、5 缸，3、4 缸的上止点，每组信号的第四槽产生的脉冲下降沿对应于活塞上止点前 4°，因此第一槽产生的脉冲下降沿对应的是活塞上止点前 64°。此时不能判别 1 缸和 4 缸或 1 缸和 6 缸哪个是压缩冲程，哪个是排气冲程，为此还需要一个判缸信号，也就是需要一个凸轮轴位置传感器。

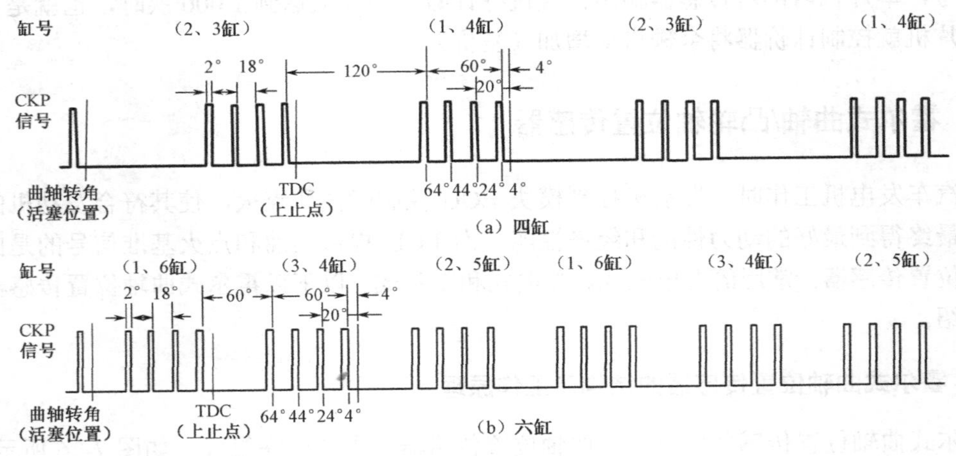

图 7-27　曲轴位置传感器的信号特性

3. 霍尔式曲轴位置传感器的检测方法

当发动机的曲轴位置传感器发生故障时，检测方法如下。

（1）万用表检测（见图 7-28）

信号线：插好连接器，启动发动机，测量 2 脚与 1 脚间的电压，应约为 3V。

搭铁线：拔下连接器，点火开关 OFF，测量插头 1 脚与搭铁间的电阻，应为 0。

电源线：拔下连接器，点火开关 ON，测量插头 3 脚与搭铁间的电压，应为 5V。

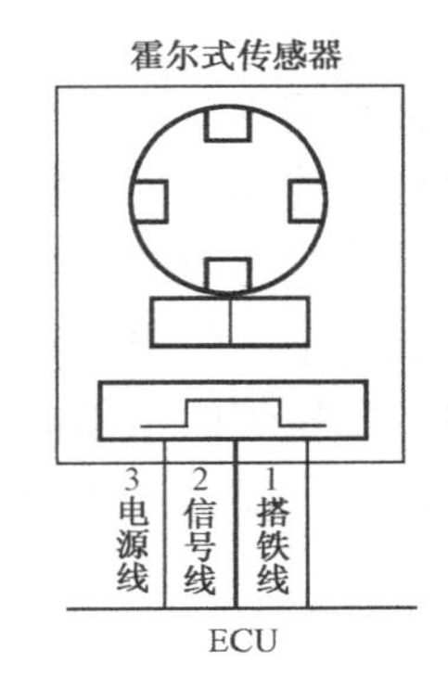

图 7-28　霍尔式曲轴位置传感器的连接示意图

（2）示波器检测

如图 7-29 所示，霍尔式曲轴位置传感器的输出信号为数字信号，信号频率随发动机转速的增大而增大，波形的幅值大多数应为 5V，波形的形状要适当一致，矩形的拐角和垂直沿的一致性要好。

当霍尔式曲轴位置传感器发生故障时，计算机控制模块 ECU 在连续 3 次接收不到它的信号时，便会中断喷油和点火信号的输出指令，发动机无法起动，同时存储故障码。

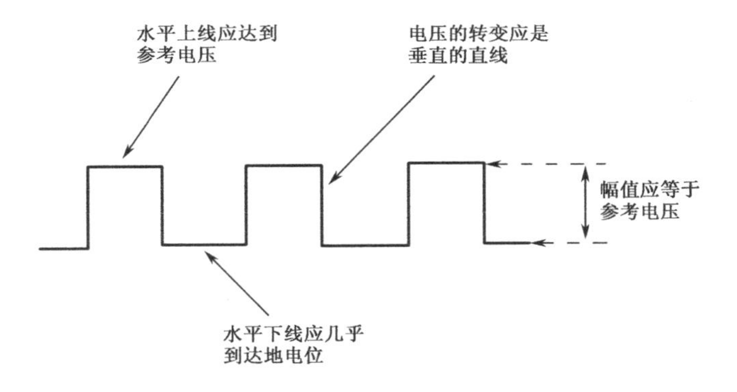

图 7-29　霍尔式曲轴位置传感器的示波器图

本 章 小 结

霍尔式传感器是利用霍尔效应原理制成的。通有电流 I 的霍尔元件处于磁感应强度为 B 的磁场时，磁场方向垂直于霍尔元件，将在垂直于电流和磁场的方向上产生感应电压 U_H，这个电压就是霍尔电压，这个现象就是霍尔效应。

霍尔式传感器的测量转换电路常用的是基本电路和集成电路，目前集成电路应用较为广泛。霍尔式传感器的误差主要是由不等位电动势和温度引起的，对测量精度有很大影响，因此需要进行补偿。

其他磁传感器有磁阻元件、磁敏二极管、磁敏三极管。磁阻元件在受到磁场作用时发生磁阻效应，电阻值会增大。磁敏二极管在正、反磁场的作用下，电阻值会增大或者减小。磁敏三极管在正反磁场的作用下，集电极电流会增大或者减小。

习 题 7

7-1 什么是霍尔效应？霍尔电压由哪些因素决定？

7-2 霍尔式传感器的材料中，半导体和导体哪个更好，为什么？

7-3 霍尔式传感器的主要参数有哪些？

7-4 什么是不等位电动势？为什么会出现不等位电动势？

7-5 磁敏二极管的工作原理是什么？

7-6 如何利用磁敏三极管判断磁场方向？

第 8 章　光电式传感器

太阳光是我们生活中常见的光线，它可以看成是一种电磁波。光具有波粒二象性，波动性是指光在发生干涉和衍射现象时，表现出来的性质更接近波的性质；粒子性是指光照射在金属表面上发生光电效应时，表现出来的性质更接近实物粒子的性质。

关于光的相关单位，常用的有光通量和光照强度。光通量是指光源单位时间内所辐射的光能，单位是流明（lm）；光照强度（照度）是指物体被照明的程度，单位是勒克斯（lx）。

如图 8-1 所示为常用的光源。

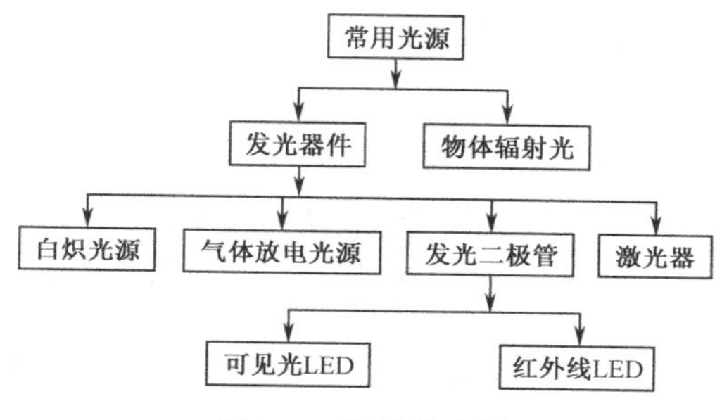

图 8-1　常用的光源

光电式传感器是将光电元件作为转换元件，将被测非电量转换为光的变化量，再将光的变化量转换成电量的传感器，在日常生活中有着广泛的应用。光电式传感器包括以光电效应为原理的光电元件，色彩类型的传感器，图像类型的传感器，其中图像传感器现在广泛应用在手机、数码相机、DV 等电子产品中。

8.1　光电效应与光电元件

8.1.1　光电效应

一束光是由一束以光速运动的粒子流组成的，这些粒子被称为光子。光子具有能量，每个光子具有的能量由下式确定：

$$E=hf \tag{8-1}$$

式中，h 为普朗克常数，$h=6.626\times10^{-34}(\mathrm{J\cdot s})$；$f$ 为光的频率 $(\mathrm{s^{-1}})$。

当光照射在某一物体上时，可以看作物体受到一连串能量为 hf 的光子轰击，组成这种物体的材料吸收了光子能量而发生相应电效应的现象（如发射光电子、电导率变化、产生电动势等）称为光电效应。

光电效应分为外光电效应、内光电效应和光生伏特效应。

1．外光电效应

1905年德国物理学家爱因斯坦用光量子学说解释了外光电效应，并为此而获得1921年诺贝尔物理学奖。

在光线作用下，物体内的电子逸出物体表面向外发射的现象称为外光电效应。向外发射的电子称为光电子。基于外光电效应的光电器件有紫外光电管、光电倍增管等。

光照射物体，可以看成一连串具有一定能量的光子轰击物体，物体中的电子吸收了入射光子能量超过逸出功 A_0 时，电子就会逸出物体表面，产生光电子发射，超出的部分能量表现为逸出电子的动能。由能量守恒定理，有

$$E = hf = \frac{1}{2}mv_0^2 + A_0 \tag{8-2}$$

式中，m 为电子质量；v_0 为电子逸出初速度。

式（8-2）为爱因斯坦光电效应方程式，由该式可知：

① 光子能量必须超过逸出功 A_0，才能产生光电子；

② 入射光的频谱成分不变，产生的光电子与光强成正比；

③ 光电子逸出物体表面时具有初始动能 $\frac{1}{2}mv_0^2$，因此对于外光电效应器件，即使不加初始阳极电压，也会有光电流产生，为使光电流为零，必须加负的截止电压。

2．内光电效应

内光电效应是指在光线的作用下使物体的电阻率发生改变的光电效应。常见的基于内光电效应的光电元件有光敏电阻、光敏二极管、光敏三极管和光敏晶闸管等。

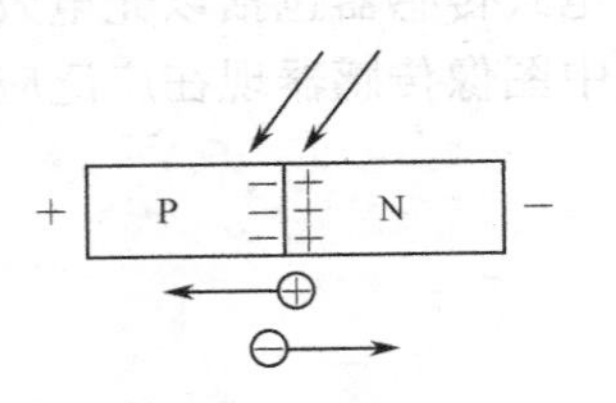

图8-2　PN结的光生伏特效应

3．光生伏特效应

光生伏特效应是指在光线照射下，半导体材料吸收光能后，引起PN结两端产生电动势的现象，如图8-2所示。常见的基于光生伏特效应的光电元件有光电池。

8.1.2　光电元件

1．基于外光电效应的光电元件

（1）光电管

不同材料的逸出功是不同的，所以不同材料的光电阴极材料受到不同频率的入射光作用时有着不同的反应，实际使用中要根据检测对象是可见光还是紫外光而选择相对应的光电阴极材料。光电管可分为真空光电管和充气光电管，两者结构相似，其结构示意图如图8-3所示。

光电管的工作原理是：当光电阴极材料受到适当波长的光线（紫外线）照射时就会发射

电子，发射出来的电子被带正电位的阳极所吸引，在（紫外）光电管内形成电子流，而在外电路中便产生了电流。如图 8-4 所示为光电管符号及测量电路，其中 K 是光电阴极、A 是阳极。

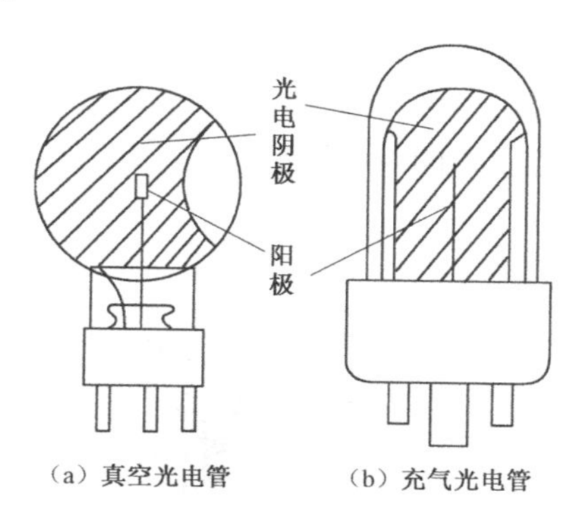

图 8-3 光电管的结构示意图

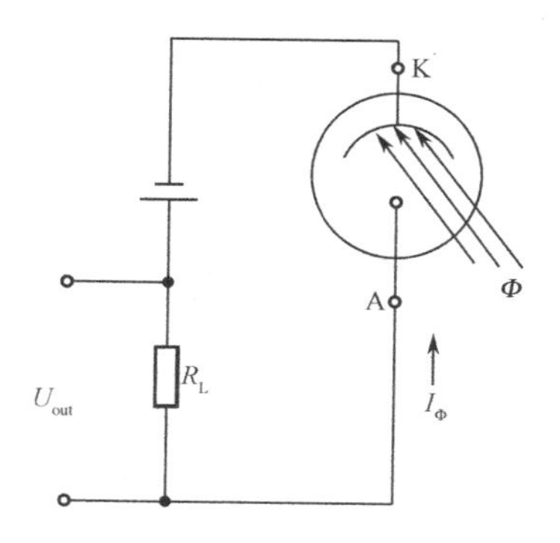

图 8-4 光电管符号及测量电路

（2）光电倍增管

光电倍增管的作用是放大光电流，由光电阴极 K、若干倍增极、阳极 A 组成。

在光电倍增管的光电阴极 K 与阳极 A 之间设置许多二次倍增极 D_1、D_2、D_3、……它们又依次被称为第 1 倍增极、第 2 倍增极、……相邻的两个电极之间通常加上 100V 左右的电压，这个电位会逐级提高，阴极电位最低，阳极电位最高，两者之间的差值一般在 600～1200V 之间。光电倍增管的结构如图 8-5 所示。

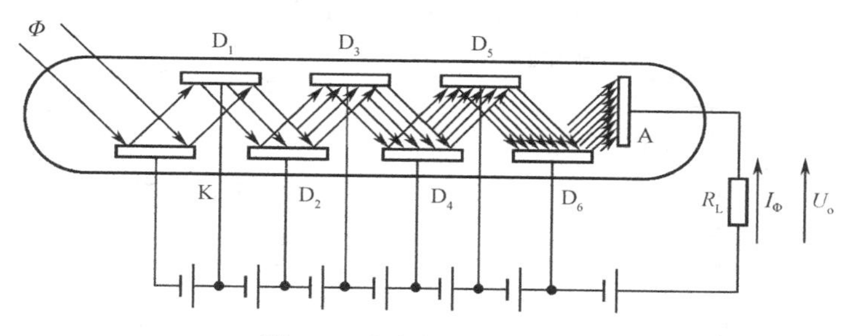

图 8-5 光电倍增管的结构

当微弱的光线照射光电阴极 K 时，从光电阴极 K 上逸出的光电子受到倍增极 D_1 的电场作用，向倍增极 D_1 高速射去，导致二次发射，于是这些二次发射的电子又受到电场 D_2 作用，射向第二倍增极，激发更多的二次发射电子，如此下去，一个光电子将激发更多数目的二次发射电子，最终被阳极所收集。假设每级的二次发射倍增率为 m，共有 n 级（通常可达 9～11 级），那么光电倍增管阳极最终得到的光电流比普通光电管要大 m^n 倍，因此光电倍增管的灵敏度是极高的。

2. 基于内光电效应的光电元件

（1）光敏电阻

光敏电阻又称光导管，是利用半导体材料制成的光电元件。光敏电阻没有极性，是一个电阻器件，使用时加直流电压和交流电压均可。如图 8-6 所示为光敏电阻的内部结构。

当无光照时，光敏电阻值（暗电阻）很大，电路中电流（暗电流）很小。当光敏电阻受到一定波长范围的光照时，它的阻值（亮电阻）急剧减少，电路中电流迅速增大。

一般希望暗电阻越大越好，亮电阻越小越好，此时光敏电阻的灵敏度高。实际光敏电阻的暗电阻阻值一般都在兆欧级，亮电阻阻值都在几千欧以下。

半导体吸收光子而产生光电效应的过程只限于发生在光照的表面层，所以光敏电阻的电极一般采用梳状结构，这样可以提高光敏电阻的灵敏度，如图 8-7 所示。

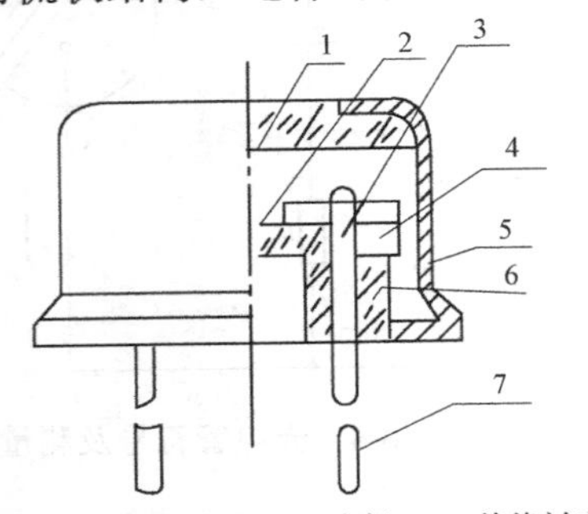

1—玻璃；2—光电导层；3—电极；4—绝缘衬底；
5—金属壳；6—黑色绝缘玻璃；7—引线

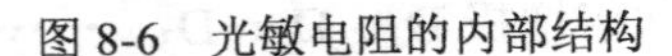

图 8-6　光敏电阻的内部结构

图 8-7　梳状电极的光敏电阻

（2）光敏二极管

光敏二极管的结构与一般二极管相似，内部也是一个 PN 结。如图 8-8 所示，在透明玻璃管壳中，PN 结安装在二极管的顶部，便于直接受到光照射。

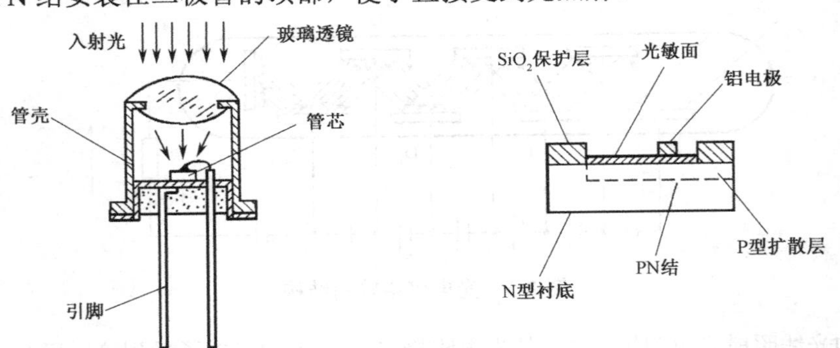

图 8-8　光敏二极管的实物图

如图 8-9 所示为光敏二极管的结构及基本电路。

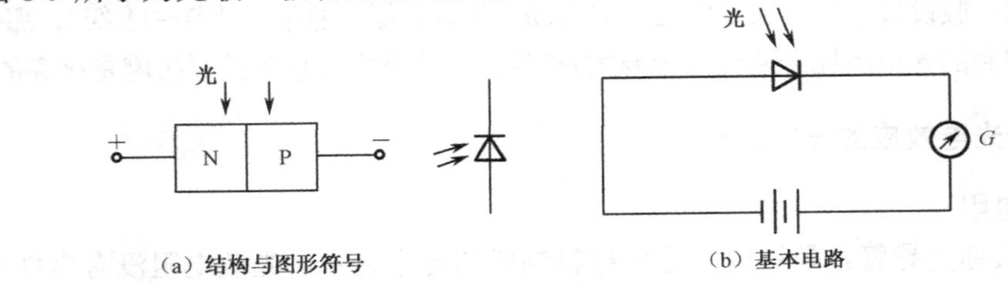

（a）结构与图形符号　　（b）基本电路

图 8-9　光敏二极管的结构及基本电路

光敏二极管在电路中一般处于反向工作状态，如图 8-10 所示。

如图 8-11 所示，在没有受到光照射时，反向电阻很大，反向电流就很小，此时的电流通常被称为暗电流；当光照射在 PN 结上时，光子作用在 PN 结的附近，光子能量传递给电子和空穴，使 PN 结附近产生光生电子和光生空穴对，导致 P 区和 N 区的少数载流子的浓度增加，在外加反向电压的作用下作定向运动，形成了光电流。光的照度越大，光电流越大。因此光敏二极管在不受光照射时，处于截止状态；受光照射时，处于导通状态。

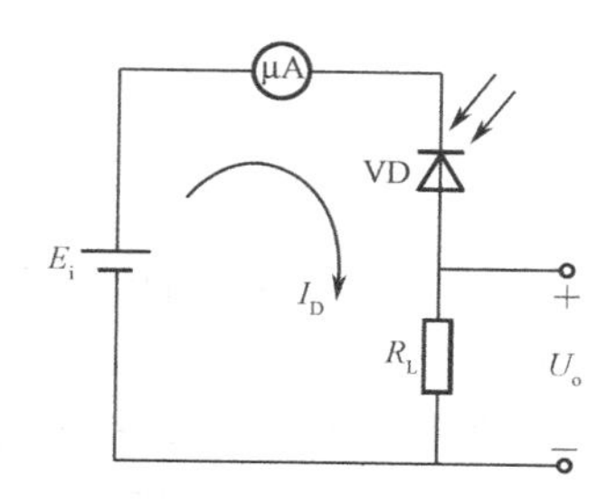

图 8-10 光敏二极管的反向偏置接法

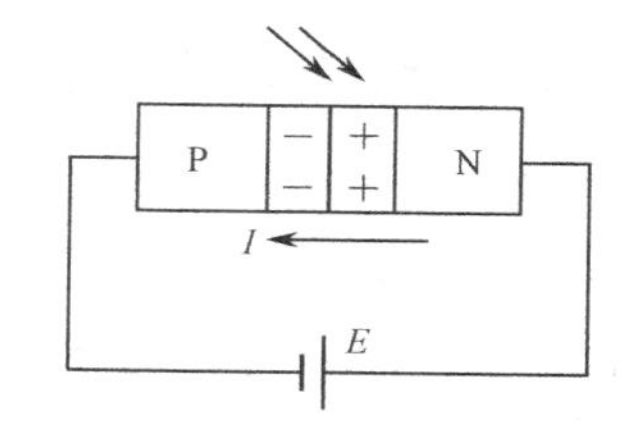

图 8-11 光敏二极管的工作原理

（3）光敏三极管

光敏三极管由两个 PN 结组成，与普通三极管相似，有电流增益，其灵敏度比光敏二极管高。如图 8-12 所示，多数光敏三极管的基极没有引出线，只有正、负（c、e）两个引脚，所以其外形与光敏二极管相似，从外观上很难区别。

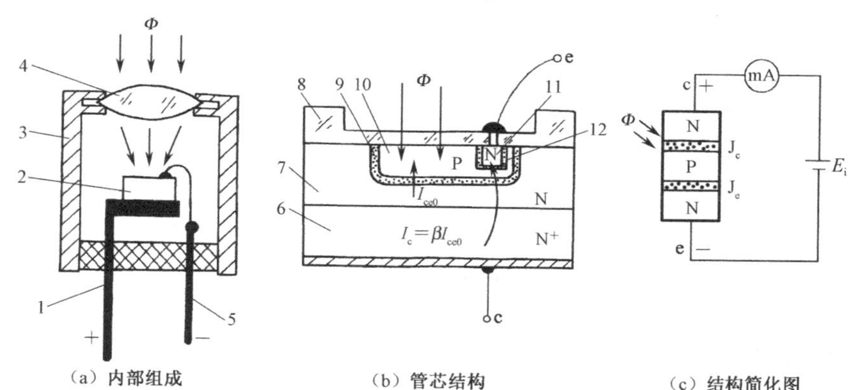

1—集电极引脚；2—管芯；3—外壳；4—玻璃聚光镜；5—发射极引脚；6—N+ 衬底；
7—N 型集电区；8—SiO_2 保护圈；9—集电结；10—P 型基区；11—N 型发射区；12—发射结

图 8-12 光敏三极管结构

大多数光敏三极管的基极无引出线，当集电极加上相对于发射极为正的电压而不接基极时，集电结就是反向偏压；当光照射在集电结上时，就会在集电结附近产生光生电子-空穴对，光生电子被拉到集电极，基区留下光生空穴，导致基极与发射极间的电压升高，使大量电子由发射区经过基区向集电区运动，其中少量电子与基区空穴复合从而形成光生电流，相当于三极管的基极电流，而大部分流向集电区形成集电极电流即光电流，因此光电流是光生电流的β倍，所以光敏三极管有放大作用。如图 8-13 所示为光敏三极管的结构及基本电路。

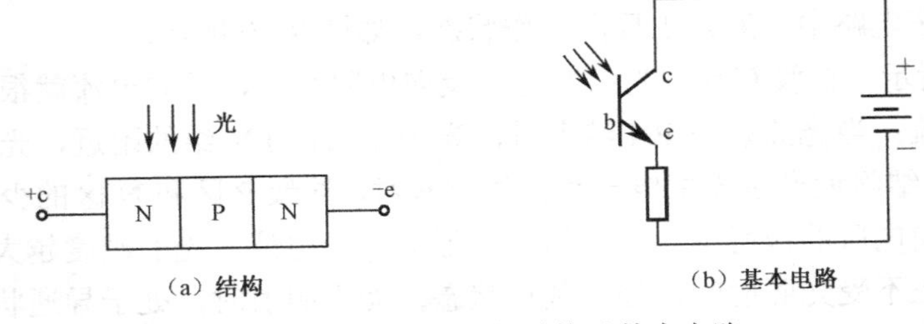

（a）结构　　（b）基本电路

图 8-13　光敏三极管的结构及基本电路

3．基于光生伏特效应的光电元件

在 N 型衬底上覆盖一层 P 型硅材料作为光照敏感面，就构成最简单的硅光电池。如图 8-14 所示，当入射光子的能量足够大时，P 型硅材料每吸收一个光子就产生一对光生电子-空穴对，光生电子-空穴对在越靠近光的区域浓度越大，因此造成 P 型硅材料内部的扩散运动，光生电子-空穴对通过扩散运动到达 PN 结附近，在内电场的作用下，电子被拉到 N 区，空穴留在 P 区，所以导致 N 区带负电，P 区带正电。如果光照是连续的，经过短暂的时间，PN 结两侧就有一个稳定的光生电动势输出。

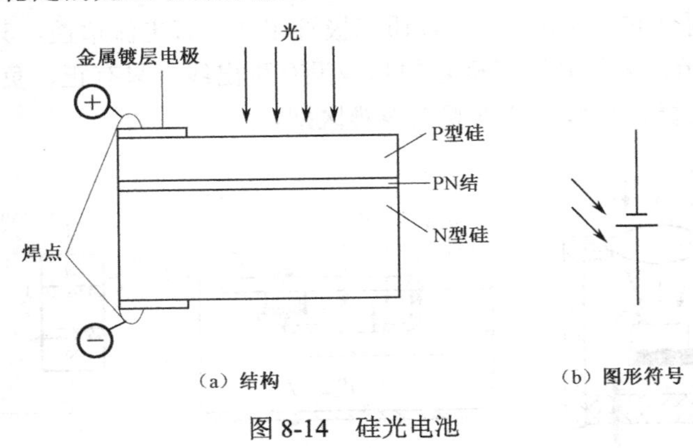

（a）结构　　（b）图形符号

图 8-14　硅光电池

4．光电耦合器件

光电耦合器件是由发光元件和光敏元件组成、以光作为媒介传递信号的光电元件。发光元件通常是半导体的发光二极管，光敏元件通常有光敏电阻、光敏二极管、光敏三极管或光可控硅等。

根据其结构和用途不同，光电耦合器件又可分为实现电隔离的光电耦合器、用于检测有无物体的光电开关和光电续断器。

（1）光电耦合器

光电耦合器的结构如图 8-15 所示，当发光二极管发射光时，光敏三极管导通输出信号，实际上它是一个电量隔离转换器，它具有抗干扰性能和信号的单向传输功能，在电路隔离、电平转换、无触点开关及固态继电器等场合广泛使用。

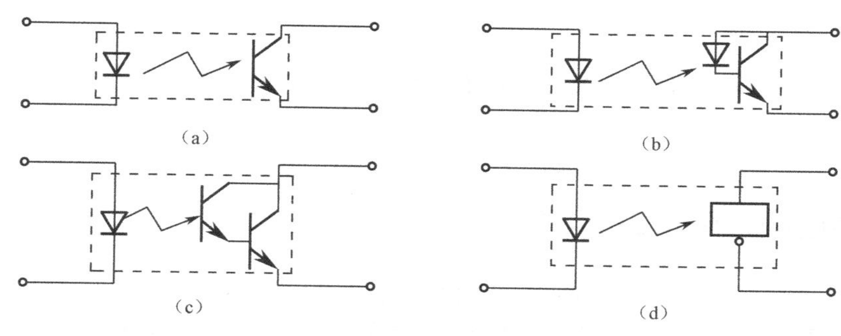

图 8-15　光电耦合器的结构

（2）光电开关

光电开关是利用光敏元件对处于变化的入射光接收，然后光电转换，再进行放大和控制，最终获得“开”“关”信号的器件。如图 8-16 所示为光电开关的结构。

光电开关的特点是体积小、反应快、非接触检测，而且容易与 TTL、MOS 等电路结合。

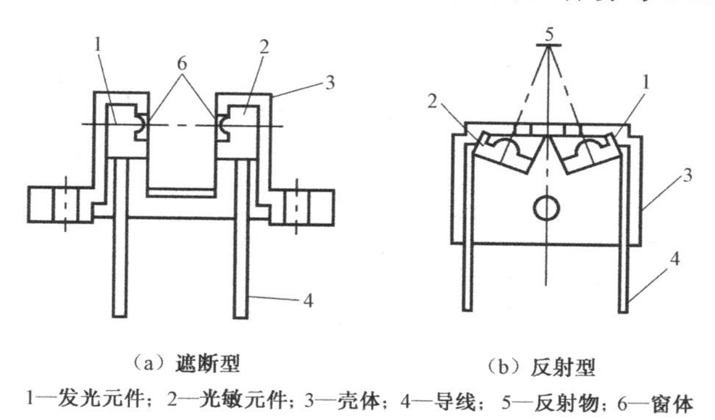

(a) 遮断型　　(b) 反射型

1—发光元件；2—光敏元件；3—壳体；4—导线；5—反射物；6—窗体

图 8-16　光电开关的结构

光电开关广泛应用于工业控制、自动化包装等领域。在自控系统中可用作物体检测、料位检测、尺寸控制、产品计数、安全报警等。

（3）光电续断器

光电续断器的工作原理与光电开关相同，其光电发射元件（发光二极管）、接收元件光电元件安装在一个体积很小的塑料壳体中，所以发射元件和接收元件能可靠地对准。

光电续断器通常分为遮断型和反射型两种，如图 8-17 所示。

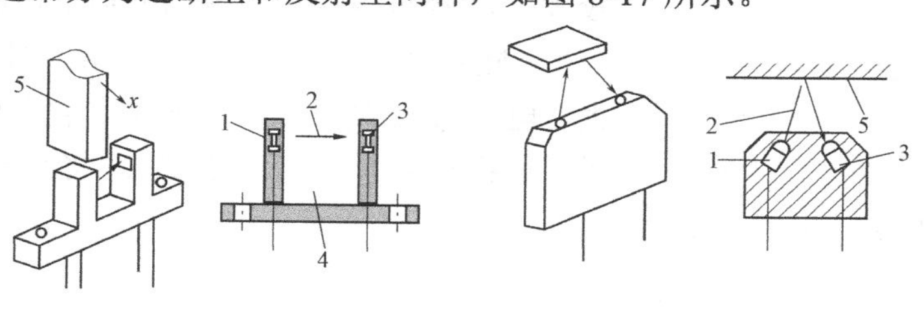

(a) 遮断型　　(b) 反射型

1—发光二极管；　2—红外光；　3—光电元件；　4—槽；　5—被测物

图 8-17　光电续断器的结构

8.2 光电元件的基本应用电路

8.2.1 光敏电阻的基本应用电路

如图8-18（a）所示，光敏电阻R_{Φ}与固定电阻R_L串联，输出电压U_o是R_L上的电压。当无光照时，光敏电阻R_{Φ}很大，则电流I_{Φ}在R_L上的压降U_o较小；随着光照强度的增大，光敏电阻R_{Φ}减小，则电流I_{Φ}在R_L上的压降U_o增大，U_o与光照变化趋势相同。

如图8-18（b）所示，光敏电阻R_{Φ}与固定电阻R_L串联，输出电压U_o是R_{Φ}上的电压。当无光照时，光敏电阻R_{Φ}很大，则电流I_{Φ}在R_{Φ}上的压降U_o较大；随着光照强度的增大，光敏电阻R_{Φ}减小，则电流I_{Φ}在R_{Φ}上的压降U_o减小，U_o与光照变化趋势相反。

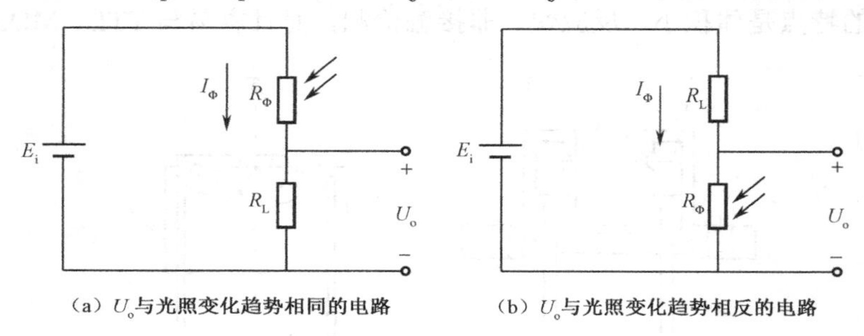

（a）U_o与光照变化趋势相同的电路　（b）U_o与光照变化趋势相反的电路

图8-18　光敏电阻的基本应用电路

8.2.2 光敏二极管的基本应用电路

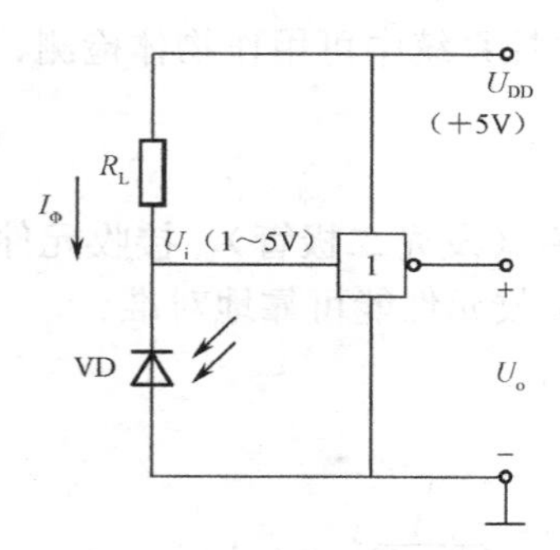

图8-19　光敏二极管的基本应用电路

如图8-19所示，光敏二极管工作在反向工作状态，该电路利用反相器（非门）可以将光敏二极管的输出电压转换成TTL电平。

当无光照时，光敏二极管处于截止状态，此时反向电流I_{Φ}很小，电流I_{Φ}在R_L上的压降较小，输入电压U_i较大，U_i经过反相器（非门）后输出的U_o将是一个低电平；随着光照强度的增大，光敏二极管的光电流I_{Φ}增大，电流I_{Φ}在R_L上的压降增大，输入电压U_i减小，U_i经过反相器（非门）后输出的U_o将是一个高电平，即该电路的光照强度和输出电压成正比。

8.2.3 光敏三极管的基本应用电路

如图 8-20 所示为锗光敏三极管的两种基本应用电路，光敏三极管在使用时必须是集电

结反偏，发射结正偏，与普通的三极管接法相同。

图 8-20（a）为发射极输出电路，在没光照时，该电路的光敏三极管 VT 处于截止状态，通过三极管的光电流 I_C 很小，输出电压 U_o 也很小；随着光照增强，光电流 I_C 增加，输出电压 U_o 也增加。图 8-20（b）为集电极输出电路，该电路与图 8-20（a）相反，光照强度与输出电压成反比。

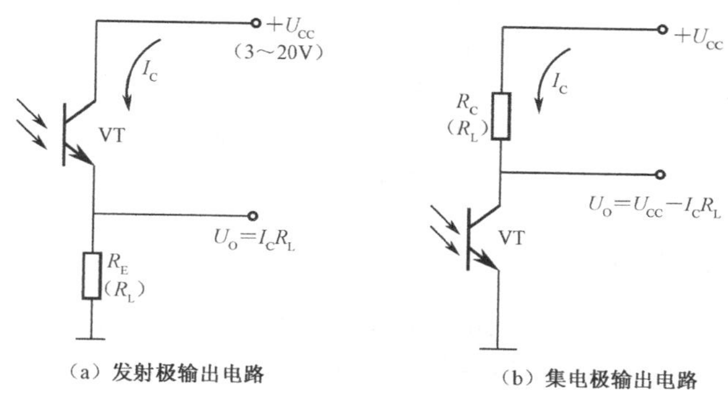

图 8-20　锗光敏三极管的两种基本应用电路

锗光敏三极管发射极与集电极输出电路状态的比较，如表 8-1 所示。

表 8-1　锗光敏三极管发射极和集电极输出电路状态的比较

电路形式	无光照时			强光照时		
	三极管状态	I_c	U_o	三极管状态	I_c	U_o
发射极输出电路	截止	0	0（低电平）	饱和	$(U_{CC}-0.3)/R_L$	I_CR_L（高电平）
集电极输出电路	截止	0	U_{CC}（高电平）	饱和	$(U_{CC}-0.3)/R_L$	$U_{CC}-I_CR_L$（低电平）

8.3　新型光电传感器

8.3.1　色彩传感器

颜色识别在现代生产中的应用越来越广泛，无论是遥感技术、工业过程控制、材料分拣识别、图像处理、产品质检、机器人视觉系统，还是某些模糊的探测系统都需要对颜色进行探测，而颜色传感器的飞速发展，生产过程中长期由人眼起主导作用的颜色识别工作将越来越多地被色彩传感器所替代，对实时检测系统及自动控制方面具有重要意义。

1. 色彩识别的基本原理

（1）色彩的特性

色调（hue）以波长为基础，是区分不同颜色的特征属性。

饱和度（saturation）反映颜色的纯度，任意一种颜色都可以看作某种光谱色与白色混合的结果，光谱色所占比例越大，颜色的饱和度越高。

亮度（lightness）是描述颜色亮暗的一种属性，是一种光强度的测量方法，与光的能量有关。

（2）三基色原理

大多数的颜色可以通过红、绿、蓝三色按照不同的比例合成产生，同样绝大多数单色光也可以分解成红、绿、蓝三种色光，这是色度学的最基本原理，即三基色原理。红、绿、蓝是三基色，这三种颜色合成的颜色范围最为广泛。

适当选取三种基色（红、绿、蓝），将它们按不同比例进行合成，就可以引起不同的颜色感觉，合成光的亮度由三个基色的亮度之和决定，色度由三基色分量的比例决定，三基色彼此独立，任一种基色不能由其他两种颜色配出。

2. 色彩传感器的工作原理

在单晶硅晶片上做两个PN结，如图8-21（a）所示，其等效电路如图8-21（b）所示，PNP的结构可以看作是两个光敏二极管VD_1及VD_2的反向连接。

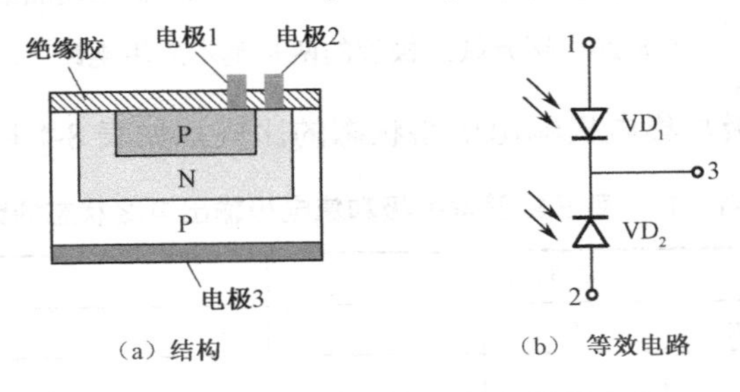

图8-21　色彩传感器的结构与等效电路

PN结的厚薄与光敏二极管的光谱特性有很大关系，PN结做薄一点时对蓝光的灵敏度会比较高。

由图8-21可知，VD_1接近表面，对蓝光（波长为430～460nm）、绿光（波长为490～570nm）有较高的灵敏度；而VD_2的位置导致其对红光（波长为650～760nm）及红外线有较高的灵敏度。制作时将VD_1和VD_2的厚薄做得不相同，导致光谱特性也不同，如图8-22所示。

如果能够测出VD_1和VD_2的短路电流I_{sc1}、I_{sc2}，并求出其比值I_{sc2}/I_{sc1}，那么利用图8-23所示的特性，就可以判断出入射光的色彩。

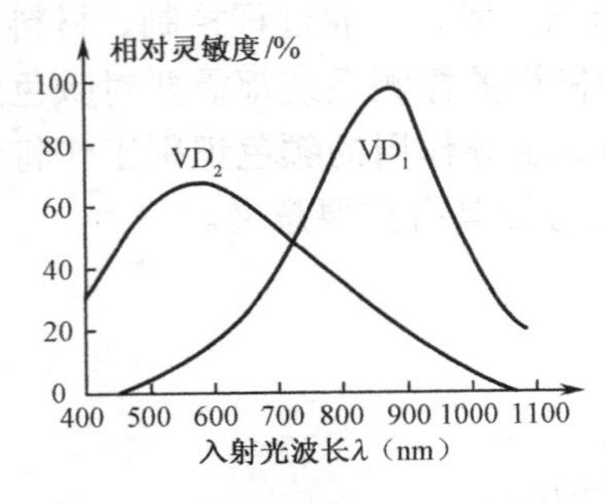

图8-22　色彩传感器的光谱特性

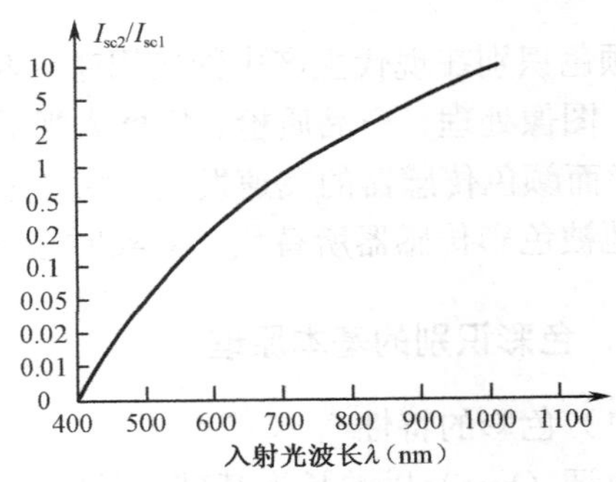

图8-23　短路电流与波长特性

8.3.2　红外传感器

1800 年，英国物理学家威廉·赫胥尔利用棱镜和温度计从热的观点来研究各种色光时，发现了红外线。其位置处于可见光的光带最边缘处红光的外面。于是赫胥尔宣布有一种人眼看不见的“热线”，这种看不见的“热线”位于红色光外侧，称为红外线。

自然界中的一切物体，只要它的温度高于绝对温度（-273℃）就存在分子和原子无规则的运动，其表面就不断地辐射红外线。红外线是一种电磁波，它的波长范围约为 0.76～1000μm，如图 8-24 所示。红外线不为人眼所见，它反映物体表面的红外辐射场，即温度场。物体温度不同，其辐射出的红外线能量不同，温度越高，辐射出的红外线能量越大。

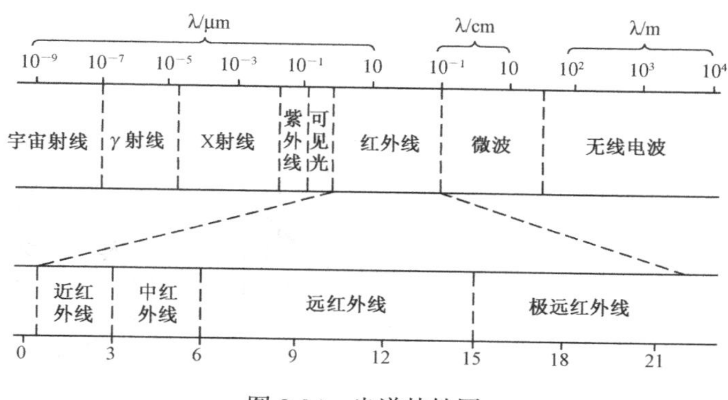

图 8-24　光谱特性图

红外辐射的物理本质是热辐射，是以波的形式在空间直线传播的。在大气中，红外线在 2～2.6μm、3～5μm 和 8～14μm 的波段时，非常容易穿透大气，因此统称它们为“大气窗口”。

热释电红外传感器是一种能检测人或动物发射的红外线而输出电信号的传感器，其实物图如图 8-25 所示，如图 8-26 所示为其内部电路。当热释电红外传感器检测到外界的红外线时，导致场效应管导通产生信号，输出信号 U_o 反映被检测的人或动物发射的红外线信号。

图 8-25　热释电红外传感器实物图

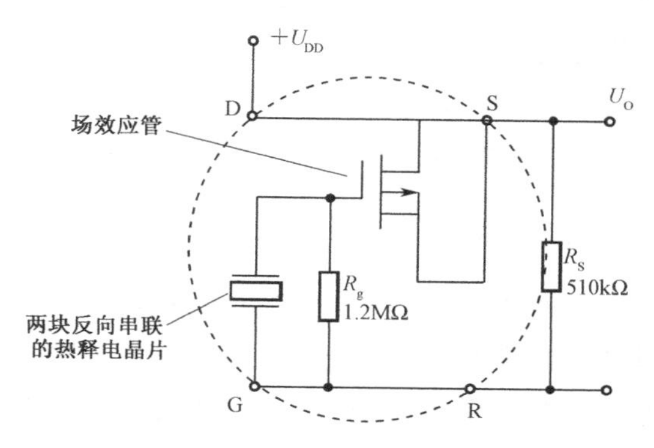

图 8-26　热释电红外传感器的内部电路

热释电红外传感器（晶片）表面必须罩上一块由一组平行的棱柱型透镜所组成菲涅耳透镜，其实物图如图 8-27 所示。如图 8-28 所示，每一个透镜单元都只有一个不大的视场角，当人体在透镜的监视视野范围中运动时，按照顺序依次进入第一、第二单元透镜的视场，晶片上的两个反向串联的热释电单元将输出一串交变脉冲信号。如果人体静止不动地站在热释电晶片前面，它是“视而不见”的。

早在 1938 年，有人提出过利用热释电效应探测红外辐射，但并未受到重视，直到 20 世纪 60 年代才又兴起了对热释电效应的研究和对热释电晶体的应用。热释电红外传感器已广泛用于红外光谱仪、红外遥感及热辐射探测器。除了在楼道自动开关、防盗报警上得到应用，还将在更多的领域得到应用，如在房间无人时会自动停机的空调机、饮水机；电视机能判断无人观看或观众已经睡觉后自动关机；开启监视器或自动门铃上的应用；摄影机或数码照相机自动记录动物或人的活动等。

图 8-27　菲涅耳透镜实物图

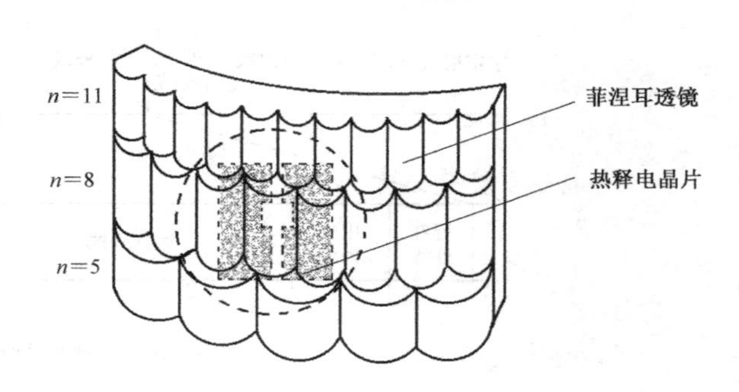

图 8-28　菲涅耳透镜

8.3.3　图像传感器

图像传感器是利用光电式传感器的光电转换功能，将其感光面上的光信号图像转换为与之成比例关系的电信号图像的一种功能器件。摄像机、数码相机、手机上广泛使用的是固态图像传感器，分为 CCD 图像传感器和 CMOS 图像传感器。固态图像传感器是在单晶硅衬底上布设若干个光敏单元与移位寄存器、集成制造的功能化的光电转换元件，其中光敏单元也称为像素，我们常说的分辨率是指单位面积上的像素。

1. CCD 图像传感器

电荷耦合器件（Charge Coupled Device，CCD）图像传感器采用一种高感光度的半导体材料制成，能把光线转变成电荷，再通过模/数转换器芯片转换成数字信号，数字信号经过压缩以后由相机内部的闪速存储器或内置硬盘卡保存，因而可以轻而易举地把数据传输给计算机，并借助于计算机的处理手段，根据需要来修改图像。

如图 8-29 所示为 CCD 电荷耦合器件，在 P 型 Si 衬底上覆盖一层 SiO_2，然后在 SiO_2 薄

层上沉积金属或掺杂多晶硅形成电极，称为栅极，再加上两端的输入及输出二极管就构成了 CCD 电荷耦合器件芯片。

当入射光作用在 P 型 Si 衬底上时，载流子电子得到入射光的能量后，在栅极加上如图 8-30 所示的脉冲信号。

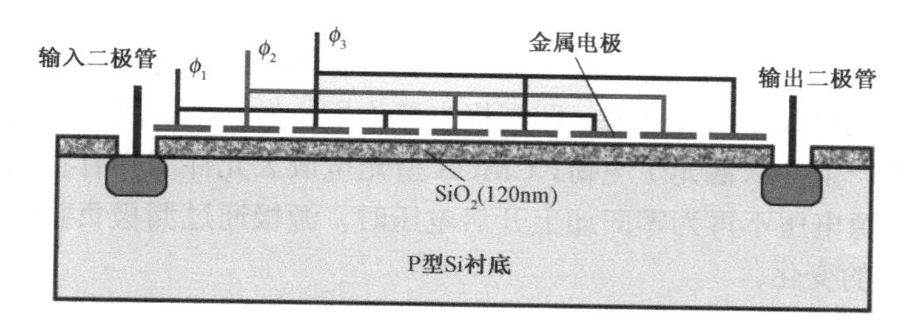

图 8-29 CCD 电荷耦合器件

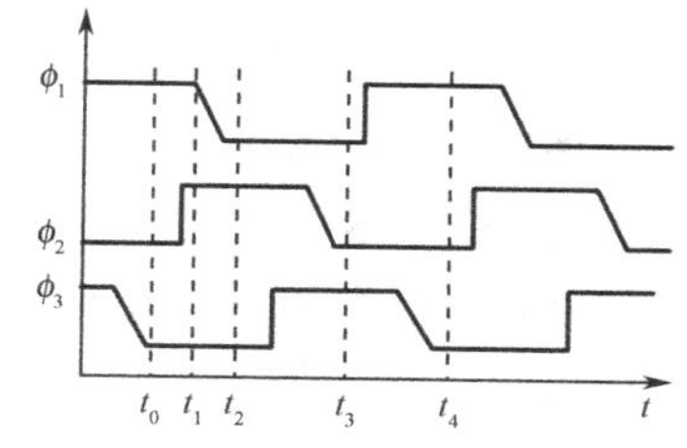

图 8-30 栅极所加的脉冲信号

如图 8-31 所示，当 $t = t_0$ 时，栅极 P_1 上加上脉冲信号 ϕ_1，电子被吸引到栅极 P_1 下方，当 $t = t_1$ 时，栅极 P_2 加上脉冲信号 ϕ_2，电子开始被吸引到栅极 P_2 下方；当 $t = t_2$ 时，电子被完全吸引到栅极 P_2，在 $t = t_3$ 之前，删极 P_3 加上脉冲信号 ϕ_3，当 $t = t_3$ 时，电子被吸引到栅极 P_3，经过这样的过程就可以完成信号的输出。然后由存储器存储形成图像。

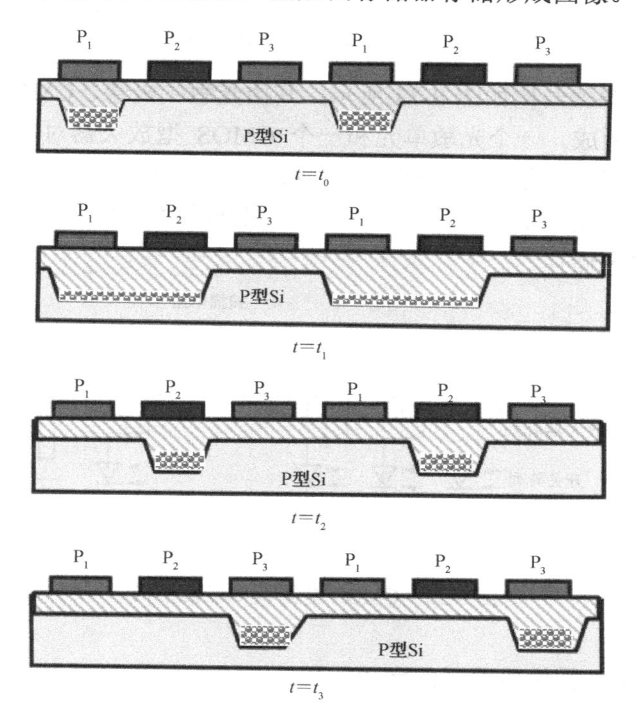

图 8-31 电荷定向转移过程

输出电荷经过放大器放大变成一连串模拟脉冲信号。每一个脉冲反映一个光敏元件的受光情况，脉冲幅度反映该光敏元件受光的强弱，脉冲的顺序可以反映光敏元件的位置即像素的位置，这就实现了光图像转换为电图像的图像传感器的作用。

2. CMOS 图像传感器

与 CCD 图像传感器不同，CMOS 图像传感器是由 MOS 电容器组成的阵列，是按照一定规律排列的互补型金属-氧化物-半导体场效应晶体管（MOSFET）组成的阵列。

如图 8-32 所示为 CMOS 型光电放大元件，当 CMOS 型放大器的栅源电压为零时，在无光照的情况下，CMOS 型光电放大元件处于截止状态，即漏极电流为零。当 P 型衬底受光信号照射时，CMOS 型光电放大元件产生并积蓄光生电荷，CMOS 型光电放大元件同样有存储电荷的功能。当积蓄过程结束，栅源电压不再为零即加上开启电压时，源极通过漏极负载电阻形成电流，此电信号反映光信号的变化。

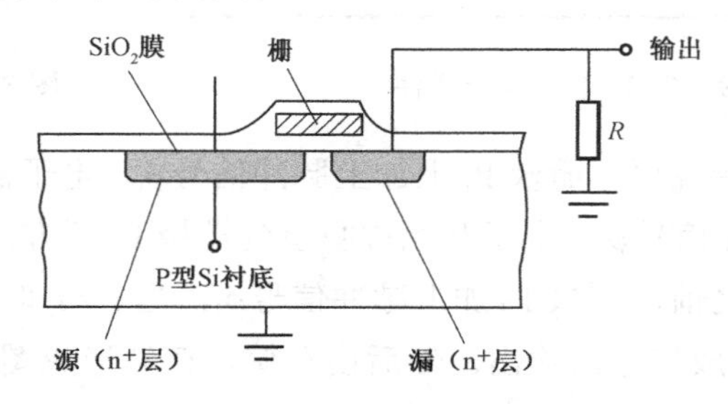

图 8-32　CMOS 型光电放大元件

CMOS 型图像传感器结构如图 8-33 所示，其由光敏二极管、CMOS 型放大器阵列和扫描电路集成在芯片上制成。一个光敏单元和一个 CMOS 型放大器对应组成一个像素。光敏二极管阵列在受到光照时，会产生与入射光量成正比的电荷，扫描电路的作用实际上是移位寄存器。CMOS 型光电变换器件只有光生电荷的产生和积蓄功能，而无电荷的移动，因此需要扫描电路将信号输出储存。

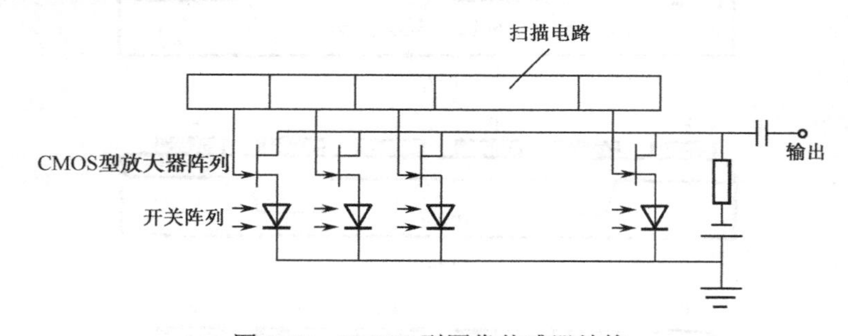

图 8-33　CMOS 型图像传感器结构

3. CCD 和 CMOS 图像传感器的比较

CCD 图像传感器具有成像效果好的特点，但是比较费电、成本较高，因此常用于数码相机；CMOS 图像传感器具有省电、成本低的特点，但是成像效果较差，故常用于手机。

8.4　光电式传感器的应用

8.4.1　光电式浊度计

如图 8-34 所示为光电式浊度计的原理图，利用它可以检测出被测物体的浊度。

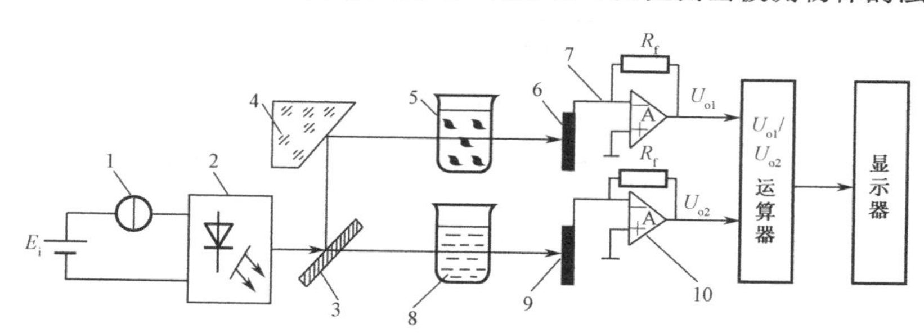

1—恒流源；2—半导体激光器；3—半反半透镜；4—反射镜；5—被测水样；
6、9—光电池；7、10—电流/电压转换器；8—标准水样

图 8-34　光电式浊度计的原理图

半导体激光器发出的光线经过半反半透镜 3 分成两束光照强度相等的光线，一部分穿过标准水样 8，直接照射在光电池 9 上，通过电流/电压转换器 10 输出电压 U_{o2}；另一部分光通过反射镜 4 后改变了光的方向，穿过被测水样 5 照射在光电池 6 上，同样通过电流/电压转换器 7 后输出电压 U_{o1}。如果被测水样 5 是浑浊的液体，那么它和标准水样 8 的透明度就会不同，对光的吸收量也就不同，即光电池 6 和光电池 9 接收的光量不同，因此电压 U_{o1} 和电压 U_{o2} 的值也不同，根据两者的电压差值就可以计算出被测水样 5 的浊度。在选择电流/电压转换器 7 和 10 时最好使用相同型号，这样会使误差更小。

8.4.2　反射式烟雾报警器

如图 8-35 所示为反射式烟雾报警器的原理图。

在没有烟雾 5 时，由于红外发光二极管 1 和红外光敏三极管 4 相互垂直，烟雾检测室 2 的内壁又涂有黑色吸光材料，所以红外发光二极管 1 发出的红外光无法到达红外光敏三极管 4。当烟雾 5 进入烟雾检测室 2 后，烟雾的固体粒子对红外光产生漫反射，使部分红外光到达光敏三极管 4，光敏三极管受到光照导通，就会有光电流输出，反射式烟雾报警器将产生报警信号。

反射式烟雾报警器的安装位置一般是固定在墙上或者天花板上。其内部使用一节 9V 的电池供电，工作电流为 15μA，报警发射的工作电流为 20mA，一直工作在警戒状态。当周围环境中的烟雾到达一定浓度时，反射式烟雾报警器的蜂鸣器立即发出连续报警信号，工作指示灯连续闪烁。

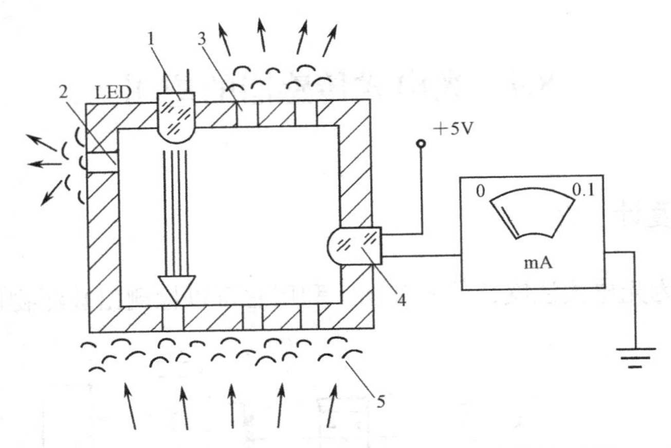

1—红外发光二极管；2—烟雾检测室；3—透烟孔；4—红外光敏三极管；5—烟雾

图 8-35　反射式烟雾报警器的原理图

8.4.3　光电式带材跑偏检测器

在工业生产中，被测带材如果跑偏，带材边缘会与传送机械发生碰撞，出现卷边，造成废品，因此需要对其工作过程进行监控。如图 8-36 所示为光电式带材跑偏检测器的结构图。

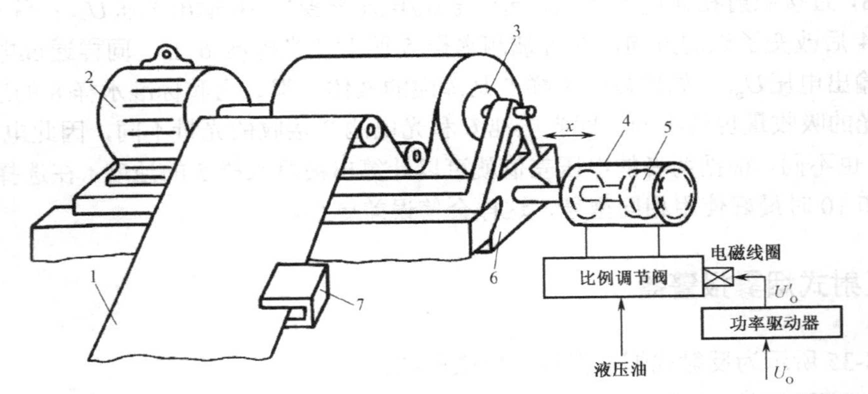

1—被测带材；2—卷取电动机；3—卷取辊；4—液压缸；5—活塞；6—滑台；7—光电检测装置

图 8-36　光电式带材跑偏检测器的结构图

如图 8-37 所示，当被测带材 1 处于正确位置（中间位置）时，检测系统最终的输出电压 U_o为零；当被测带材 1 左偏或者右偏时，光敏电阻 5 的遮光面积减小或者增大，输出电压反映了带材跑偏的方向及大小。

光源 2 发出的光线经过透镜 3 形成平行光照射透镜 4 上，最终聚焦在光敏电阻 5 上，其中有一部分光被被测带材 1 遮挡，导致光敏电阻 5 接收到的光量减少，因此，可根据光敏电阻 5 上的光量的变化判断被测带材 1 是否跑偏。

如图 8-38 所示，电阻 R_1和电阻 R_2选用相同型号的光敏电阻。R_1是测量元件，R_2做遮

光处理，其作用是温度补偿。当被测带材 1 处于中间位置时，电桥处于平衡状态，放大器输出的电压为零；当被测带材 1 跑偏时，遮光面积变化，光敏电阻 R_1 随之变化，电桥失去平衡，放大器会输出一个电压，输出电压就可以反映被测带材跑偏的大小和方向。

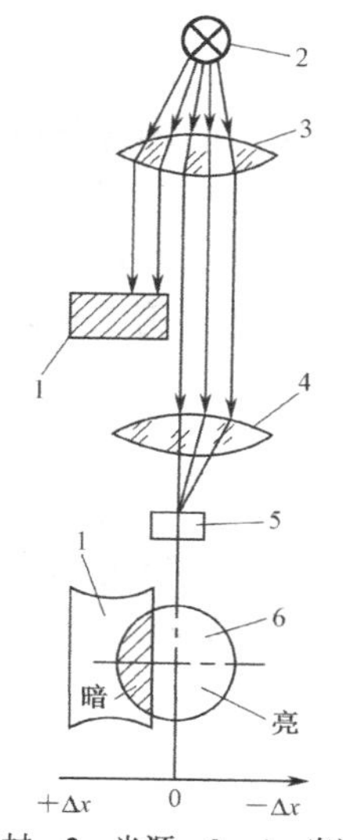

1—被测带材；2—光源；3、4—光透镜；
5—光敏电阻；6—遮光罩

图 8-37 光电式带材跑偏检测器原理图

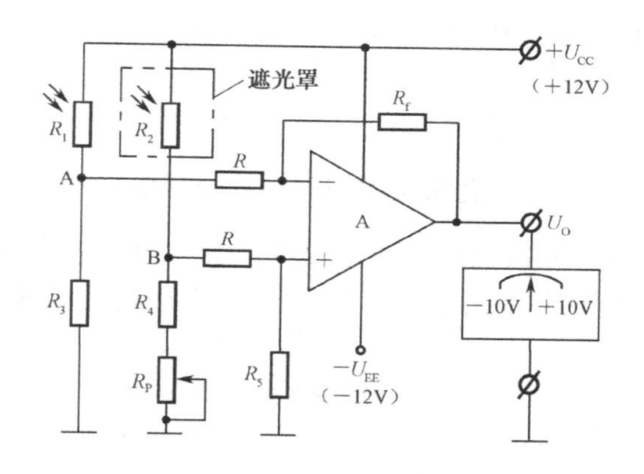

图 8-38 光电式带材跑偏检测器测量转换电路

8.4.4 红外线摄像头

随着安全问题逐渐成为社会关注的焦点，安防监控技术的发展也越来越受到社会各方面的重视，目前可见光的监控已不能满足人们的监控要求，24 小时连续监控是现在监控系统中必不可少的重要部分。如图 8-39 所示是红外监控摄像头的实物图。

实现摄像机夜视的技术，目前都采用红外夜视技术，红外摄像技术分为被动红外摄像技术和主动红外摄像技术两种。

图 8-39 红外监控摄像头

1. 被动红外摄像技术

被动红外摄像技术是利用任何物体在绝对零度（-273℃）以上都能辐射电磁波的原理。由于不同物体甚至同一物体不同部位的辐射能力和它们对红外线的反射强弱不同，物体与背景环境的辐射差异以及景物本身各部分辐射的差异，红外探测器能将强弱不等的辐射信号转换成相应的电信号，然后经过放大和视频处理，形成可供人眼观察的视频图像，热图像能够呈现景物各部分的辐射起伏，从而能显示出景物的特征。

同一目标的热图像和可见光图像是不同，它不是人眼所能看到的可见光图像，而是目标表面温度分布图像，不能清楚识别目标的细部特征，不能满足作为“证据”的要求，而且被动红外摄像机造价高，多用在军事应用方面，目前在监控领域的应用还很少。

2．主动红外摄像技术

主动红外摄像技术是利用“红外发光二极管”人为产生红外辐射，产生人眼看不见而普通摄像机能捕捉到的红外光，辅助“照明”景物和环境，利用摄像机的图像传感器可以感受红外光的特性，感受周围环境反射回来的红外光，获取比较清晰的黑白图像画面，实现夜视监控。因此，现在的红外摄像技术多数采用主动红外摄像技术，通过红外灯来配合摄像机使用。主动红外灯技术目前比较成熟的有四种形式：传统 LED 红外灯、第二代阵列式集成红外光源、第三代点阵式红外光源、激光红外灯。

3．主动红外摄像技术与被动红外摄像技术的对比

主动红外摄像技术的摄像机需要借助于红外发射灯，优点是能够呈现出目标的细节特征，成本较低；缺点是其照射距离相对较近，成像效果容易受环境影响，尤其是在雾、雪、雨等恶劣天气下，主要应用于检测目标。

被动红外摄像技术的摄像机无须借助辅助光源，优点是穿透力强，照射距离远；缺点是只能呈现目标表面温度分布图像，主要应用于发现目标。

主动红外摄像技术与被动红外摄像技术的融合将是未来的趋势之一，利用被动红外摄像技术穿透力强、照射距离远的特点去发现目标，利用主动红外摄像技术照明的原理去采集目标细节特征，可以为中远距离监控提供有力的“证据”。

8.4.5　交通安全语音提示桩

“行人闯红灯”一直是我国城市管理的一个重点和难点。针对此情况，相关部门发出了“摒弃交通陋习，安全文明出行”的倡议。但在现实情况中，还是有相当一部分的行人自身守法意识薄弱，抱着“法不责众”的侥幸心理，明知故犯，这是造成“行人与非机动车闯红灯”违法行为泛滥的主要原因之一。此外，现实中也存在着对普通民众法律知识普及不够，以及市政道路设施不完备、不科学，缺乏相关的采证措施等现状，这也造成了闯红灯违法行为的屡禁不止。

交通安全语音提示桩的问世一定程度解决了此类问题。其特点是采用高质量钢板柱体，更好的抗氧化性能，产品的使用寿命更长；闯入报警功能具有“语音播报和 LED 显示”双重保险，让出行安全无处不在，对促进智能交通的发展意义非凡。

如图 8-40 所示为交通安全语音提示桩，分为主桩和副桩，提示桩的内侧为光栅组件，采用的光栅为工业专用定制，工作温度为-30℃～+55℃，耐低温工作特性远超普通光栅。将主桩接入 220V 信号灯的输入线，按照红色和绿色两线接入；将副桩的光栅位置进行调整，使其能够接收到红外线并与人行信号灯同步。

如图 8-41 所示，当人行信号灯的绿灯亮时，行人从主桩和副桩之间通过时，会遮断光栅红外光束，设备会发出语音提示行人：“现在是绿灯，请在人行横道内快速通过”；当人行信号灯的红灯亮时，行人从主桩和副桩之间通过时，会遮断光栅红外线光束，此时，设备会发出语音提示“现在是红灯，禁止行人进入人行横道内”，提示行人已经闯红灯。

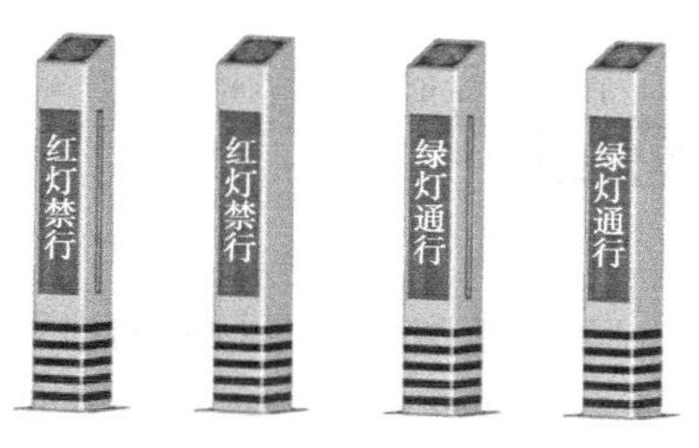

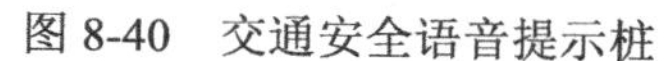
图 8-40 交通安全语音提示桩

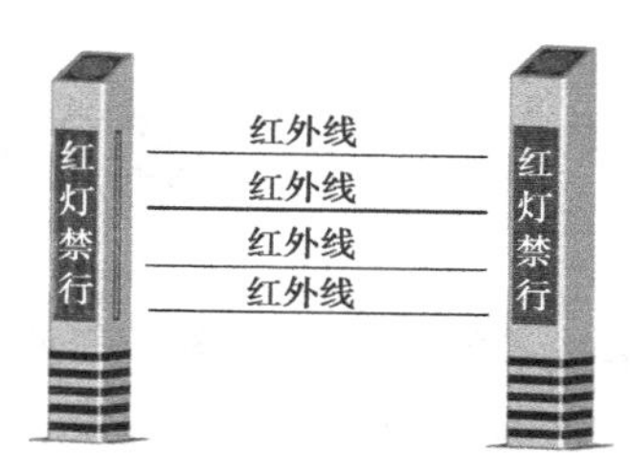

图 8-41 交通安全语音提示桩工作示意图

当提示桩正常运行后，主桩和副桩上的 LED 屏会同时亮起，红灯时，LED 屏显示“红灯禁行”；绿灯亮时，LED 屏会显示“绿灯通行”，根据人行灯的状态，可以自行转换显示。

考虑到深夜有人闯红灯，发出的报警声会扰民，该设备通过环境监测程序对声音输出进行控制，在夜间安静的时候会自动降低音量，保证产品能正常工作的同时不会发出过高的声音而扰民。

本 章 小 结

光电式传感器是利用光电效应制成的测量光信号的传感器。光电效应可分为外光电效应、内光电效应、光生伏特效应，利用这三个特性分别可以制作光电管、光敏电阻、光敏二极管、光敏三极管、光电池等光电器件。这些光电器件在日常生产、生活中有着广泛的应用。

图像传感器可分为 CCD 和 CMOS 图像传感器，CCD 常用于数码相机，而 CMOS 常用于手机。

习 题 8

8-1 什么是光电效应？有哪些类型？

8-2 光电管和光电倍增管有什么异同点？

8-3 光敏二极管为什么工作在反偏状态？

8-4 光敏三极管的工作原理是什么？

8-5 简述光电池的工作过程。

8-6 CCD 图像传感器和 CMOS 图像传感器有什么优缺点？

第 9 章　新型传感器

在科学技术的推动下，电子产业的发展日新月异，各式各样新型传感器材料的出现，促进了新型传感器的产生，而这些传感器在生产/生活中发挥着重要的作用。本章主要介绍光纤传感器、超声波传感器、微波传感器、激光传感器和机器人传感器。

9.1　光纤传感器及其应用

20 世纪 70 年代，光纤通信技术对通信领域的发展产生了深远的影响，随后光纤传感器技术也得到了发展。这种传感器具有灵敏度高、频带宽、动态范围大、抗电磁干扰、结构简单、体积小、质量轻、电绝缘性能好、耗能少等优点。

光纤是比头发丝还要细的光导纤维玻璃。其制作过程是将自然界的石英晶体制作成直径为 40～60mm、长约为 1m 的石英预制棒，然后在光纤拉制塔中以 600～1000m/min 的拉制速度，将石英预制棒连续拉制成直径为 125μm、长为 100～200km 的光纤。

9.1.1　光纤的基本概念

1．光纤的结构

如图 9-1 所示为光纤的结构图，其主要由纤芯和包层等组成，外部的涂敷层有多层结构，包括缓冲层、加强层、PVC 护套，用于保护光纤。

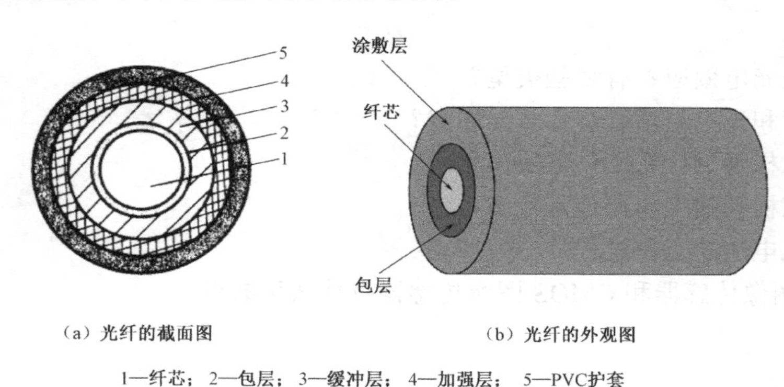

（a）光纤的截面图　　（b）光纤的外观图

1—纤芯；2—包层；3—缓冲层；4—加强层；5—PVC护套

图 9-1　光纤的结构

纤芯位于光纤最中心部位，光是在纤芯内部传播的。光纤结构中，纤芯折射率 n_1 比包层折射率 n_2 稍大些，纤芯为光密介质，包层为光疏介质，两层之间就形成了良好的光学界面，在这个条件下，光就能在纤芯中出现全反射现象，实现光在光纤内的传播。PVC 护套处于光纤的最外层，一是为了加强光纤的机械强度，不容易损坏；二是为了防止外部的光进入光纤之中，影响光的传播。

2. 光在光纤中的传播

如图 9-2 所示，当一束入射光线以一定的入射角 θ_1 从介质 1 射到介质 2 的分界面上时，一部分能量反射回原介质，形成反射光线；而另一部分能量透过分界面，在另一介质内继续传播，形成折射光线，这就是光的折射和反射现象，在这个过程中，反射光线和折射光线的亮度比入射光线要弱。

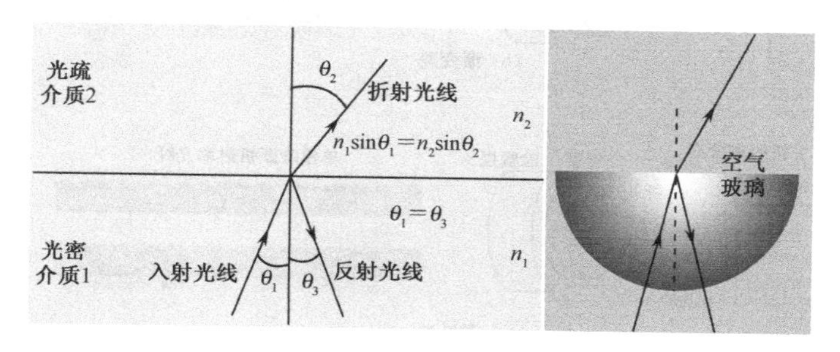

图 9-2 光的折射和反射

当增大入射角 θ_i 时，进入介质 2 的折射光与分界面的夹角将会逐渐减小，在某一时刻会导致折射光沿着介质分界面传播，对于这个极限值时的入射角，定义为临界角 θ_c。当入射角 θ_i 大于临界角 θ_c 时，入射光线将会发生全反射，如图 9-3 所示。

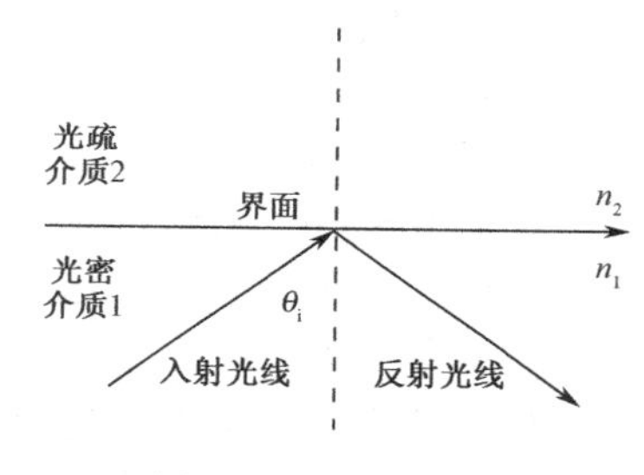

图 9-3 光的全反射

光在光纤中的传播过程如图 9-4 所示，不同角度的入射光线在光纤中传播的情况有所不同。

光在光纤中传播时，由于纤芯的折射率大于包层的折射率，光线在光纤内部发生全反射，从而实现光的传播。如图 9-5 所示为三种不同纤芯直径和折射率的光纤对光传播的影响，其中①、②均不能完成光的全反射，③可完成光的全反射。

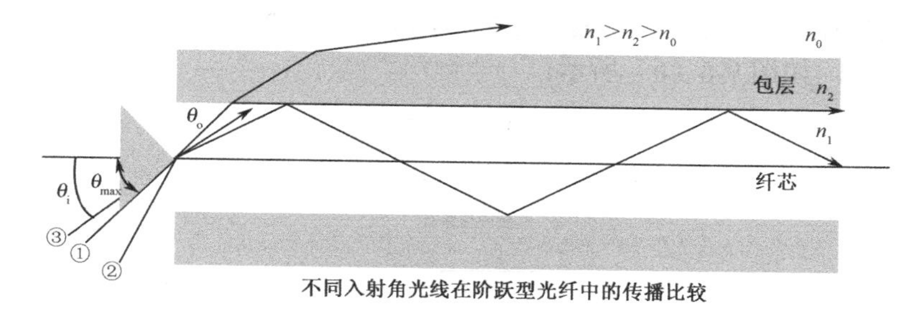

图 9-4 光在光纤中的传播

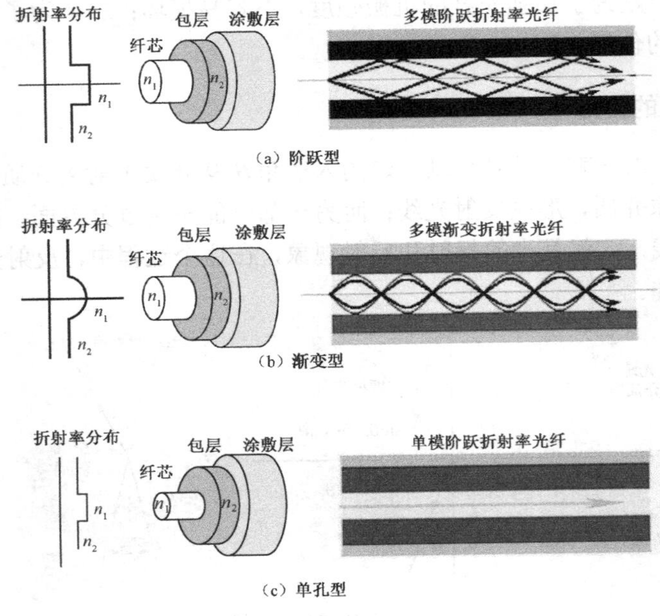

图 9-5　光纤类型及全反射形式的示意图

（1）阶跃型

如图 9-5（a）所示，光纤纤芯的折射率分布在各点均匀一致，也称为多模光纤。

（2）渐变型

如图 9-5（b）所示，渐变型光纤的折射率呈聚焦型，即在轴线上折射率最大，离开轴线则逐步降低，至纤芯区的边沿时，降低到与包层区一样。

（3）单孔型

如图 9-5（c）所示，光纤的纤芯直径较小（数微米）接近于被传输光波的波长，光以电磁场“模”的原理在纤芯中直线传播，能量损失很小，适合远距离传输。

9.1.2 光纤传感器的工作原理

传统的传感器是一种把被测量的变化转换成电信号变化的装置，传送信号利用的是导线，如图 9-6（a）所示。而光纤传感器则是把被测量变化转换为光信号变化的装置，传播光信号利用的是光纤，如图 9-6（b）所示。

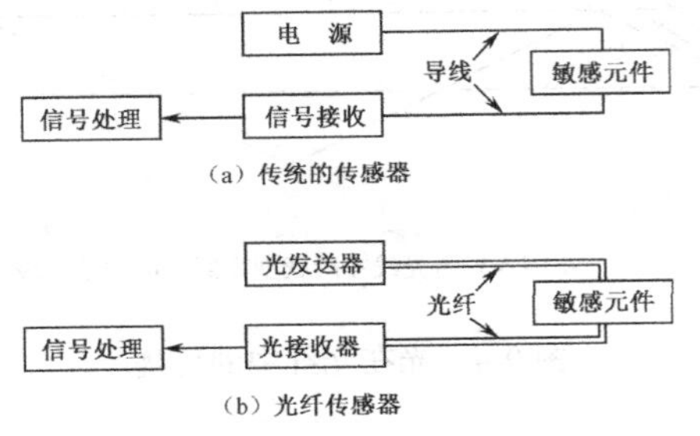

图 9-6　传统的传感器和光纤传感器的工作原理

光纤传感器的基本工作原理是将光发送器发出的光经过光纤送入敏感元件，待测参数作用于敏感元件，导致光的光学性质（如光的波长、频率、相位、强度、偏正态等）发生变化，称为被调制的信号光，再经过光纤送入光接收器，经解调后，进行信号处理，得到待测参数的信息。

9.1.3 光纤传感器的分类

光纤传感器中光纤本身就是敏感元件，直接接受外界的被测量。根据光纤在传感器中的作用，可分为功能型光纤传感器、非功能型光纤传感器和拾光型光纤传感器，如图 9-7 所示。

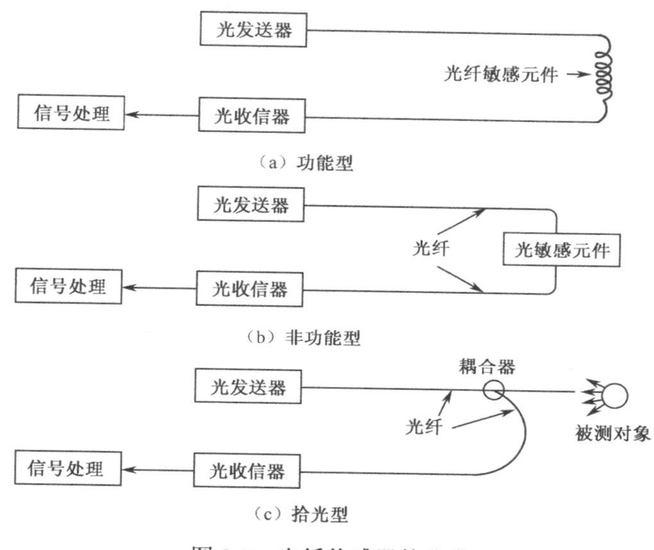

图 9-7 光纤传感器的分类

如图 9-7（a）所示为功能型光纤传感器。功能型光纤传感器中的光纤本身可以感受被测量，光在光纤内部传播时，被测量使光纤的特性发生变化，最终光信号被光纤测量、调制。其优点是结构比较紧凑、灵敏度高；缺点是需要使用特殊光纤，成本比较高，常见的应用有光纤水听器等。

如图 9-7（b）所示为非功能型光纤传感器。非功能型光纤传感器是利用其他的敏感元件来感受被测量的变化，光纤在其中仅仅是传播光信号的作用，光作用在敏感元件上被测量、调制。其优点是材料不需要使用特殊光纤，制作工艺不需要特殊技术，制造方便，成本较低；缺点是灵敏度比较低。目前使用的大部分类型都是非功能型光纤传感器。

如图 9-8（c）所示为拾光型光纤传感器。拾光型光纤传感器是利用光纤作为探头，接收被测量辐射的光或者被其反射、散射的光，导致光信号发生变化，从而达到测量目的。常见的拾光型光纤传感器为辐射式光纤温度传感器。

9.1.4 光纤传感器的应用

1. 反射式光纤位移传感器

反射式光纤位移传感器是非功能型光纤传感器，其工作原理如图 9-8 所示。光纤采用 Y 形结构，两束光纤的一端分为两支，分别是光源光纤和接收光纤，而另一端合并在一起组成光纤探头。

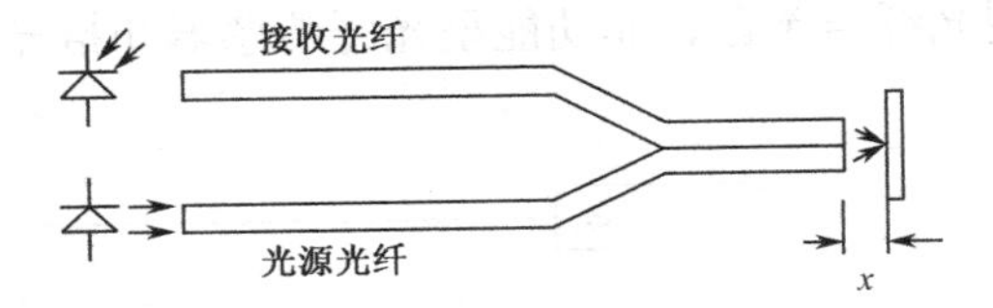

图 9-8 反射式光纤位移传感器的工作原理

如图 9-9 所示，随着挡板和光纤位移传感器的距离变大，接收光纤所接收到的光强度变大，当距离再增加时，接收光纤所接收到的光强度反而变小。

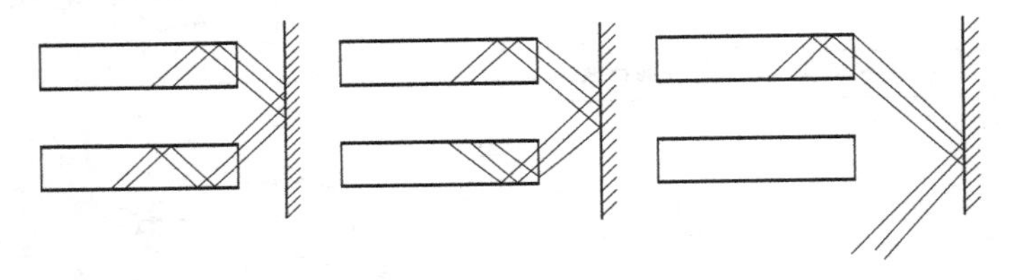

图 9-9 光纤位移传感器的工作原理

光纤位移传感器的位移和输出电压的关系曲线如图 9-10 所示。

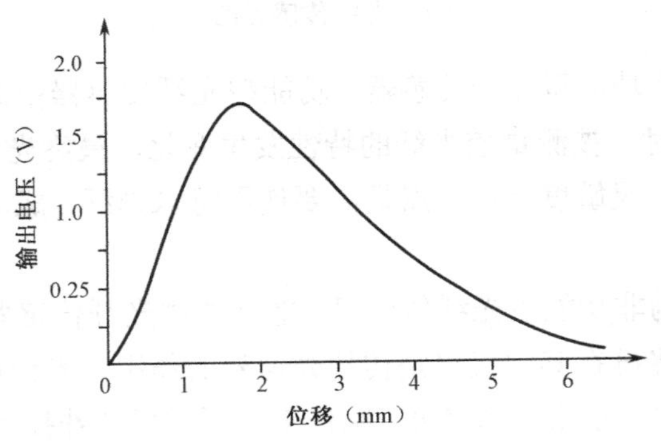

图 9-10 光纤位移传感器的位移和输出电压的关系曲线

反射式光纤位移传感器的工作原理是，当被测物体发生位移变化时，由于反射位置变化，光源光纤发出的光通过反射作用反射到接收光纤的光强度发生变化，此时接收光纤得到的光信号的强度就可以反映被测物体的位移变化。

2. 光纤温度传感器

如图 9-11 所示为光纤温度传感器的示意图。LED 发出的可见光投射到入射光纤 3 中，光经过入射光纤 3 进入感温黑色壳体 1 中，感温黑色壳体 1 内部充满彩色液晶 2，入射光经彩色液晶 2 散射后进入出射光纤 4 中，经过出射光纤 4 最终到达光敏三极管上，形成输出信号。当被测温度 t 升高时，彩色液晶 2 的颜色就会变暗，光强度变弱，光进入出射光纤 4，作用在光敏三极管后进行放大，得到的输出电压 U_o 反映被测温度 t 的变化。光纤温度传感器适用于远距离防爆场所的温度测量。

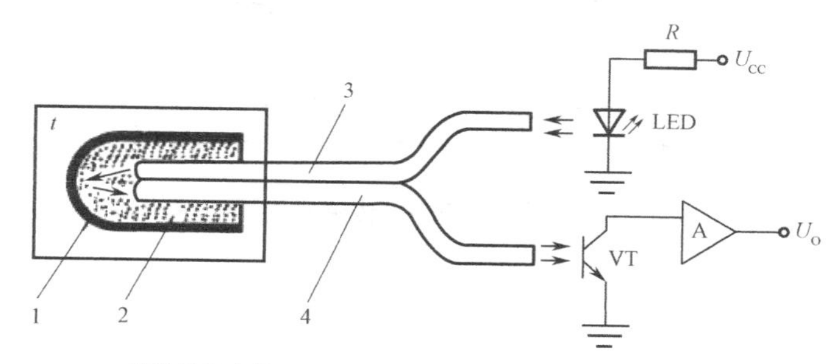

1—感温黑色壳体；2—彩色液晶；3—入射光纤；4—出射光纤

图 9-11 光纤温度传感器示意图

3. 热双金属式光纤温度开关

如图 9-12 所示为热双金属式光纤温度开关的原理图。当温度升高时，双金属片 2 会产生变形，而且变形量会逐渐增加，带动遮光板 1 在垂直方向上产生位移，影响光源发出的光的传播，使接收光纤得到的光强度发生变化。光纤温度开关的测温范围为 10℃～50℃，检测精度可以达到约为 0.5℃。它的缺点是响应时间较长，一般需要几分钟，输出的光强度信号会随着壳体振动发生变化，影响测量精度。

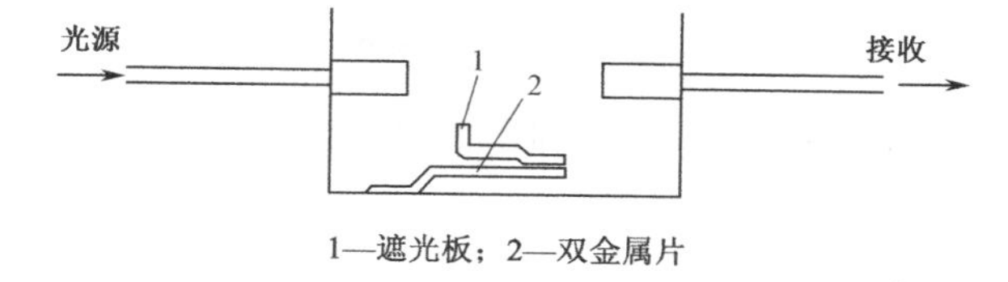

1—遮光板；2—双金属片

图 9-12 热双金属式光纤温度开关的原理图

4. 球面光纤液位传感器

如图 9-13 所示为球面光纤液位传感器的原理图。光经光纤的一端射入，到达透明球形端面 2 时，一部分光折射出去，而另一部分被反射回来，反射回来的光线经光纤的另一端传递到接收器。反射光的大小取决于被测量的折射率。被测量的折射率与光纤折射率越接近，折射出的光线越多，反射光的强度就会越小。因此该传感器处于空气中比处于液体中的反射光的强度要大，可用于液位报警。

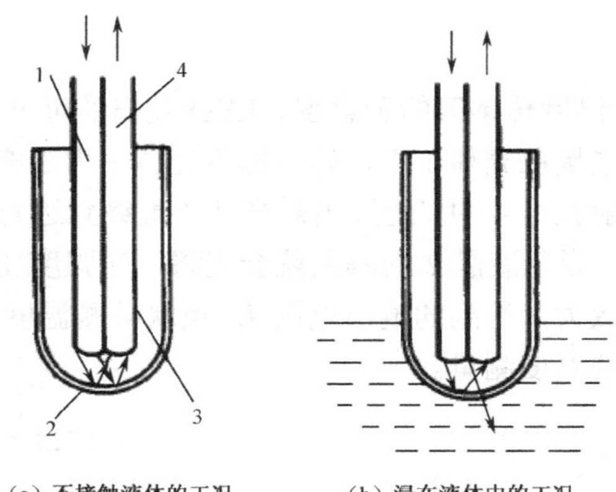

（a）不接触液体的工况　（b）浸在液体中的工况
1—入射光纤；2—透明球形端面；3—包层；4—出射光纤

图 9-13　球面光纤液位传感器的原理图

5. 斜端面光纤液位传感器

如图 9-14 所示为反射式斜端面光纤液位传感器的原理图。当传感器的探头接触到液面时，液体中光的反射强度变小，大部分光进入液体，导致反射到另一个光纤的光强度减小。这种类型的传感器探头在空气中和水中时，反射光强度数值差 20cd 以上，利用这一特性可以测量液位。

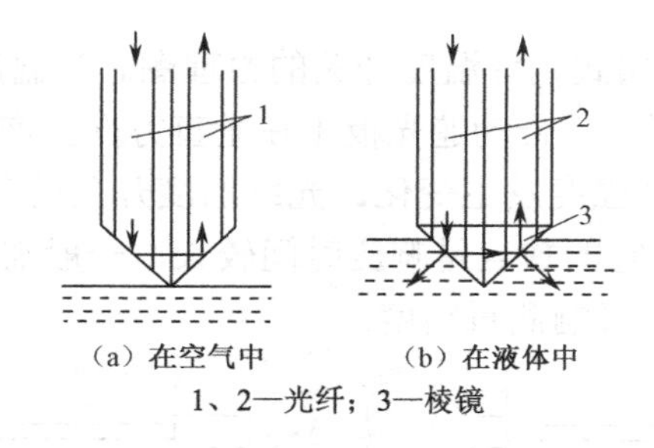

（a）在空气中　（b）在液体中
1、2—光纤；3—棱镜

图 9-14　反射式斜端面光纤液位传感器的原理图

6. 单光纤液位传感器

单光纤液位传感器的结构如图 9-15 所示，光纤的端部被抛光成 45°的圆锥面。当光纤探头处于空气中时，入射光大部分在端部能够满足全反射的条件，反射回光纤。当传感器接触到液位时，液体的折射率比空气的折射率要大，一部分光不能够满足全反射的条件，直接折射到液体中，导致反射回光纤的光减少，光强度减小。利用 X 形状的耦合器可组成有两个探头的液位报警传感器，如果在不同的高度上安装多个探头，则可以在大范围内连续监视液位的变化。

如图 9-15 所示，探头在接触到液面时能够快速响应，但是探头离开液面后，液体会附

着在探头上，在空气中响应速度就会变慢。为了提高探头的响应速度，可以将探头的形状做一些改变，如图 9-16 所示。

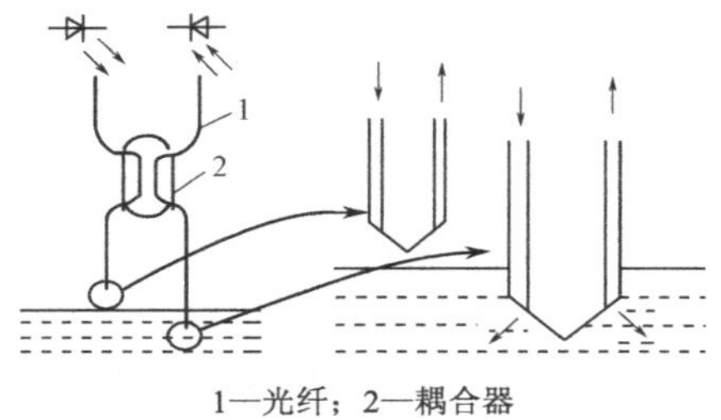

1—光纤；2—耦合器

图 9-15　单光纤液位传感器的结构

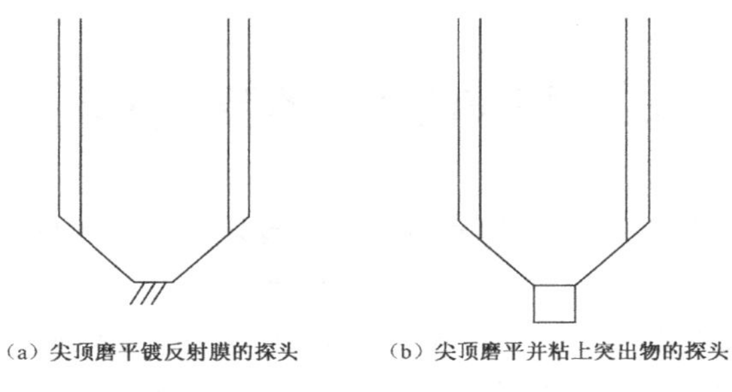

（a）尖顶磨平镀反射膜的探头　（b）尖顶磨平并粘上突出物的探头

图 9-16　改进的光纤液位探头

7．光纤传感器用于内窥镜

在工业生产中，有时候需要检测系统内部的结构，有些系统是不能打开的，因此利用光纤图像传感器，将探头送入物体内部，利用光的传输，可在外部检测内部的结构。如图 9-17 所示为内窥镜的原理图，其通常由物镜、传光束、传像束、目镜组成，当光源的光进入传像束并作用于对象物时，对象物通过物镜将光反射给传光束，最终可从目镜观测到系统内部情况。

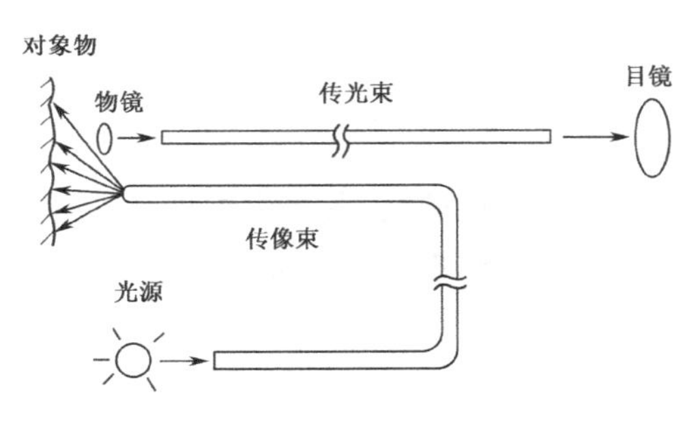

图 9-17　工业内窥镜的原理图

医疗上也采用内窥镜，如图 9-18 所示，由物镜、图像导管、目镜、控制手柄等组成，照明光通过图像外导管外层光纤照射在被测物上，反射光通过传像束输出。

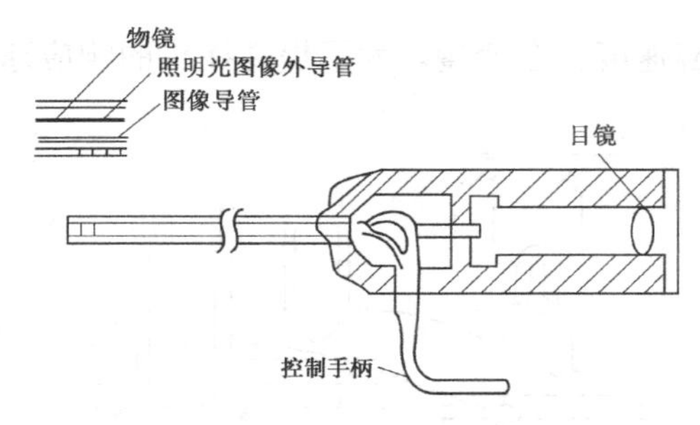

图 9-18　医疗内窥镜的原理图

由于光纤比较柔软，末端可以利用手柄控制其偏移，输出图像失真小，是检查和诊断人体各个部位疾病和某些外科手术的重要仪器。

9.2　超声波传感器及其应用

生活中充斥着各种各样的声音，有美妙悦耳的音乐，有令人反感的噪音，这些声音都是机械振动引起的机械波。如图 9-19 所示为声波频率的界限划分。声波是人耳可听见的机械波；次声波是频率低于 20 赫兹的声波，人耳听不到，但可与人体器官发生共振，7～8Hz 的次声波会引起人的恐怖感，动作不协调，甚至导致心脏停止跳动；超声波是频率大于 20kHz 的机械波。

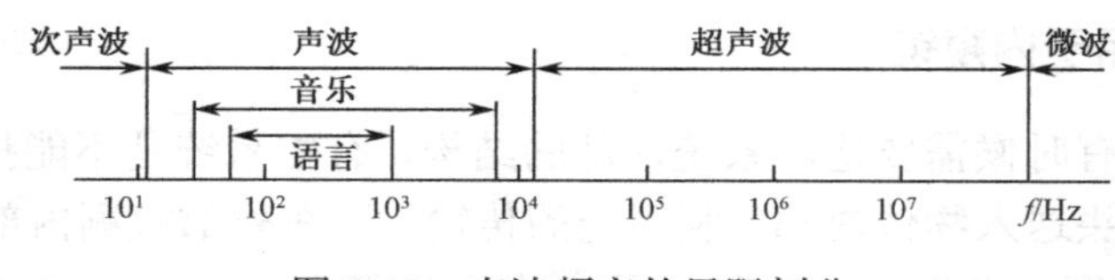

图 9-19　声波频率的界限划分

9.2.1　超声波的物理性质

1．超声波的特性

超声波是振动频率高于 20kHz 的机械波。其产生过程是压电陶瓷或磁致伸缩材料在高电压窄脉冲作用下，产生的较大功率的机械波，可以被聚焦，能用于集成电路及塑料的焊接。超声波的优点是指向性好、能量集中、穿透本领大。

2．超声波的传播方式

超声波的传播方式主要有三种，分别是纵波、横波和表面波。

纵波是指质点的振动方向与波的传播方向一致的机械波；横波是指质点的振动方向与波的传播方向相互垂直的机械波；表面波是指质点的振动介于横波与纵波之间，沿着表面传播的机械波。

3. 声速和波长

（1）声速

纵波、横波和表面波的传播速度通常由介质的弹性系数、介质的密度及声阻抗决定。介质的声阻抗 Z 等于介质的密度 ρ 和声速 c 的乘积，即

$$Z = \rho c \tag{9-1}$$

（2）波长

超声波的声速 c 等于波长 λ 与频率 f 乘积，即

$$\lambda f = c \tag{9-2}$$

在环境温度为0℃的情况下，常用介质的声速、声阻抗与密度之间的关系如表9-1所示。

表9-1 常用介质的声速、声阻抗和密度之间的关系

材　料	密度 $\rho\,(10^3\text{kg}\cdot\text{m}^{-1})$	声阻抗 $Z\,(10^3\text{MPa}\cdot\text{s}^{-1})$	纵波声速 c_L(km/s)	横波声速 c_s(km/s)
钢	7.8	46	5.9	3.23
铝	2.7	17	6.32	3.08
铜	8.9	42	4.7	2.05
有机玻璃	1.18	3.2	2.73	1.43
甘油	1.26	2.4	1.92	—
水（20℃）	1.0	1.48	1.48	—
油	0.9	1.28	1.4	—
空气	0.0013	0.0004	0.34	—

4. 超声波的反射与折射

当超声波从一种介质向另一种介质传播时，由于两者的声阻抗不同，就会在其分界面上产生反射和透射两种现象，反射使一部分能量返回第一种介质，透射使另一部分能量穿过分界面进入第二种介质。如果两种不同的介质声阻抗的差值较大时，就会产生超声波反射现象。

5. 超声波的衰减

超声波在介质中传播时，随着传播距离的增加，超声波会出现衰减的现象。超声波在传播过程中的声压和声强的衰减特性是

$$P_x = P_0 e^{-\alpha x} \tag{9-3}$$

$$I_x = I_0 e^{-2\alpha x} \tag{9-4}$$

式中，P_x、I_x 是距离声源 x 处的声压和声强；P_0、I_0 为 $x = 0$ 处超声波的声压和声强；x 为传播的声波与声源之间的距离；α 为衰减系数。

超声波在介质中传播时出现衰减的原因有声波的扩散、散射和吸收。超声波在理想的介质中传播时出现衰减是由于声波的扩散，传播距离越远，声能就越弱。散射引起的衰减是因为传播介质中存在颗粒，或者液体介质中存在悬浮颗粒，声波遇到这些颗粒时产生散射，不再沿着原有的方向运动，造成声波的损失。吸收衰减是由于超声波传播的介质具有粘滞性，

声波在传播时出现质点之间的摩擦，此时声能转化成热能，造成声波的损耗。

9.2.2 超声波传感器的应用

1．超声波测厚仪

超声波测厚常用的是脉冲回波法。

如图 9-20 所示，超声波传感器的探头（换能器）与被测工件表面接触，主控制器产生固定频率的脉冲信号，该脉冲信号传递到发射电路，发射电路放大信号后作用在探头上，探头在电信号的激励下产生超声波脉冲。超声波脉冲在被测工件内部传递，到达另一面时被反射回来，被同一探头接收。假设超声波在被测工件中的声速为 c，工件的厚度为δ，超声波脉冲从发射到接收的时间间隔 t 是可以测量的，因此就可以计算出被测工件的厚度为

$$\delta=\frac{ct}{2} \tag{9-5}$$

如图 9-20 所示，从示波器上可以直接观察到发射的超声波和超声波反射脉冲，可以得到超声波在被测工件内部传播的时间间隔 t，同时也可以采用晶振产生的标准时间信号来测量时间间隔 t，从而做出厚度数字显示仪表，直接显示测量数据。

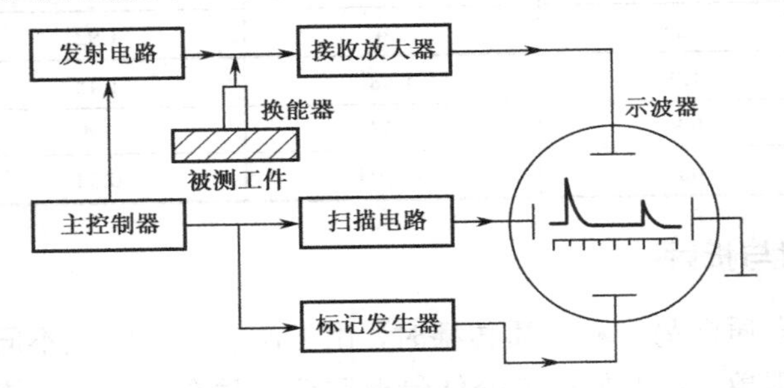

图 9-20　脉冲回波法测厚仪工作原理

2．超声波高效清洗

超声波常用于高效清洗，其工作原理是，当弱的声波信号作用于液体中时，会对液体产生一定的负压，即液体体积增加，液体中分子空隙加大，形成许多微小的气泡；当强的声波信号作用于液体时，则会对液体产生一定的正压，即液体体积被压缩减小，液体中形成的微小气泡被压碎。

经研究证明，超声波作用于液体中时，液体中每个气泡的破裂会产生能量极大的冲击波，相当于瞬间产生几百度的高温和高达上千个大气压的压力，这种现象被称为“空化作用”，超声波清洗正是利用液体中气泡破裂所产生的冲击波来达到清洗和冲刷工件内外表面的作用。

超声波清洗多用于半导体、机械、玻璃等行业，在生活中常见的有医疗中的超声波洗牙、清洗医疗器械，清洗汽车零件等。

3. 超声波无损探伤

超声波无损探伤是目前应用相当广泛的无损探伤手段。常用的有以下几种类型。

（1）A 型超声波无损探伤

A 型超声波无损探伤是利用超声波在传播过程中遇到其他介质会反射的特性进行探伤的，其结果以二维坐标表示，横轴对应时间 t，纵轴对应反射波强度 A，可以从二维坐标中直接分析出缺陷的深度和大概尺寸，如图 9-21 所示。

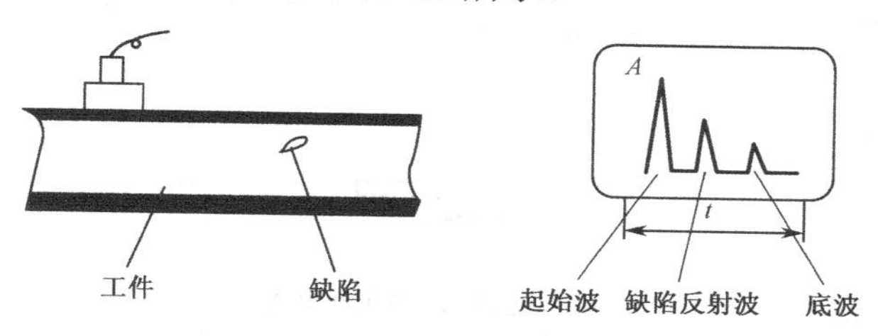

图 9-21 A 型超声波探伤

（2）B 型超声波无损探伤

B 型超声波无损探伤的原理和医学上的 B 超类似，探头的横坐标对应扫描距离，纵坐标对应探伤深度，屏幕的辉度（亮度）反映反射波的强度。其扫描过程是利用计算机控制发射晶片阵列来完成与机械移动探头相似的扫描动作，具有扫描速度快、定位准确的特点。

（3）C 型超声波无损探伤

C 型超声波无损探伤的工作原理和医学上的 CT 扫描类似，其扫描过程是采用计算机控制探头中的三维晶片阵列，使探头在材料的纵深方向进行扫描，扫描结果可以绘制出材料内部缺陷的横截面图。

4. 汽车倒车探测器（倒车雷达）

如图 9-22 所示电路为汽车倒车探测器原理图，选用封闭型的发射超声波传感器 MA40EIS 和接收超声波传感器 MA40EIR 安装在汽车尾部的侧角处，由超声发射电路、超声接收电路和信号处理电路组成。

超声发射电路由 555 时钟电路组成，该电路的频率可以调整，调节电位器 RP_1 可将发射超声波传感器的输出电压频率调至最大，通常可调至 40kHz。

超声波接收电路使用超声波接收传感器 MA40EIR，MA40EIR 的输出信号由集成比较器 LM393 进行处理，LM393 输出的是比较规范的方波信号。

信号处理电路采用集成电路 LM2901N，它原是测量转速用的 IC，其内部有 F/V 转换器和比较器，它的输入要求有一定频率的信号。

汽车倒车尾部防撞探测器的工作原理是：当超声发射器发出的超声波信号作用到被测物体时，由于出现反射现象，接收器接收到超声波信号，此时倒车会对车尾或车尾后侧的被测物体构成威胁，这时 LED 点亮以示报警，这个信号由微调电位器 RP_1 控制。报警的方式可以用红色发光二极管，也可采用蜂鸣器或扬声器报警，采用声光报警效果更佳。

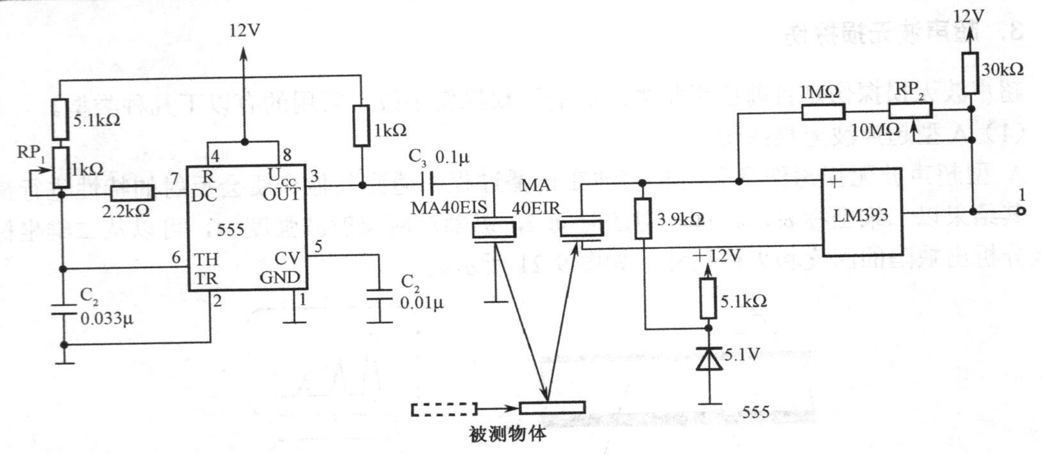

（a）LM2901N内部简化电路

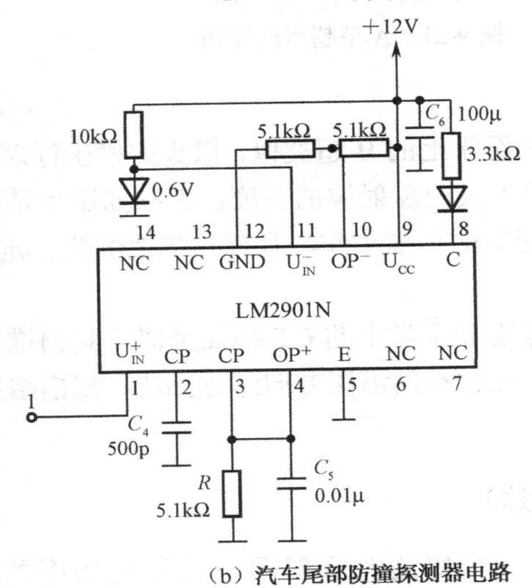

（b）汽车尾部防撞探测器电路

图 9-22　汽车倒车探测器原理图

9.3　微波传感器及其应用

微波传感器是利用微波特性来检测一些非电物理量的器件。微波传感器可以感应物体的存在、运动速度、距离、角度等信息。

9.3.1　微波的物理性质

（1）微波的特性

微波是波长为 1～1 000mm，频率为 300MHz～3 000GHz 的电磁波，它既有电磁波的特性，具有波粒二象性，又与普通的无线电波和光波不同。

（2）微波的特点

① 可定向辐射，空间直线传输；

② 遇到各种障碍物易于反射；

③ 绕射能力差；

④ 传输特性好，传输过程中受烟雾、火焰、灰尘、强光灯影响很小；

⑤ 介质对微波的吸收与介质的介电常数成比例，水对微波的吸收作用最强。

9.3.2 微波传感器的工作原理

微波传感器由微波振荡器和微波天线组成。微波振荡器是产生微波的装置，微波振荡器由速调管、磁控管或某些固体元件组成。由微波振荡器产生的振荡信号需要使用波导管传输，然后通过天线发射出去。为了使发射的微波具有较好的方向性，微波的发射天线应该具有特殊的构造和形状。如图 9-23 所示为常见的微波天线。

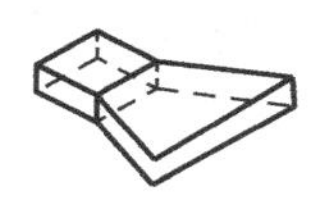
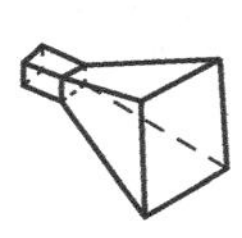
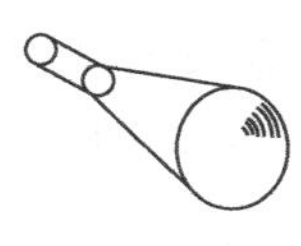
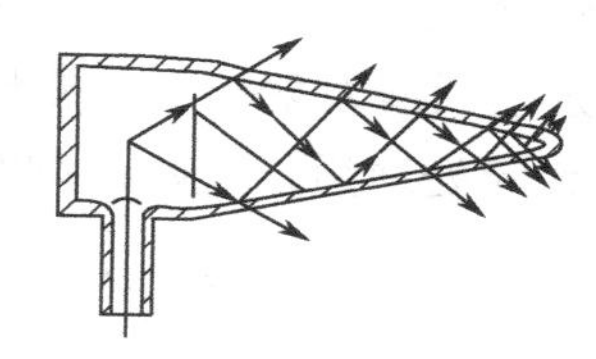

图 9-23 微波天线

由发射天线发出的微波，遇到障碍物时会被吸收或反射，导致其功率发生变化。如果利用接收天线接收障碍物反射回来的微波，并将它转换成电信号，经过测量电路处理，就可以实现微波检测。

9.3.3 微波传感器的分类

微波传感器可分为反射式和遮断式两类。

（1）反射式

反射式微波传感器是利用被测物体反射回来的微波信号来检测被测物体的位置、厚度等参数。

（2）遮断式

遮断式微波传感器是利用接收天线接收到的微波信号，来判断发射天线和接收天线之间有无被测物体、被测物体的位置、被测物体的水分含量等参数。

9.3.4 微波传感器的应用

1．微波液位仪

如图 9-24 所示为微波液位仪的原理图。利用微波测量液位的过程中，当液位达到如图所示的位置 d 时，发射天线发出的微波信号由于液位的反射到达接收天线，输出的信号反映

此时的液位为 d；如果液位大于或者小于 d 时，接收天线接收不到反射回来的微波信号。

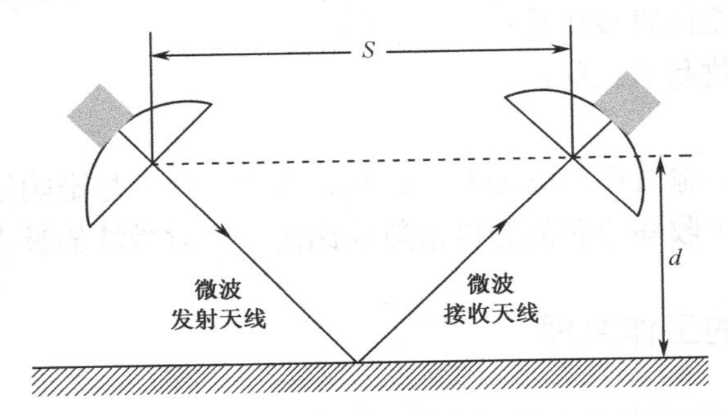

图 9-24　微波液位仪的原理图

2. 微波开关式物位仪

如图 9-25 所示为微波开关式物位仪的原理图。电源为振荡器提供电能，振荡器产生微波信号，通过发射天线发射出去，被测对象的位置影响微波接收天线接收的微波信号，该信号经过放大和比较处理后，反映被测对象的位置信息。

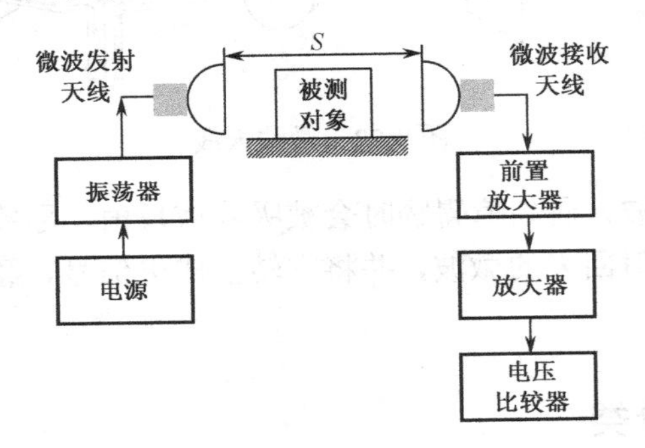

图 9-25　微波开关式物位仪的原理图

3. 微波诊断

微波诊断是微波在医学上应用的主要内容之一，包括有源诊断和无源诊断两大类型。

（1）有源诊断

有源诊断是利用人工微波源辐射的微波照射人体后进行测量诊断的。人体组织或器官的病变将导致微波的介电特性发生改变，从而使射向组织或器官的微波传输特性随之发生变化。人们可通过微波的反射或透射情况来获得有关病变的医学信息。如微波心动图仪、重病微波呼吸检测仪等均属于有源微波诊断仪器。

（2）无源诊断

无源诊断是利用人体本身辐射的微波来进行疾病的诊断，因不需要外加人工微波辐射源，故称无源诊断法，也称被动测定法。利用人体热辐射的微波波段获取热像图来诊断疾病的方法就是一种无源诊断法。目前的微波热像仪主要用来获取人体体表的微波热像图，利用它可发现红外热像仪所不能发现的某些疾病。

4. 微波治疗

微波除了用于诊断，还可用于疾病的治疗。现在的微波治疗主要包括以下几个方面。

（1）微波透热治疗

由于微波的热效应能使血液循环加速，刺激器官功能，促进新陈代谢，因而能促使组织再生，起到消炎止痛、解除痉挛的功效。人们根据微波的这种特点，利用微波治疗仪治疗肌肉劳损、关节疼痛、各种炎症等，取得了良好的效果。

作为微波热疗的另一方面是微波治疗肿瘤。肿瘤组织比正常组织含水量高，因此肿瘤组织中微波热效应更为显著，而肿瘤组织耐热性又较差，通常 42℃～44℃即可抑制肿瘤生长甚至使肿瘤死亡。因此，我们可利用微波的热效应使肿瘤处局部升温到抑制肿瘤细胞生长或导致死亡的温度范围，用以治疗癌症。

（2）微波针灸

现代微波技术与传统的中医针灸技术相结合形成了微波针灸治疗方法。此方法用聚焦的微波束照射刺激有关穴位，达到治疗的目的。当微波照射穴位时，由于热效应，穴位温度升高，其热量沿经络传递，产生温针效应和温补效应。另一方面，微波沿经络传导，通过生物电磁效应使刺激作用以波动形式在体内传播，因此微波针灸所诱导的刺激作用并不局限于局部照射区域。微波针灸操作简单，针感明显而持久，病人无痛苦。

（3）微波手术刀

在外科手术中，利用微波的能量切开组织的装置称为微波手术刀。微波的热效应可使切口附近的组织温度升高直至血液凝固。利用微波手术刀，切口无需缝合，可减少失血并缩短手术时间。

5. 微波用于自感应系统

机场、酒店的自动门是目前人们所熟悉的微波探测器应用系统。随着微波探测器价格的降低，在自动灯上的应用也越来越广泛。由于微波传感器比红外传感器在耐候性（不受温度、气流、灰尘等影响）和距离方面更胜一筹，微波传感器在仓库、楼道等公共场所和别墅等高档社区以及家庭酒店中逐渐取代红外传感器，并被更多消费者选用。

微波感应控制器使用直径 9cm 的微型环形天线作微波探测，其天线在轴线方向产生一个椭圆形半径为 0～5m（可调）空间微波戒备区，当人体活动时其反射的回波和微波感应控制器发出的原微波场（或频率）相干涉而发生变化，这一变化量经检测、放大、整形、多重比较，以及延时处理后由导线输出电压控制信号。

9.4 激光传感器及其应用

激光技术近年来发展迅速，在军事、医学、精密测量、生物、宇航、气象等领域应用广泛。激光传感器是指利用激光技术进行测量的传感器，由激光器、激光检测器和测量电路组成。它的优点是能实现无接触远距离测量，速度快、精度高、量程大、抗光电干扰能力强等。

9.4.1 激光的产生

1. 激光的产生原理

（1）受激吸收

微观粒子都具有特定的能级，任一时刻粒子只能处在与某一能级相对应的状态。与光子相互作用时，粒子从一个能级跃迁到另一个能级，并相应地吸收或辐射光子。光子的能量值为这两个能级的能量差ΔE，频率为$f=\frac{\Delta E}{h}$（h为普朗克常量）。

处于较低能级的粒子在受到外界的激发（即与其他的粒子发生有能量交换的相互作用，如与光子发生非弹性碰撞），吸收能量时，跃迁到与此能量相对应的较高能级。这种跃迁称为受激吸收。

（2）自发辐射

粒子受到激发而进入的激发态，不是粒子的稳定状态，如存在着可以接纳粒子的较低能级，即使没有外界作用，粒子也有一定的概率自发地从高能级激发态（E_2）向低能级基态（E_1）跃迁，同时辐射出能量为（E_2-E_1）的光子，光子频率$f=\frac{E_2-E_1}{h}$。这种辐射过程称为自发辐射。

（3）受激辐射

处于高能级E_2上的粒子可以通过另一方式跃迁到较低能级。当频率为$f=\frac{E_2-E_1}{h}$的光子入射时，会引发粒子以一定的概率迅速地从能级E_2跃迁到能级E_1，同时辐射一个与外来光子频率、相位、偏振态以及传播方向都相同的光子，这个过程称为受激辐射。

如果大量原子处在高能级E_2上，当有一个频率$f=\frac{E_2-E_1}{h}$的光子入射，从而激励E_2上的原子产生受激辐射，得到两个特征完全相同的光子，这两个光子再激励E_2能级上的原子，又使其产生受激辐射，可得到四个特征相同的光子，这意味着原来的光信号被放大。这种在受激辐射过程中产生并被放大的光就是激光。

激光的形成必须具备以下三个条件：

① 具有能形成粒子数反转状态的工作物质——增益介质；

② 具有供给能量的激励源；

③ 具有提供反复进行受激辐射场所的光学谐振腔。

2. 光学谐振腔

如图9-26所示为光学谐振腔的原理图，其由两块反射镜组成，一块是反射率为100%的全反射镜，另一块是反射率为95%的部分反射镜。

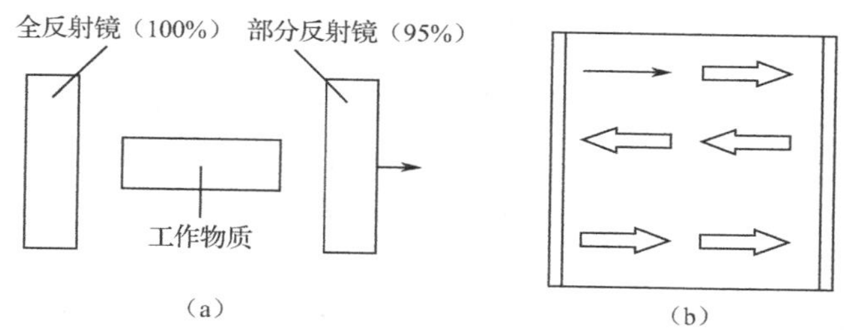

图 9-26　光学谐振腔的原理图

高能态的原子数目多于低能态的原子数目时，高能态的原子数目自发地跃迁回低能态，辐射出自发光子，另外一些沿谐振腔轴向运动的光子经反射镜反射，沿轴向反复运动，运动的过程中又会激发高能态的原子产生受激辐射。受激辐射的光子也参加到沿轴向反复运动的行列中，又去激发其他高能态原子产生受激辐射，如图 9-26（b）所示。如此不间断循环，沿谐振腔轴向运动的受激辐射光子越来越多，当光子积累到足够数量时，便从部分反射镜一端输出一部分光，这就是激光。因此光学谐振腔是形成激光的主要组成部分。

9.4.2　激光的特点

（1）高方向性

高方向性就是光束的发散角小。激光束的发散角小到几分甚至几秒就称激光是平行光。

（2）单色性

单色光是指谱线宽度非常小的一段光波。波长用 λ 表示，谱线宽度用 δ 表示，δ 越小，单色性越好。

普通光源中最好的单色光是（氪-86 灯），其波长和谱线宽度是

$$\lambda = 605.7\text{nm}\text{ , }\delta = 0.00047\text{nm}$$

普通的氦氖激光器所产生的激光是

$$\lambda = 632.8\text{nm}\text{ , }\delta < 1\times10^{-8}\text{nm}$$

由以上数据可看出，激光光谱单纯，波长变化范围小于 1×10^{-8}nm，是普通光源的几万倍，因此激光是最好的单色光源。

（3）高亮度

激光在单位面积上集中的能量很高，较高水平的红宝石脉冲激光器比太阳的亮度要高出很多倍。高亮度的激光束聚集后，可产生几百万摄氏度的高温，最难融化的金属在此温度下可一瞬间融化。

（4）高相干性

相干性是指相干波在叠加区得到稳定的干涉条纹表现的性质。普通光源是非相干光源，激光是极好的相干光源。

9.4.3　激光器的分类

激光器按照工作物质可分为以下 4 种。

（1）固体激光器

固体激光器的工作物质是固体。常用的有红宝石激光器、掺钕的钇铝石榴石激光器（即 YAG 激光器）和钕玻璃激光器等。它们的结构大致相同，特点是小而坚固、功率高，钕玻璃激光器是目前脉冲输出功率最高的器件，已达到数十兆瓦。

（2）气体激光器

气体激光器的工作物质为气体。现已有各种气体原子、离子、金属蒸气、气体分子激光器。常用的有二氧化碳激光器、氦氖激光器和一氧化碳激光器，其形状如普通放电管，特点是输出稳定、单色性好、寿命长，但功率较小，转换效率较低。

（3）液体激光器

液体激光器可分为螯合物激光器、无机液体激光器和有机染料激光器，其中最重要的是有机染料激光器，它的最大特点是波长连续可调。

（4）半导体激光器

半导体激光器是较新型的一种激光器，其中较成熟的是砷化镓激光器。特点是效率高、体积小、重量轻、结构简单，适宜于在飞机、军舰、坦克上以及步兵随身携带。可制成测距仪和瞄准器。但输出功率较小、定向性较差、受环境温度影响较大。

9.4.4 激光传感器的应用

利用激光的高方向性、高单色性和高亮度等特点可实现无接触远距离测量。激光传感器常用于长度、距离、振动、速度、方位等物理量的测量，还可用于探伤和大气污染物的监测等。精密测量长度是精密机械制造工业和光学加工工业的关键技术之一。激光在检测领域中的应用十分广泛，技术含量十分丰富，对社会生产和生活的影响也十分明显。

1. 激光测长

现代长度计量大多是利用光波的干涉现象来进行的，其精度主要取决于光的单色性的好坏。激光是最理想的光源，它比以往最好的单色光源（氪-86 灯）还纯 10 万倍。因此激光测长的量程大、精度高。由光学原理可知单色光的最大可测长度 L 与波长 λ 和谱线宽度 δ 之间的关系是 $L=\frac{\lambda^2}{\delta}$。用氪-86 灯可测最大长度为 78cm，对于较长物体就需分段测量而使精度降低。若用氦氖气体激光器，则最长可测几十千米。一般测量数米之内的长度，其精度可达 0.1μm。

2. 激光测距

激光测距是激光最早的应用之一，属于一种非接触式测量，特别适合测量快速的位移变化，且无需在被测物体上施加外力。

激光测距的基本原理是，将激光对准目标发射出去，测量其往返时间 t，和光速 c 相乘就可以得到往返距离 s，即

$$s=\frac{c\times t}{2}$$

在激光测距仪基础上发展起来的激光雷达不仅能测距，而且还可以测目标方位、运行速度和加速度等，已成功地用于人造卫星的测距和跟踪，如采用红宝石激光器的激光雷达，测距范围为500～2000km，误差仅几米。

3. 激光测振

激光测振基于多普勒原理测量物体的振动速度。

多普勒原理：若波源或接收波的观察者相对于传播波的媒质而运动，那么观察者所测到的频率不仅取决于波源发出的振动频率，而且还取决于波源或观察者的运动速度的大小和方向。所测频率与波源的频率之差称为多普勒频移。在振动方向与运动方向一致时，多普勒频移 $f_{\mathrm{d}}=\frac{v}{\lambda}$，其中 v 为振动速度、λ 为波长。在激光多普勒振动速度测量仪（测振仪）中，由于光往返的原因，$f_{\mathrm{d}}=\frac{2v}{\lambda}$。

测振仪在测量时，光学部分将物体的振动转换为相应的多普勒频移，光检测器将此频移转换为电信号，电路部分对信号适当处理后送往多普勒信号处理器将多普勒频移信号变换为与振动速度相对应的电信号，最后记录于磁带中。

测振仪采用波长为6328Å的氦氖激光器，用声光调制器进行光频调制，用石英晶体振荡器和功率放大电路作为声光调制器的驱动源，用光电倍增管进行光电检测，用频率跟踪器来处理多普勒信号。

测振仪的优点是使用方便，不需要固定参考系，不影响物体本身的振动，测量频率范围宽、精度高、动态范围大；缺点是测量过程受其他杂散光的影响较大。

4. 激光测速

如图9-27所示为激光测速仪的原理图，当被测物体进入相距为 s 的两个激光区间内，先后遮断两个激光器发出的激光光束。利用计数器记录主振荡器在先后遮断两激光束的时间间隔内的脉冲数 N，即可求得被测物体速度，即

$$v=\frac{sf}{N}$$

式中，f 是主振荡器的振荡频率。

激光测试仪的测量精度较高，当被测对象速度为200km/h，精度可达1.5%；速度为100km/h，精度为0.8%。

激光测速是基于多普勒原理的一种激光测速方法，常见的是激光多普勒流速计（激光流量计），可以测量风洞气流速度、火箭燃料流速、飞行器喷射气流流速、大气风速和化学反应中粒子的大小及汇聚速度等。

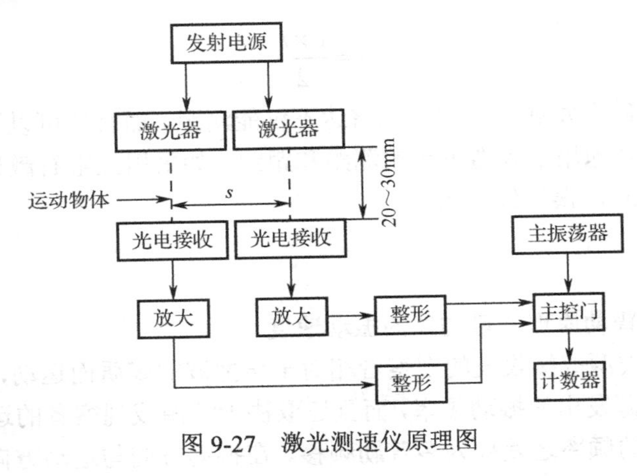

图 9-27　激光测速仪原理图

9.5　机器人传感器

机器人是由计算机控制、能够模拟人的感觉、手工操作和具有自动行走能力的，可以完成一定工作的装置。传感器是机器人的感觉器官，可分为内部检测传感器和外部检测传感器。

9.5.1　内部检测传感器

内部检测传感器用于检测机器人自身的状态，安装于驱动装置内，通常用于测量手臂和手抓的运动位置和速度，用来控制机器人定位精确和运动平稳，如角度传感器、关节传感器。内部检测传感器按照功能可分为：位置和角度测量、速度和角速度测量、角速度测量等类型。

9.5.2　外部检测传感器

外部检测传感器常用于感知机器人的外部感知环境和外界事物。机器人常配置的外部检测传感器有：触觉、接近觉、视觉等传感器。

1．触觉传感器

机器人的触觉是机器人和被测物体之间直接接触的感觉。机器人中常用的触觉传感器分为以下几类。

（1）接触觉传感器

接触觉通过与被测物的接触产生，常采用手指表面高密度分布的触觉传感器阵列检测，其优点是易变形、柔软、接触面积可增大，具有一定强度、便于抓握。

接触觉传感器在机器人中用于检测是否与目标或者环境接触，具有寻找物体或感知碰撞的作用。

（2）压觉传感器

压觉传感器采用分布式把分散的敏感元件排列成矩阵式格子。敏感元件阵列单元通常采用感应高分子、光电器件、导电橡胶、应变计、霍尔元件。压觉传感器可检测位移量，其优点是可多点支撑物体、操作时可稳固抓住物体。

（3）力觉传感器

力觉是多维力的感觉类型，力觉传感器在检测多维力时，需要将检测单元立体安装在不同位置。力觉传感器常见的类型是光电式、压电式、电容式、应变式、电磁力，其中应变式成本低、性能稳定、制造工艺简单，应用广泛。机器人的力觉传感器主要有腕力传感器、基座力传感器、关节力传感器。

（4）滑觉传感器

机器人在抓握对象物体时，需要确定握力的大小，如果握力不够就要检测此时产生的物体滑动。利用检测出的物体滑动信号，在不损坏物体的前提下，确定最好的夹持方法，实现这个功能的检测装置称为滑觉传感器。

2. 接近觉传感器

接近觉传感器能够感知距离几毫米到几十厘米对象物体或者障碍物的距离以及对象物体的表面性质。检测目的是在接触对象物体前获得必要信息，决定后续动作。接近觉属于非接触，可看成是触觉和视觉之间的感觉。

接近觉传感器的类型有电容式、电磁式、超声波式、光电式、红外式。

3. 视觉传感器

视觉传感器是机器人的眼睛，目的是检测物体的距离和位置，识别物体的形状等。

机器人视觉的作用过程：三维实物通过传感器成为平面的二维图像，经过处理部件得到景像的描述。

如果要判断物体的位置和形状，需要距离和明暗的信息。距离信息的获得可采用立体摄像法、激光反射法、超声波检测；明暗信息可以采用CCD固态摄像机和电视摄像机。

视觉传感器有光电探测器件和人工网膜两类。人工网膜是用光电管阵列代替网膜感受光信号；光电探测器件由光导管和光敏二极管组成，可以排列成线性阵列和矩阵阵列，具有直接测量或者摄像的功能。

随着机器人技术的不断发展，更多传感器信息的融入，将不断推动机器人向着更加智能的方向发展。

本章小结

本章主要介绍了五种新型的传感器，光纤传感器、超声波传感器、微波传感器、激光传感器和机器人传感器。光纤传感器常用来测量液面高度；超声波传感器常用于探伤、测厚；微波传感器可用于障碍物检测；激光传感器可用于距离测量；机器人传感器常用于检测机器人内部、外部环境的信息。

习 题 9

9-1 光纤有什么特点，由哪些部分组成？

9-2 利用所学超声波传感器的知识，分析 B 超的工作原理。

9-3 简述微波炉的工作原理。

9-4 激光器分为哪几种类型？

9-5 机器人上通常配置什么类型的传感器？

第 10 章　传感器信号的处理

信号之间的转换即信号处理，通常存在自然界的物理量转换为电量、电量之间的转换、电量到物理量的转换三种情况。

在检测系统中，传感器将各种非电物理量信号转换为电信号，因为各种非电物理量的信号都非常微弱，同时也掺杂着其他的一些信号，因此这些信号就必须经过放大、滤波、干扰抑制、多路转换等信号检测和处理，然后将模拟信号的电压或电流送入 A/D 转换器，转换成数字信号后提供给计算机。当传感器与不同的系统连接时，就需要符合该系统的要求，因此需要对传感器的信号进行转换。

10.1　调制与解调

10.1.1　调制与解调的概念

1．调制的概念

调制就是在被测信号上叠加一个高频信号，将它从低频区推移到高频区，以提高电路的抗干扰能力和信号的信噪比。

通常以一个高频正弦信号或脉冲信号作为载体，该信号被称为载波信号。用来改变载波信号的某一参数，如幅值、频率、相位的信号被称为调制信号。经过调制的载波信号称为已调信号，一般都便于放大和传输。

在信号调制中通常采用高频正弦信号作为载波信号。正弦信号的三要素为幅值、频率和相位，对这三个参数分别进行调制，称为调幅、调频和调相，其调制波形分别称为调幅波、调频波和调相波。如图 10-1 所示是其中两种典型的调制波形。

调制的过程包含以下三种：

① 高频振荡的幅度受缓变信号控制时，称为调幅，以 AM 表示。

② 高频振荡的频率受缓变信号控制时，称为调频，以 FM 表示。

③ 高频振荡的相位受缓变信号控制时，称为调相，以 PM 表示。

2．解调的概念

从已经调制的信号中提取出反映被测量值的测量信号，这一过程称为解调。解调就是从已被放大和传输的，并且有原来信号信息的高频信号中，把原来信号取出的过程，即解调就是为了恢复原来的信号。

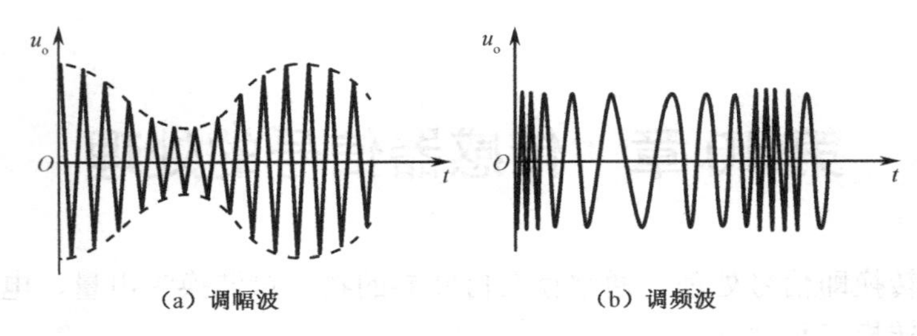

图 10-1　典型的调制波形

10.1.2　幅值调制与幅值解调

1．幅值调制

幅值调制简称为调幅，是指将载波信号（简谐信号）与调制信号（测试信号）相乘，使载波信号随着调制信号的变化而相应变化，如图 10-2 所示。

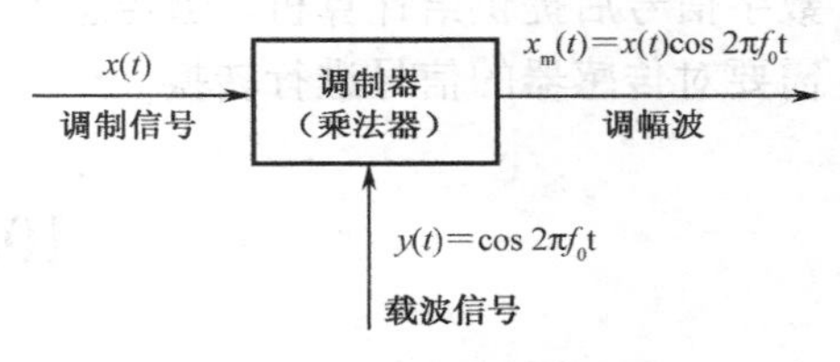

图 10-2　调幅的原理图

2．幅值解调

从已调信号中检出调制信号的过程称为幅值解调或检波，其目的是为了恢复被调制的信号。常见的检波方法有包络检波和相敏检波。

如图 10-3 所示，在调制信号 $x(t)$ 上叠加一个偏置电压，当电压足够大时，偏置后的信号都具有正向电压，此时调幅信号的包络线具有原调制信号的形状，如图 10-3（a）所示；如果所加电压不够大，那么偏置后的信号不全是正向电压，此时无法恢复原调制信号，如图 10-3（b）所示。

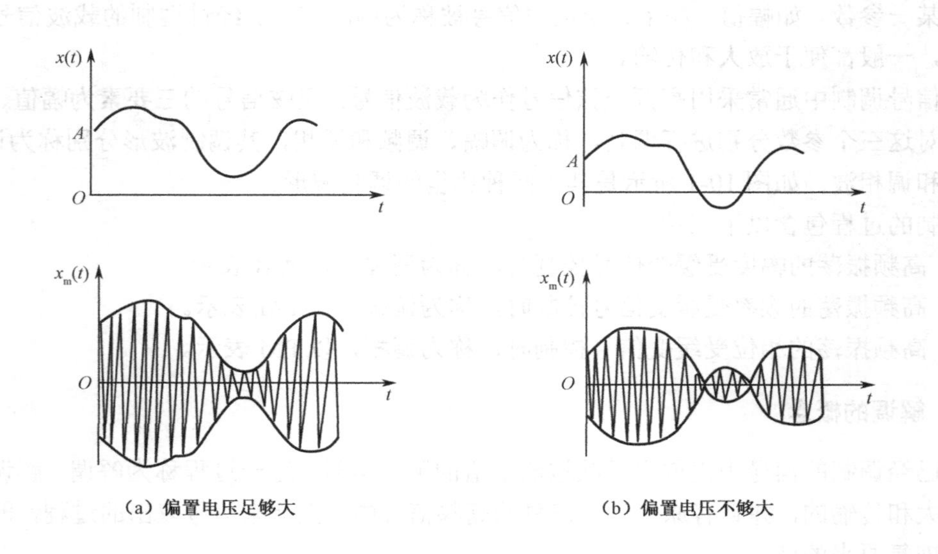

图 10-3　调制信号叠加偏置后的调幅信号

（1）包络检波

如图 10-4 所示，包络检波是对调幅信号进行解调的一种方法，其原理是利用二极管的单向导电性，截去调幅信号的下半部，再利用滤波器滤除高频成分，从而得到按调幅信号包络线变化的调制信号。

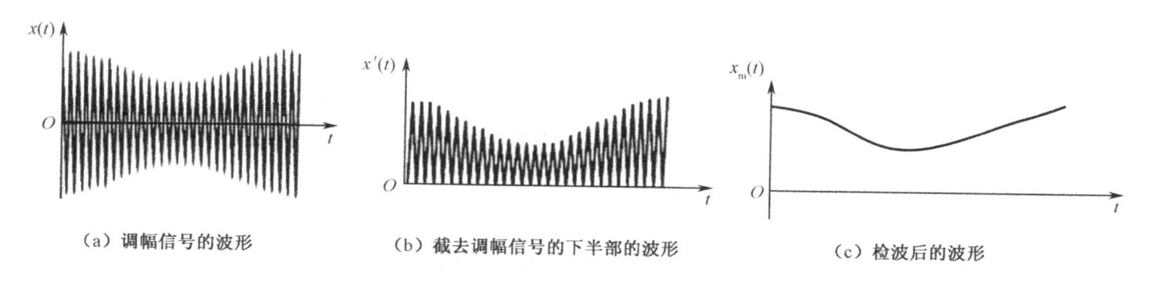

（a）调幅信号的波形　　（b）截去调幅信号的下半部的波形　　（c）检波后的波形

图 10-4　包络检波过程

如图 10-5 所示为利用二极管进行整流的包络检波电路，调幅信号 u_s 如图 10-4（a）所示，那么经过二极管 VD 整流后的波形如图 10-4（b）所示，经过电容 C 滤波后的检波信号 u_o 如图 10-4（c）所示。

如图 10-6 所示为利用晶体管进行整流的包络检波电路。晶体管 VT 在调幅信号 u_s 的半个周期内导通，使电流 i_c 对电容 C 充电；晶体管 VT 在调幅信号 u_s 的另半个周期截止，此时电容 C 向 R_L 放电，流过 R_L 的平均电流只有 $i_c/2$，因此获得的是平均值检波信号。虽然平均值检波信号导致波形减小一半，但晶体管有放大作用，导致 u_o' 比 u_s 要大得多，因此平均值检波信号具有较强的承载能力。

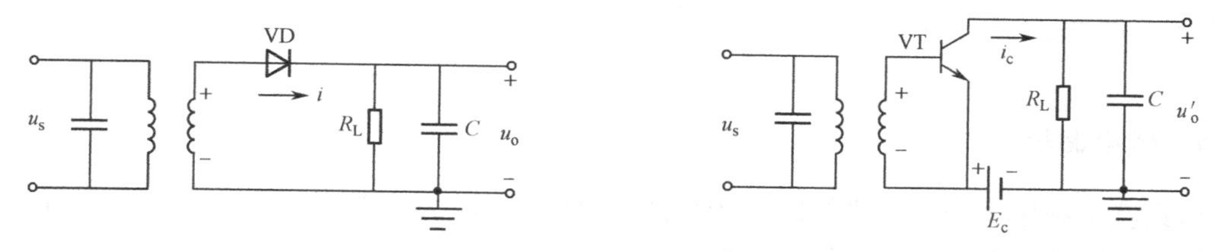

图 10-5　采用二极管作为整流元件的包络检波电路　　图 10-6　采用晶体管作为整流元件的包络检波电路

（2）相敏检波

相敏检波是将调幅信号的波形还原成原调制信号波形的一种方法，常与滤波器配合使用。当采用相敏检波时，原信号不必叠加偏置。调制信号过零线时符号（+、−）发生突变，与载波信号相比调幅信号的相位同样发生 180° 的相位跳变，因此将载波信号和原调制信号进行比较，既可以反映原调制信号的幅值，又可以反映其极性。

如图 10-7 所示，相敏检波电路采用电桥作为整流元件，每个桥臂上的二极管具有单向导电性，将电路输出极性换向，相当于将图 10-8 中 Oa 段的调幅信号 $x_m(t)$ 的负半周翻上去，将 ab 段的正半周翻下来，调制信号 $x(t)$ 的波形就是在负载 R_L 上的负载检测信号 u_L 经过翻转后信号的包络波形。

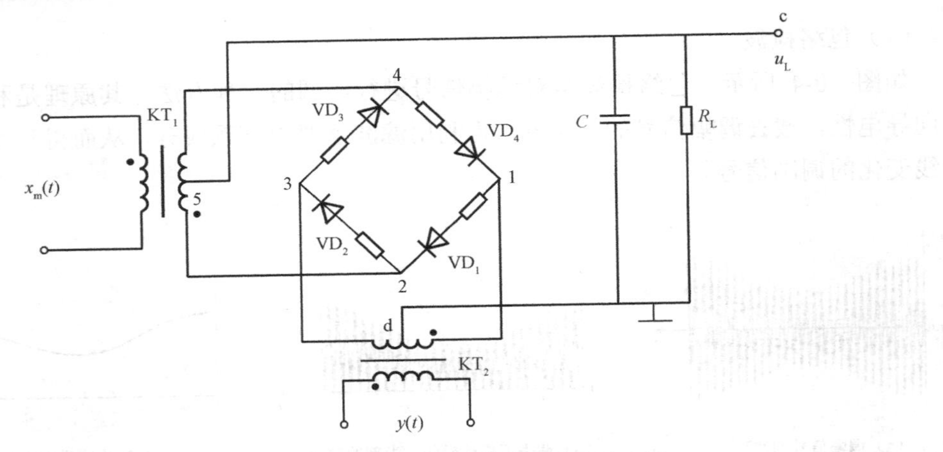

图 10-7 采用电桥作为整流元件的相敏检波电路

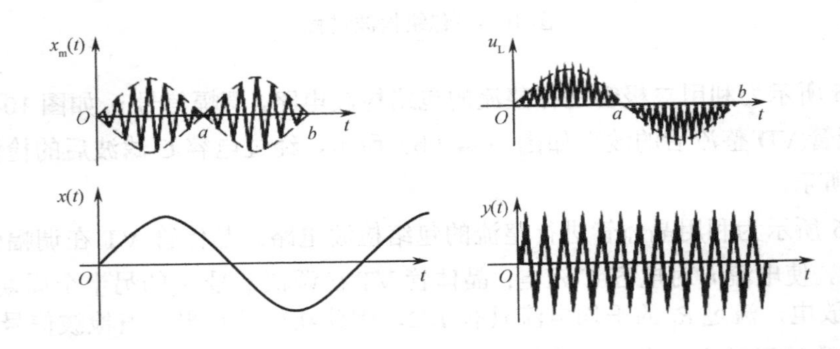

图 10-8 相敏检波的过程

10.1.3 频率调制与频率解调

1．频率调制

调频就是利用调制信号去控制高频载波信号的频率。常用的调频方法是线性调频，即让调频信号的频率随调制信号按线性规律变化。

当调制信号的电压为正时，调频信号频率增大；调制信号的电压为零时，调频信号的频率为中心频率；当调制信号的电压为负时，调频信号的频率减小。调频信号瞬时频率为

$$f(t)=f_0+\Delta f \tag{10-1}$$

式中，f_0 为中心频率或称为载波信号的频率；Δf 为调制信号频率的偏移量，且与调制信号 $x(t)$ 的幅值成正比。

设调制信号为 $x(t)=X_0\cos 2\pi f_m t$，载波信号为 $y(t)=Y_0\cos(2\pi f_0 t+\varphi)$，则瞬时频率 $f(t)$ 围绕 f_0 随着调制信号的电压线性变化，即

$$f(t)=f_0+k_f X_0\cos 2\pi f_m t = f_0+\Delta f_f\cos 2\pi f_m t \tag{10-2}$$

式中，Δf_f 是由调制信号的幅值 X_0 决定的频率的偏移量（Hz），$\Delta f_f=k_f X_0$，k_f 为比例常数，

其大小由具体的调频电路决定。频率的偏移量与调制信号的幅值成正比，与调制信号的频率无关。

常用的调频方法有直接调频法、电参数调频法和电压调频法等。

（1）直接调频法

直接调频法是利用被测参数的变化直接引起传感器输出信号频率的改变。如图 10-9 所示，振弦 3 在外加激励的作用下按照固有频率 ω_c 在磁场 2 中振动，产生的感应电动势是受外力 F_T 调制的调频信号。将被测参数的变化直接变换为振荡频率变化的电路称为直接调频式测量转换电路。

（2）电参数调频法

如图 10-10 所示，将被测参数的变化转化为传感器的线圈、电容和电阻的变化，传感器线圈、电容、电阻接在振荡回路中，被测参数发生变化时就会引起振荡器振荡频率的变化，从而输出调频信号。

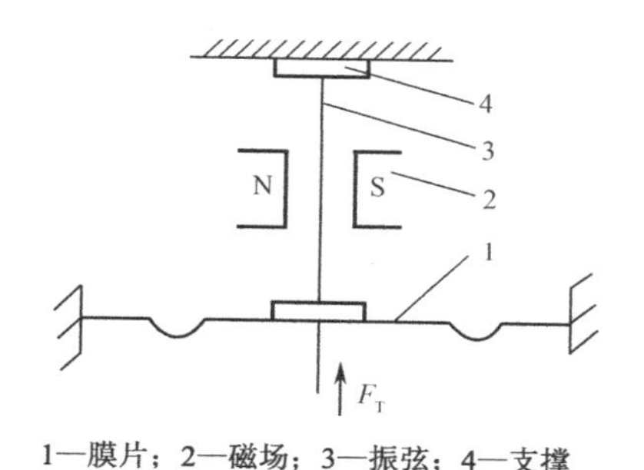

1—膜片；2—磁场；3—振弦；4—支撑

图 10-9　振弦式传感器的原理图

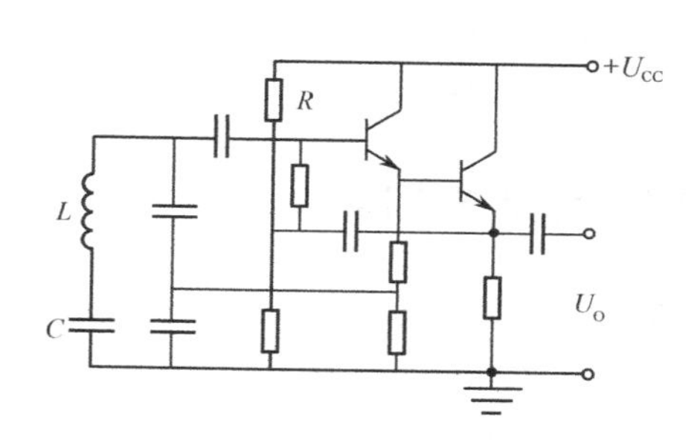

图 10-10　电参数调频电路

（3）电压调频法

电压调频法是利用电压变化来控制振荡回路中传感器的线圈、电容和电阻的变化，从而使振荡频率得到调制。常用的调频元件有变容二极管、晶体管、场效应管等。这种调频法常用于遥测仪器中。

2. 频率解调

频率解调又称为鉴频，指从调频信号中检测出反映被测参数变化的调制信号。调频信号的解调由鉴频器完成，通常由线性变换部分与幅值检波部分构成。

如图 10-11 所示，谐振回路鉴频电路采用变压器耦合的类型，线圈 L_1、L_2 为变压器的一次、二次线圈，与 C_1、C_2 组成并联谐振回路。u_f 为输入的调频信号，当该信号在谐振回路的谐振频率 f_n 处时，线圈 L_1、L_2 的耦合电流最大，二次侧输出电压 u_a 最大；而当该信号远离谐振频率 f_n 时，线圈 L_1、L_2 的耦合电流减小，二次侧输出电压 u_a 减小，这样就可以利用调频信号频率的变化控制电压幅值的变化。

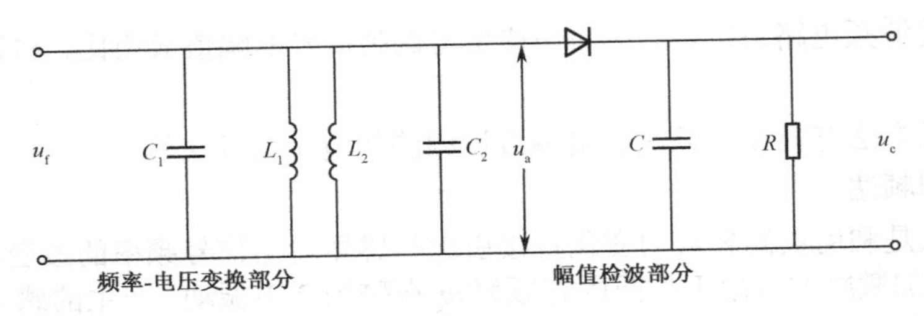

图 10-11　采用变压器耦合的谐振回路鉴频法

10.2　信号的放大

传感器的输出通常为微弱信号，将此信号精确地放大到需要的统一标准信号（直流 1～5 V 或 4～20mA），同时达到需要的技术指标，称为信号的放大。在实际测试中所遇到的通常是低频信号，因此常采用放大器集成芯片来设计放大电路。

10.2.1　比例放大器

最基本的集成运算放大器是反向放大器和同向放大器，在这两个放大器的基础上可以组合演变出更多的功能电路。

（1）反相比例放大器

如图 10-12 所示为简单的反向比例放大器的电路图，在理想运放的情况下，该电路的闭环增益表达式为

$$A_f = -\frac{R_f}{R_r} \tag{10-3}$$

（2）同相比例放大器

同相比例放大器的电路图如图 10-13 所示，在理想运放情况下，其闭环增益的表达式为

$$A_f = 1 + \frac{R_f}{R_r} \tag{10-4}$$

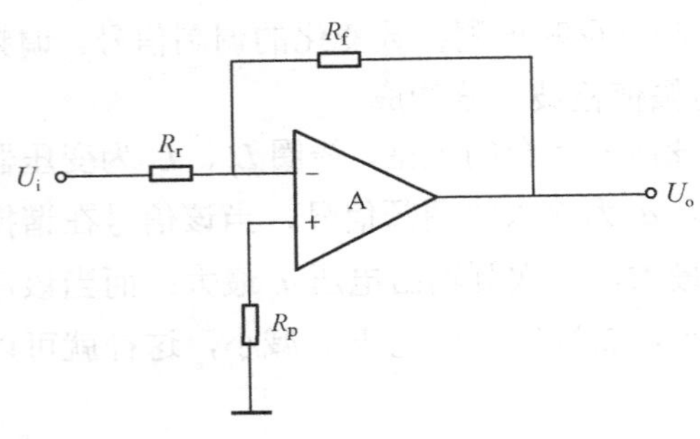

图 10-12　简单的反相比例放大器的电路图

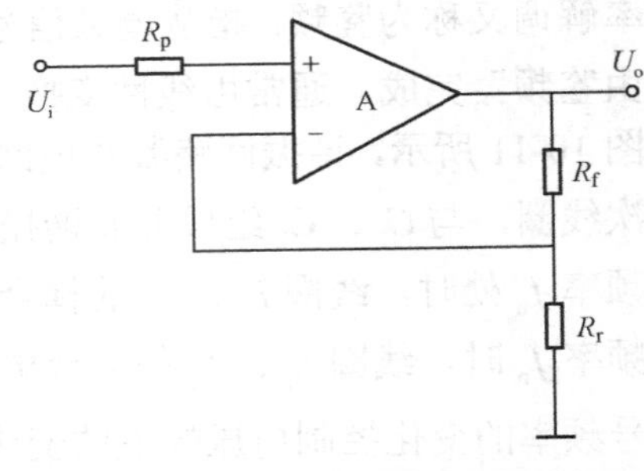

图 10-13　同相比例放大器的电路图

（3）差动比例放大器

差动比例放大器的优点是能抑制共模信号，抗干扰能力强，其电路图如图 10-14 所示，在 $R_1 = R_3 = R_r$、$R_2 = R_4 = R_f$ 的情况下，由理想运放的特性得到差模增益的表达式为

$$A_f = \frac{R_f}{R_r} \tag{10-5}$$

10.2.2 电桥放大器

电桥放大器是测试非电量时普遍使用的放大电路，如电阻式传感器、电容式传感器、电感式传感器都是利用电桥电路将被测量转换为电压、电流信号，再利用放大器放大。

（1）电源接地式电桥放大器

如图 10-15 所示为电源接地式电桥放大器的电路图。图中电桥电源与放大器有共同的接地点，电阻传感器 $R(1+\delta)$ 接入电桥的一臂。

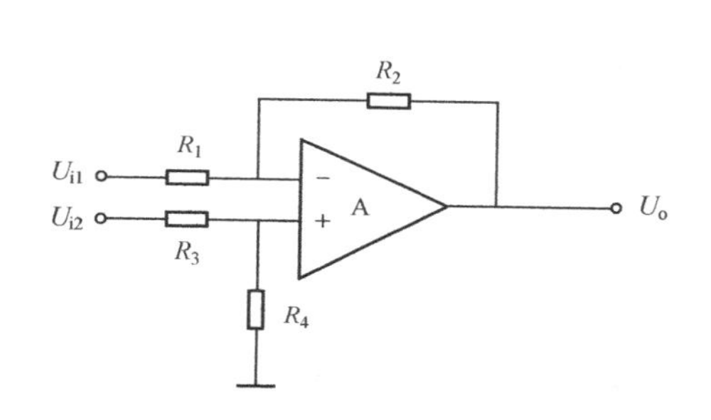

图 10-14　差动比例放大器的电路图

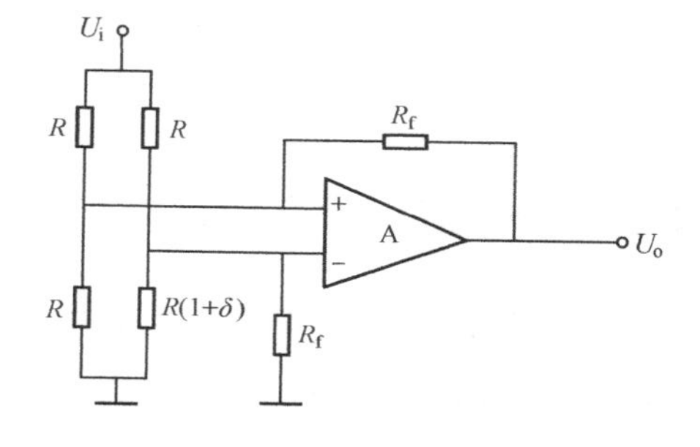

图 10-15　电源接地式电桥放大器的电路图

（2）电源浮地式电桥放大器

如图 10-16 所示为电源浮地式电桥放大器的电路图。由于电源和运算放大器不共用一个接地点，因而电桥的灵敏度不受桥臂电阻的影响。

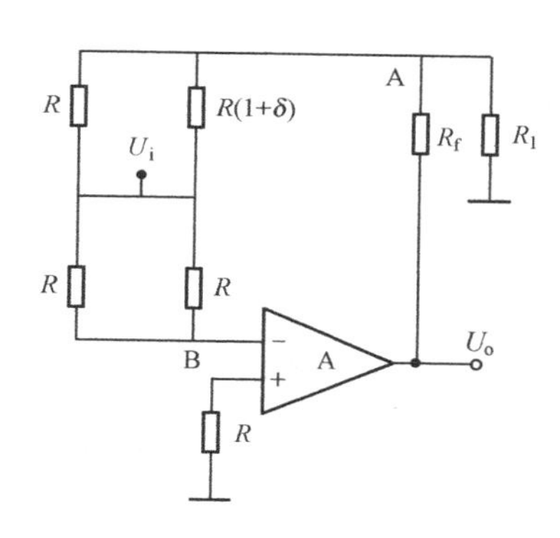

（a）电桥放大器同相端接地

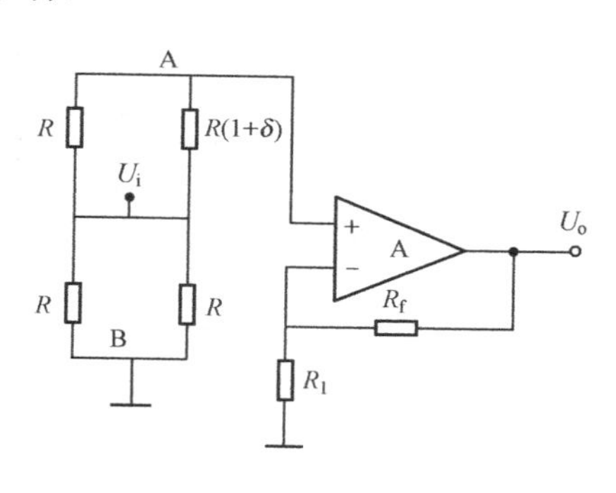

（b）电桥运算放大器反相端接地

图 10-16　电源浮地式电桥放大器的电路图

10.2.3 线性放大器

如图 10-17 所示，线性放大器的电路图是在电桥放大器的基础上加入了负反馈技术，实际上是在图 10-14 的基础上增加了一级求和电路 A_2 和一级反相电路 A_3，其电路形成的线性放大器的非线性偏差很小，可保持在 0.1%以内，常用于精度要求较高的测量电路中。

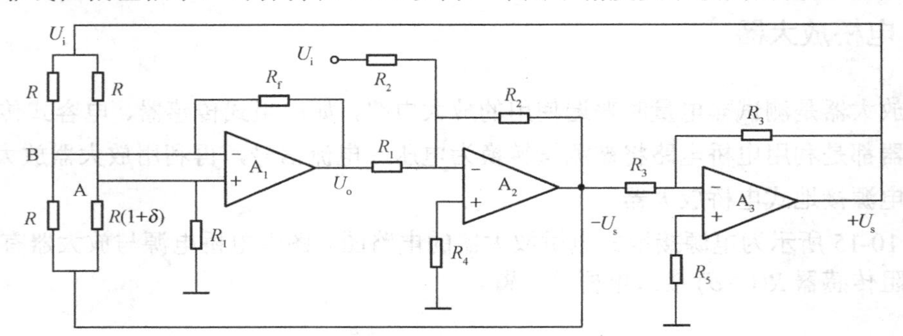

图 10-17 线性放大器的电路图

10.2.4 交流电压同相放大器

如果需要放大的是交流信号，可采用图 10-18 所示的电路，电容 C_1、C_2 和 C_3 为隔直电容，该集成运放交流电压同相放大器无直流增益，其交流电压放大倍数为

$$A_f = 1+\frac{R_f}{R_1} \tag{10-6}$$

图中电阻 R_1 接地是为了保证输入为零时，输出电压也为零，该电阻一般取几十千欧。该电路只放大交流信号，输出信号受运算放大器本身的失调影响较小，需要调零。

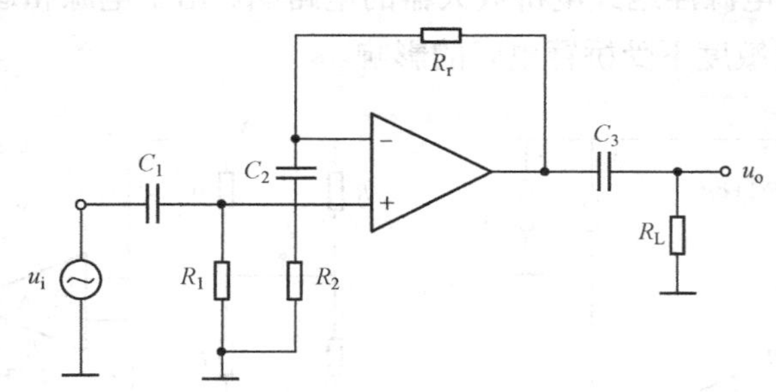

图 10-18 集成运放交流电压同相放大器的电路图

10.2.5 测量放大器

精密测量和控制系统中，传感器输出的信号需要按一定的倍数精确放大。由于传感器的输出信号都比较微弱，因此要求放大电路具备大共模抑制比、高输入电阻、放大倍数在大范

围内可调、误差小、稳定好等特点，这样的电路称为测量放大电路，也称为精密放大电路。如图 10-19 所示为三运放结构的测量放大电路，其中电阻均采用精密电阻。

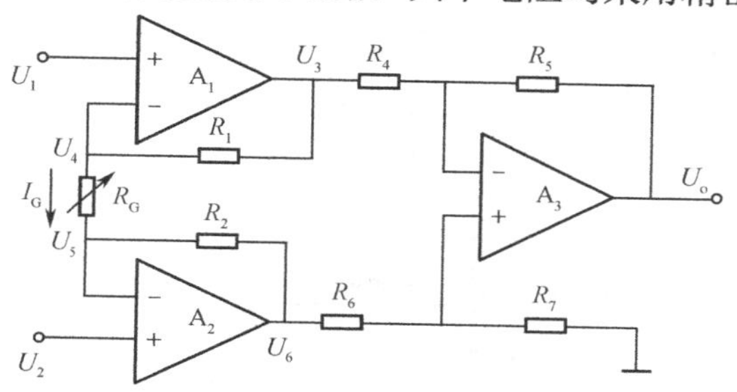

图 10-19　三运放结构的测量放大电路

测量放大器应具有以下特点：

① 测量放大器是一种带有精密差动电压增益的元件；

② 测量放大器具有高输入电阻、低输出电阻；

③ 测量放大器具有较强的抗共模干扰能力、低温漂、低失调电压和高稳定增益等特点；

④ 测量放大器在检测微弱信号的系统中被广泛用于前置放大器。

10.2.6　隔离放大器

隔离放大器是由隔离放大电路组成的，属于特殊的测量放大电路，其输入回路与输出回路之间是电绝缘的，没有直接的电耦合。

在隔离放大器中信号的耦合方式主要有两种：一种通过光电耦合，称为光电耦合隔离放大器，如图 10-20 所示；另一种通过电磁耦合，即经过变压器传递信号，称为变压器耦合隔离放大器，如图 10-21 所示。

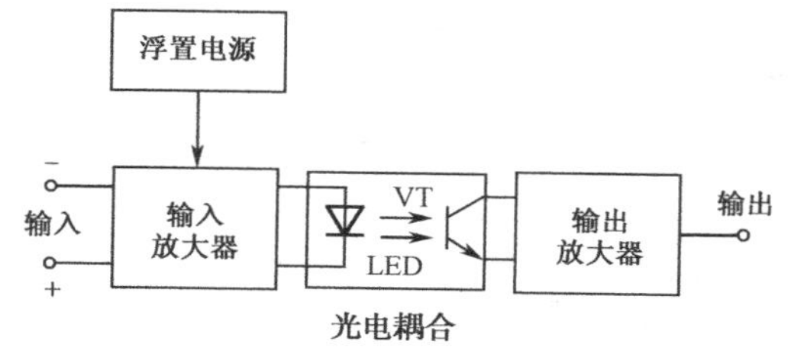

图 10-20　光电耦合隔离放大器的原理图

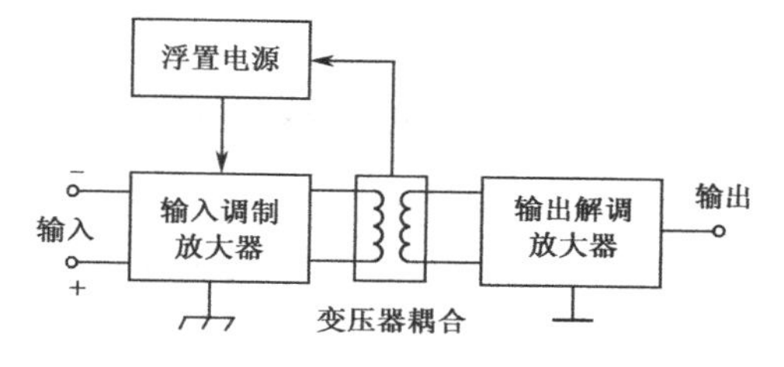

图 10-21　变压器耦合隔离放大器的原理图

隔离放大器具有很强的共模抑制能力，同时可以承受上千伏的共模电压，一般应用于共模电压很高的信号回路。

10.3　信号在传输过程中的转换技术

在工业生产、生活中，信号处理广泛使用的是计算机。由于计算机处理的对象都是数字信号，要使计算机能够识别和处理模拟信号，必须先把模拟信号转化为数字信号，然后计算机才能对其分析处理，再将其转化为模拟信号，便于执行机构执行命令。能够转换信号的A/D转换电路和D/A转换电路就成为计算机系统中不可缺少的组成部分。

随着大规模集成电路的发展，各种A/D转换电路和D/A转换电路的芯片被广泛使用。如图10-22所示为典型的数字控制系统框图。

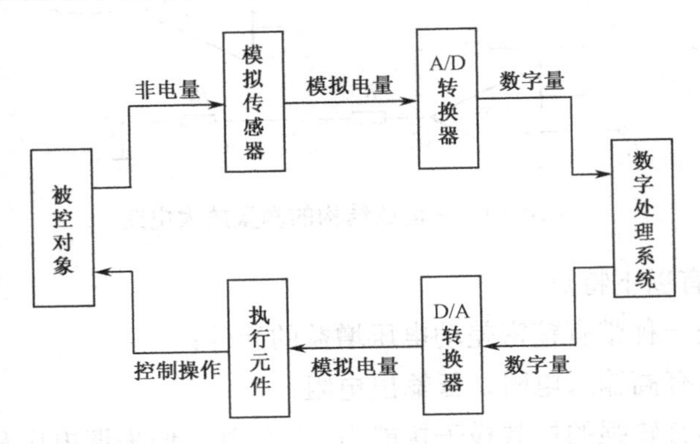

图10-22　典型的数字控制系统框图

10.3.1　A/D转换器

1．A/D转换的概念

模拟信号到数字信号的转换称为A/D转换。将模拟信号转换成数字信号的元件称为A/D转换器，简称为ADC。如图10-23所示为A/D转换的数据处理过程。

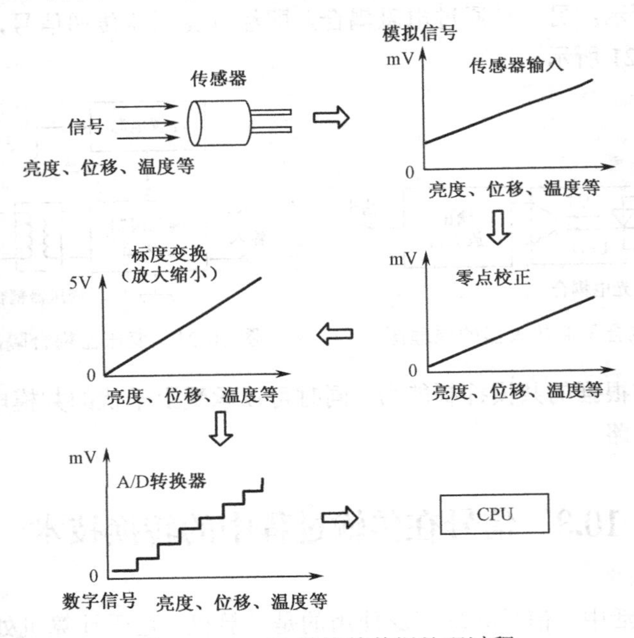

图10-23　A/D转换的数据处理过程

2．A/D 转换的原理

通常 A/D 转换过程是通过采样、保持、量化和编码这四个步骤完成的，如图 10-24 所示。A/D 转换的波形变化如图 10-25 所示。

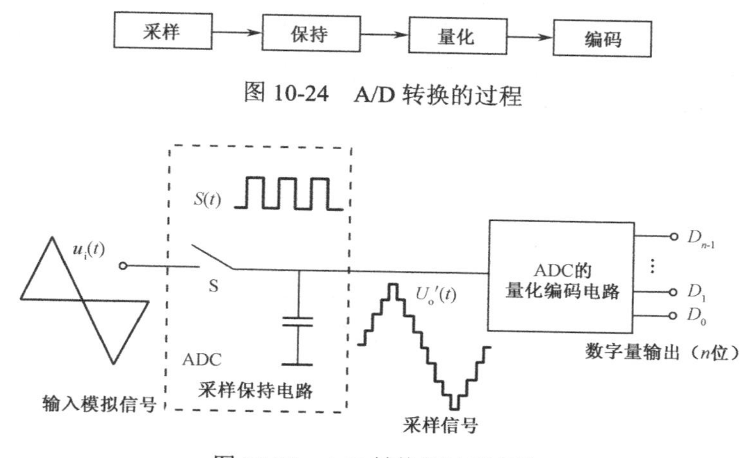

图 10-24　A/D 转换的过程

图 10-25　A/D 转换的波形变化

3．A/D 转换器的主要技术指标

目前使用的集成化的 A/D 转换器类型很多，性能指标也各有不同，通常有以下几个参数：

（1）分辨率。由输出的二进制数码的位数表示。位数越多，量化分层越细，量化误差越小，分辨率越高。

（2）精度。精度是模拟误差和数字误差的和，模拟误差是由比较器的直流转化的变化造成的，数字误差是由量化误差造成的。

（3）转换速度。由表示完成一次转换所需要的时间表示。转换时间越短，转换速度就越高。

（4）输入模拟电压范围。通常单级性工作时，范围是 0～5V 或 0～10V，双极性输入时为-5～+5V。

10.3.2　D/A 转换器

1．D/A 转换的概念

数字信号到模拟信号的转换称为 D/A 转换。将数字信号转换成模拟信号的元件称为 D/A 转换器，简称 DAC。

2．D/A 转换的原理

把输入数字量中的每位都按其权值分别转换成模拟量，并通过运算放大器求和相加。

$$u_o = \frac{U_{REF}}{2^n} \times D \qquad (10\text{-}7)$$

式中，U_{REF} 为参考电压（V）；u_o 为输出模拟量（V）；D 为数字量。

数字量是用代码按数位组合起来表示的，对于有权码，每位代码都有一定的权。为了将数字量转换成模拟量，必须将每 1 位的代码按其权的大小转换成相应的模拟量，然后将这些模拟量相加，即可得到与数字量成正比的总模拟量，从而实现了数字量到模拟量的转换。

如图 10-26 所示是输入为 3 位二进制数时 D/A 转换器的转换特性，其具体而形象地反映了 D/A 转换器的基本功能。

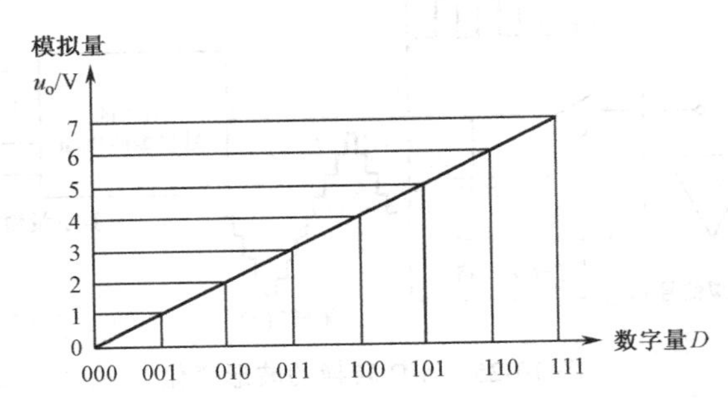

图 10-26　输入为 3 位二进制数时 D/A 转换器的转换特性

3．D/A 转换器的主要技术指标

（1）分辨率。指 D/A 转换器模拟输出电压可能被分离的等级。输入数字量位数越多，输出电压可能被分离的等级就会越多，即分辨率越高。在实际中，通常用输入数字量的位数表示 D/A 转换器的分辨率。

（2）转换误差。转换误差来源很多，如 D/A 转换器的元件参数值误差、基准电源不稳引起的误差、运算放大器零漂引起的误差等，都会造成转换误差。

（3）转换速度。指 D/A 转换器转换的快慢，通常由建立时间和转换速率两个因素决定。建立时间是指输入数字量变化时，输出电压变化到稳定电压所需的时间，通常指输入的数字量由全 0 变为全 1 时，输出电压达到规定电压所需的时间。

（4）温度系数。在输入不变的情况下，输出模拟电压随着温度变化产生的变化量。温度系数通常用满刻度输出条件下温度每升高 1℃输出电压变化的百分比表示。

10.4　信号的非线性校正

在实际应用的自动检测系统中，利用检测元件将被检测量转换成电量时，被检测量与大部分检测元件的输出电量不呈线性关系，导致非线性输出。导致非线性输出的原因很多，常见的有：

① 检测元件变换原理导致的非线性；

② 测量转换电路导致的非线性。

线性与非线性都是相对而言的，近似线性关系的测量转换电路具有一定的局限性，随着测量系统要求的提高，非线性问题就不能忽视。解决此类问题主要有以下三种方法：

① 缩小测量范围，取近似值；

② 采用非线性指示刻度；

③ 加非线性校正环节。

现在普遍使用数字显示装置，同时测量系统对测量精度及范围要求越来越高，非线性校正技术将会被广泛使用。

10.4.1　校正曲线的求取

传感器及测量系统的非线性误差，也称为线性度，是实际特性曲线与拟合直线偏离的程度。拟合直线是利用数学方法，依据实验数据得到的直线。

校正曲线的求取方法是在已知转换器输出特性的情况下，求出相应的校正特性。简单的办法是先把校正环节的电压增益看作一个电压 1，在已知的非线性特性的最大值和最小值之间连一条直线，然后以此直线为对称轴，作非线性特性的镜像，此镜像就是所需的校正特性。

如图 10-27 所示为校正特性的求取方法示意图，图中特性①是已知的测量转换器的特性，根据 x_m 得到对应的 A_m 点，然后作直线②，再作特性①相对于直线②的镜像，得到所需的校正特性③，即 $y=f_1(x)$。为了避免在作图过程中校正特性③进入第二或第四象限，作特性①时应适当选择 x、y 坐标的比例尺。校正环节的电压增益可以在求得校正曲线后再考虑。

10.4.2　模拟量的非线性校正

如图 10-28 所示为校正特性的折线逼近法，首先根据传感器的非线性特性，作出校正特性曲线，然后将校正曲线 $y=f_1(x)$ 用连续的有限的折线来代替，再根据各转折点 x_i 和各段折线的斜率来设计校正电路，设计校正电路需要有非线性元件或者利用某元件的非线性区域。

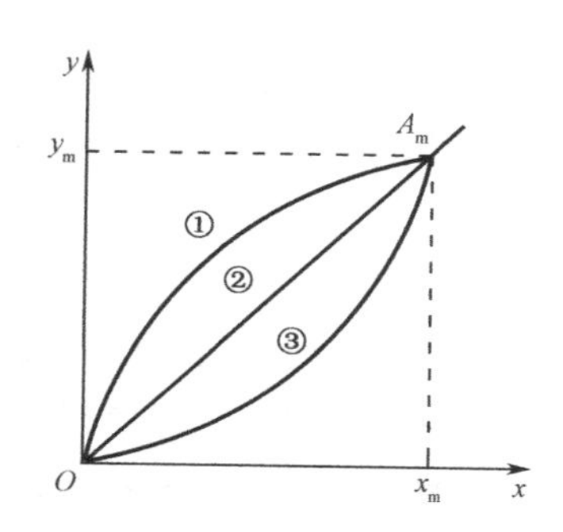

图 10-27　校正特性的求取方法

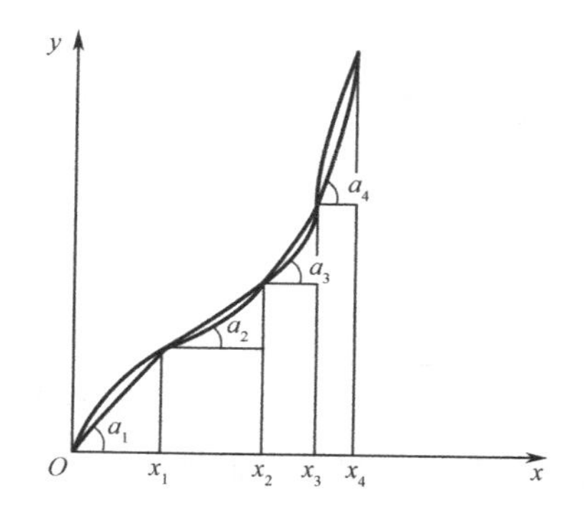

图 10-28　校正特性的折线逼近法

如图 10-29 所示为可以提升模拟量校正特性的校正电路。此电路主要由反相放大器构成，当 VD_1、VD_2 不导通时，闭环放大器 A 是一个负反馈放大器，当输入电压 u_i 增大时，输出电压 u_o 的反馈就会增大，使 VD_1 导通，电路进入正反馈，输出结果使放大倍数提高。当 VD_2 导通时，正反馈作用进一步加强，放大倍数进一步提高。如图 10-30 所示为该电路的提升折线逼近特性曲线。

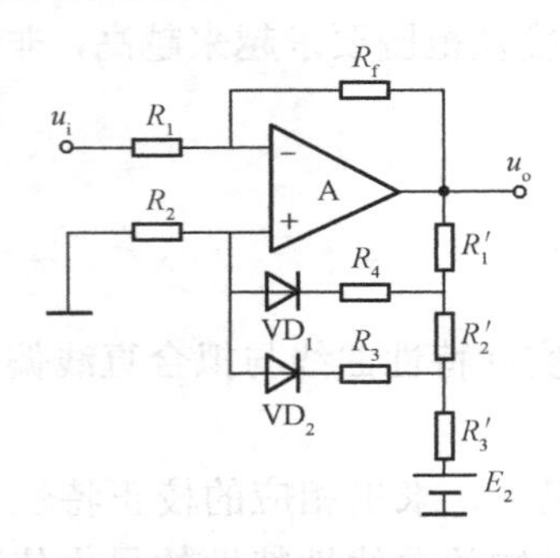

图 10-29　提升模拟量校正特性的校正电路

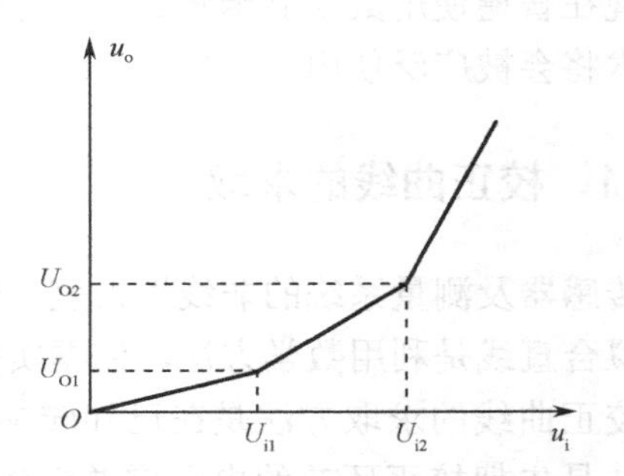

图 10-30　提升折线逼近特性曲线

10.4.3　数字量的非线性校正

计算机技术的发展为处理数据提供了高速快捷的方法，利用软件进行传感器特性的非线性补偿具有如下优点：

① 省去了复杂的补偿硬件电路，简化了装置；

② 可以发挥计算机的智能作用，提高了检测的准确性和精度；

③ 适当改变软件内容就可对不同的传感器特性进行补偿，也可利用一台计算机对多个通道、多个参数进行补偿。

利用软件对传感器的非线性进行线性校正需要做以下两方面工作：

① 大部分传感器输出的是模拟量或者频率，因此首先要将模拟信号数字化；

② 将数据表格存储在内存中，通过计算机对数据进行处理，实现特性曲线线性化。

采用软件实现数据线性化，一般可分为计算法、查表法和插值法。

（1）计算法

当传感器的输入量与输出量之间存在确定的数学表达式时，就可利用计算法进行非线性补偿。即在软件中编制一段完整数学表达式的计算程序，被测量经过采样、滤波和变换后，直接进入计算程序进行计算，计算后的数值再经过线性化处理后输出。

（2）查表法

查表法是把测量范围内被测量的变化分成若干等分点，然后由小到大顺序计算或测量出每一个等分点相对应的输出数值，这些等分点和其对应的输出数据就组成一张表格，将此数据表格存放在计算机的存储器中。软件处理方法就是编制一段查表程序，当被测量经采样、A/D 转换以后，通过查表程序，就可直接从表中查出其对应的输出量的数值。

（3）插值法

插值法是利用一段简单的曲线，近似代替该区间里的实际曲线，然后通过近似曲线公式计算出需要的输出量。当使用不同的近似曲线时，就会形成不同的插值方法。在仪表及传感器线性化中常用的插值法有线性插值法（又称为折线法）和二次插值法（又称为抛物线法）。

10.5　干扰抑制技术

在利用传感器进行检测时，检测环境复杂多变，不同类型的干扰会利用各种途径进入检测系统，这些干扰会影响测量精度，如果干扰严重就会导致检测系统无法正常工作。因此，在设计检测装置时就应该考虑抗干扰措施，安装检测装置时要确保消除各种干扰，以保证检测装置的测量精度。

10.5.1　干扰的产生

1．干扰

影响检测系统正常工作的各种内部和外部因素的总和称为干扰，有时也称干扰为噪声。形成干扰的三个必要条件是干扰源、受干扰体和干扰传播途径，如图 10-31 所示。

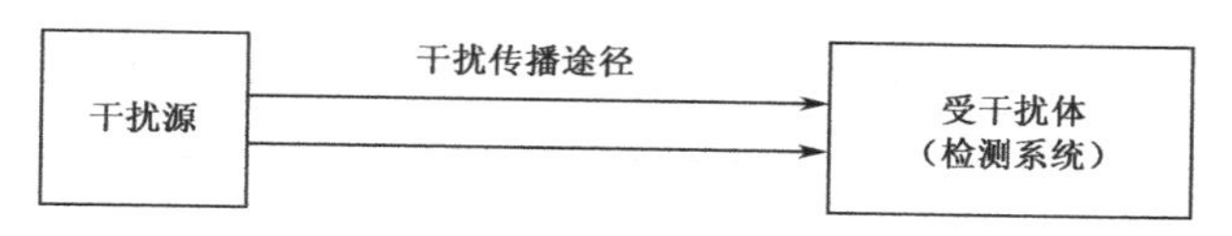

图 10-31　干扰形成的示意图

传感器在实际应用中常会遇到以下几种干扰现象：

① 传感器发送指令时，电动机无规则的转动；

② 传感器无信号时，显示传感器控制功能的数字显示表数值不稳定跳变；

③ 传感器工作时，输出值与实际参数所对应的信号值不相符，且误差值是随机、无规律的；

④ 当被测参数处于稳定状态时，传感器输出的数值与被测参数所对应的信号数值的差值为一个稳定或呈周期性变化的值；

⑤ 传感器与交流伺服系统共用同一电源的设备（如显示器等）时工作不正常。

2．噪声

噪声对检测装置的影响必须与该系统的有用信号共同分析时才有意义。

衡量噪声对有用信号的影响常用信噪比（S/N）来表示，它是指在信号通道中，有用信号功率 P_S 与噪声功率 P_N 之比，或有用信号电压 U_S 与噪声电压 U_N 之比。信噪比常用对数形式来表示，单位为 dB，即

$$S/N=10\lg(P_S/P_N)=20\lg(U_S/U_N)\ \text{(dB)}$$

例： 在扩音机输入端测得话筒输出的做报告者声音的平均电压为 50mV，50Hz 干扰“嗡嗡”声的电压为 0.5mV，求信噪比。

解： S/N=20 lg (50/0.5) dB =40dB

在测量过程中应尽量提高信噪比，以减少噪声对测量结果的影响。

3．干扰与噪声的关系

（1）噪声是绝对的，它的产生或存在不受接收者的影响，与有用信号无关。干扰是相对有用信号而言的，只有噪声达到一定数值，与有用信号一起进入智能仪器并影响正常工作才能形成干扰。

（2）噪声与干扰互为因果关系，噪声是干扰之因，干扰是噪声之果，它们之间是一个从量变到质变的过程。

（3）干扰在满足一定条件时，可以消除。噪声在一般情况下难以消除，只能减弱。

10.5.2 干扰的来源

如图 10-32 所示为常见干扰的类型。

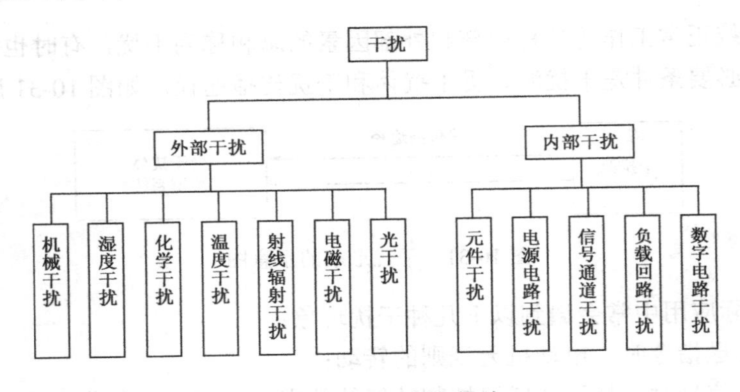

图 10-32 干扰的类型

1．外部干扰

（1）机械干扰

机械干扰是指在机械振动或冲击的作用下导致电子检测装置中的元件发生振动、系统的电气参数发生变化，系统出现了可逆或不可逆的影响。为了消除机械干扰，可采用减振垫圈、橡胶垫脚、减振弹簧、吸振橡胶海绵垫来降低系统的谐振频率，吸收振动能量，从而减小系统的振幅，达到消除机械干扰的目的。如图 10-33 所示为常用的减振元件。

（2）湿度与化学干扰

当环境的相对湿度增加时，物体表面就会附着一层水膜，同时会渗入到材料内部，降低了材料的绝缘强度，造成漏电、击穿和短路等现象；潮湿也会加快金属材料的腐蚀速度，并产生原电池电化学干扰电压；在高温环境下，潮湿会促进霉菌生长，引起有机材料的霉烂。

（1）减振垫圈

（2）橡胶垫脚

（3）减振弹簧

（4）吸振橡胶（海绵）垫

图 10-33　常用的减振元件

某些化学物品，如酸、碱、盐、各种腐蚀性气体，以及沿海地区由海风带到岸上的盐雾也会造成与潮湿类似的漏电腐蚀现象，遇到这种情况就必须采取以下措施来加以保护：浸漆、密封、定期通电加热驱潮等。如图 10-34 所示为用绝缘漆保护的控制变压器。

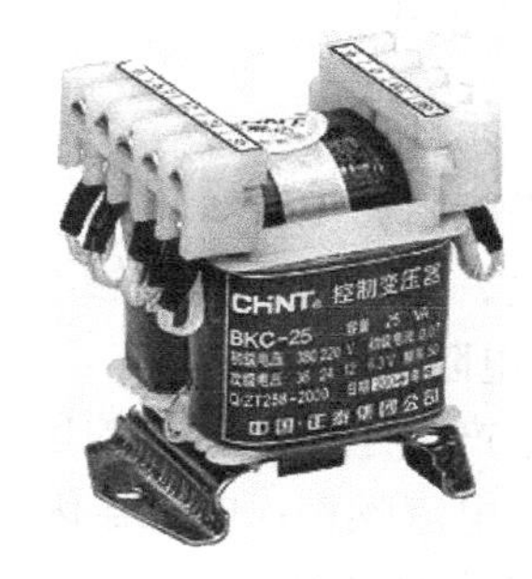

图 10-34　用绝缘漆保护的控制变压器

（3）温度干扰

温度是表征物体冷热程度的物理量。热量（温度波动及不均匀的温度场）对检测装置的干扰主要体现在以下几个方面：元件参数的变化（温漂）和接触热电动势干扰。如果元件长期处于高温工作状态，将会引起寿命和耐压等级降低。克服温度干扰的防护措施有：

① 选用低温漂元件，采取软、硬件温度补偿措施；

② 选用低功耗、低发热元件；

③ 提高元件规格余量；

④ 仪器的前置输入级远离发热元件；

⑤ 加强散热，采用热屏蔽。

（4）射线辐射干扰

检测系统所在的空间中存在射线，射线会导致气体电离、半导体激发出电子-空穴对、金属逸出电子等现象，这些现象将会影响到检测系统的正常工作。

（5）电磁噪声干扰

电磁波是以直接辐射的形式传播到离噪声源很远的检测装置中。在工频输电线附近存在着强大的交变电场，在强电流输电线附近也存在干扰磁场，这些将对十分灵敏的检测装置造成干扰，由于其干扰源功率强大，要消除较为困难，必须采取多种措施来防护。

① 静电感应：又称为电容性耦合，就是两条支路或元件之间存在寄生电容时，一条支路上的电荷会通过寄生电容传递到另一条支路。

② 电磁感应：当电路之间存在互感时，一个电路的电流变化会通过耦合磁场传递到另一电路中，被称为电磁感应，如变压器、通电平行导线、线圈漏磁等。

③ 漏电流感应：电子线路内部的绝缘不良或传感器环境湿度大时，绝缘体绝缘电阻下降，导致漏电电流引起干扰，被称为漏电流感应。如果漏电流进入测量转换电路输入级，则后果比较严重。

（6）光干扰

在传感器中广泛采用各种半导体元件，半导体材料的特性是在光线的作用下会激发出电子-空穴对，导致半导体元件产生电势或引起其阻值的变化，从而影响检测系统正常工作。因此，半导体元件在使用时应封装在不透光的壳体内，对于具有光敏作用的元件，尤其应注意光的屏蔽问题。

2．内部干扰

（1）元件干扰

如果电阻、电容、电感、晶体管、变压器和集成电路等电路元件选择不当、材质不对、型号有误、焊接虚脱和接触不良时，就会成为电路中最易被忽视的干扰源。

① 电阻

电阻产生干扰的直接原因有电阻工作在额定功率的一半以上，产生热噪声；电阻材质较差，产生电流噪声；电位器因为触点移动产生的滑动噪声；电阻器在一定频率的交流信号下会呈现电感或电容特性。

② 电容

不同材质的电容在电路中会产生不同的干扰，根据电容自身特性，在电路中产生干扰的原因主要有：

- 选型错误。对用于低频电路、高频电路、滤波电路及用于退耦的电容，没有根据电路的要求合理选择所需要的型号。
- 忽视电容的精度。在大多数场合，对电容的电容值并不要求很精确，但是在振荡电路、时间型电路及音调控制电路中，电容的电容值需要非常精确。
- 忽视电容的等效电感。
- 忽略电容的使用环境温度和湿度。

③ 电感

电感产生干扰的主要原因是忽视了电感线圈的分布电容，这些分布电容经常出现在线匝之间、线圈与地之间、线圈与屏蔽壳之间及线圈中每层之间。

④ 信号连接器

信号连接器就是我们常说的插头、插座，也称为接插件，其产生干扰的原因主要有：

- 接触不良，增加了接触阻抗；
- 缺乏屏蔽手段，引入电磁干扰；
- 接插件相邻两引脚的分布电容过大；
- 接插件的插头与插座之间缺乏固定连接措施；
- 接插件的材质欠佳，造成接插件阻抗过大等。

（2）电源电路干扰

对于检测系统，电源电路是引入外界干扰到检测系统内部的主要环节。导致电源电路产生干扰的因素有：

① 供给该系统的供电线缆上可能有大功率电器的频繁启动、停机。

② 具有容抗或感抗负载的电器运行时对电网的能量回馈。

③ 通过变压器的初级、次级线圈之间的分布电容串入的电磁干扰等。

以上原因都可能使电源电路产生过压、欠压、浪涌、下陷及尖峰等现象。这些电压噪声都可以通过电源的内阻耦合到检测系统内部的电路中，将会对系统造成极大的危害。

（3）信号通道干扰

信号通道是指系统中各种信号流过的回路。在对检测系统进行设计时，信号通道的干扰是不可忽视的。

（4）负载回路干扰

电力电子器件如继电器、电磁阀等，对检测系统的干扰不可忽视。继电器与电磁阀都是开关型动作的执行元件，用于控制系统来完成相应的任务，其触点在断开时，会引起放电和电弧干扰；其触点在闭合时，由于触点的机械抖动，导致脉冲序列干扰。这些干扰如果不消除，就会导致元件的损坏。

晶闸管是电子器件中具有较强干扰性的器件，经常用于弱电控制强电的系统。应用晶闸管时所产生的干扰有：

① 晶闸管整流装置是电源的非线性负载，它使电源电流中含有许多高次谐波，使电源的端电压波形产生畸变，影响仪表的正常工作。

② 采用晶闸管进行相位控制会增加电源电流的无功分量，降低电源电压，使之在相位调节时出现电源电压波动。

③ 晶闸管作为大功率开关元件，在触发导通和关断时电流变化剧烈，使干扰通过电源线和空间传播，影响周围的仪表正常工作。

（5）数字电路干扰

数字电路通常处于导通或截止的工作状态，工作速率比较高，这样就会使供电电路产生高频浪涌电流，如果是高速采样与信道切换等高速开关状态电路，就会造成较大的干扰，严重时甚至会导致系统工作不正常。

10.5.3　电磁干扰概述

1．电磁干扰的概念

电磁干扰是指任何可能引起装置、设备或系统性能降低的电磁现象。它是干扰电缆信号并降低信号完好性的电子噪音，通常是由电磁辐射发生源（如马达和机器）产生的。如图 10-35 所示为常见的电磁干扰。

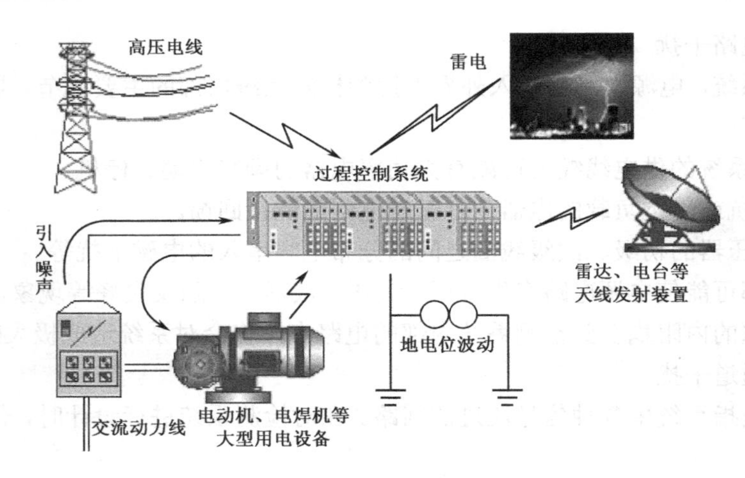

图 10-35　常见的电磁干扰

2. 电磁干扰的分类

（1）按电磁传播途径分类

按电磁传播途径，电磁干扰可分为传导干扰和辐射干扰。

① 传导干扰：指利用电路耦合的干扰类型，如导线传输、电容耦合和电感耦合。

② 辐射干扰：指利用空间传播的干扰类型。

（2）按电磁干扰的来源分类

按电磁干扰的来源，电磁干扰可分为自然界干扰和人为干扰。

① 自然界干扰：包括地球外层空间存在的宇宙射电噪声、太阳耀斑产生的辐射噪声及大气层中出现的天电噪声。

② 人为干扰：包括有意发射干扰和无意发射干扰两类。由于干扰的能量频谱主要集中在 30 MHz 以下，因而对检测系统的影响比较大。

（3）按信号的功能分类

按信号的功能分类，可分为功能性电磁干扰和非功能性电磁干扰。

① 功能性电磁干扰：指设备正常工作时产生的信号对其他设备造成的干扰。

② 非功能性电磁干扰：指系统无用的电磁泄漏产生的干扰。

（4）按场的性质分类

按场的性质可分为电场干扰和磁场干扰。

（5）按电磁干扰的特性分类

按电磁干扰的特性可分为频率干扰、波形干扰、带宽干扰和周期干扰等。

① 频率干扰：包括射频干扰、工频干扰和静态场干扰。

② 波形干扰：包括连续波干扰和脉冲波干扰。

③ 带宽干扰：包括宽带干扰和窄带干扰。

④ 周期干扰：包括有规则干扰、周期性干扰，其干扰波形比较有规律。

3. 电磁干扰的产生

（1）产生电磁干扰的三要素

通常产生电磁干扰的三要素包括：电磁干扰源、接收载体、电磁干扰信号耦合的通道。

① 电磁干扰源：指产生电磁干扰信号的设备，如变压器、继电器、微波设备、电动机、无绳电话和高压电线等，这些设备都可以产生电磁干扰信号。

② 接收载体：指对电磁干扰敏感的仪器设备。产生干扰时，干扰信号被接收载体的某个环节吸收，转化为系统的电气参数，进而对系统的工作状况造成影响。

③ 电磁干扰信号耦合的通道：干扰信号的传播路径被称为电磁干扰信号耦合的通道。

（2）电磁干扰进入系统的途径

电磁干扰进入系统一般有两种途径，分别是“路”和“场”。“路”的干扰是指沿着干扰源和被干扰对象之间的完整电路到达被干扰对象，如通过电源线、变压器引入的干扰，形成的传导干扰；“场”的干扰是以电磁场辐射的方式，由“场”形成的辐射干扰。

① 通过路的干扰

- 由泄漏电阻引起的干扰

如图 10-36 所示，当检测仪器的信号输入端子与 220V 电源的进线端子之间出现漏电现象、印制电路板的前置输入端与整流电路出现漏电现象时，噪声源就可以通过这些漏电电阻作用于相关电路而造成干扰。被干扰处的等效阻抗越高，由泄漏电阻产生的干扰影响就会越大。

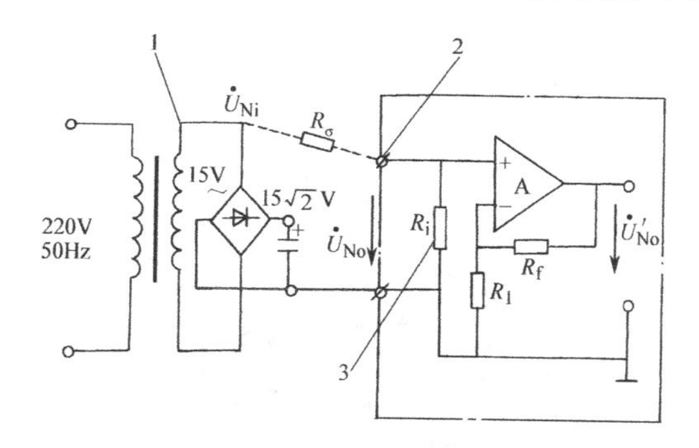

1—干扰源；2—仪器输入端子；3—仪器的输入电阻；R_σ—漏电阻

图 10-36　泄漏电阻引起的干扰

- 由共阻抗耦合引起的干扰

当两个或两个以上的电路共用一段公共的线路，而这段公共的线路又具有一定的阻抗时，这个阻抗就成为这两个电路的共阻抗。当第二个电路的电流流过这个共阻抗时就会产生压降，此压降就成为第一个电路的干扰电压。常见的例子是通过接地线阻抗引入的共阻抗耦合干扰。

如图 10-37 所示，流经负载（喇叭）的电流较大，与放大器 A 的负电源线共用了一段地线，喇叭上的电流在地线的微小电阻上产生压降，造成干扰。

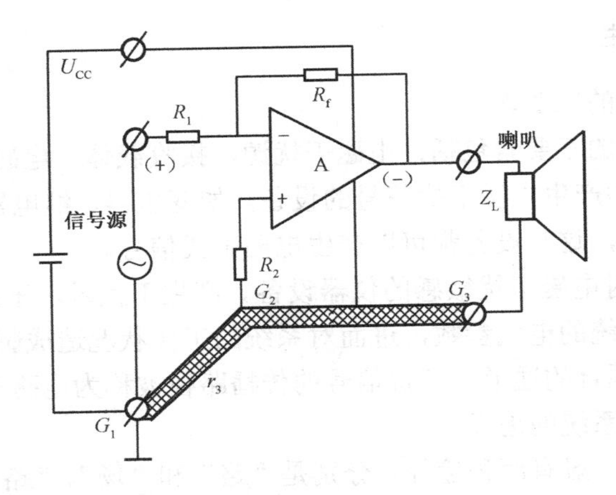

图 10-37　接地线阻抗引起的共阻抗耦合干扰

• 由电源配电回路引入的干扰

在工业现场，交流配电线路相当于一个吸收各种干扰的网络，以电路传导的形式传遍各处，然后经检测装置的电源线进入仪器内部造成干扰。最明显的干扰现象是电压突变和交流电源波形畸变，导致工频的高次谐波（从低频一直延伸至高频）经电源线进入仪器的前级电路。

② 通过场的干扰

带电物体产生的电场如图 10-38 所示。

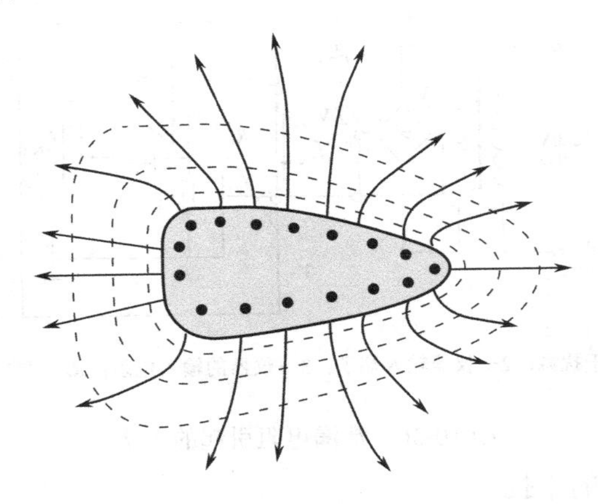

图 10-38　带电物体产生的电场

• 由电场耦合引起的干扰

电场耦合实质是电容性耦合。如果要减少电源线对信号线的电场耦合干扰，就必须减小两者之间的分布电容，必须尽量保持电源线和信号线的对地平衡，在布线时多采用双绞扭屏蔽线。

• 由磁场耦合引起的干扰

磁场耦合干扰的实质是互感性耦合干扰。防止磁场耦合干扰的方法有：信号线远离强电流干扰源，从而减小互感量；采用低频磁屏蔽，减小信号线所能感受到的磁场；采用绞

扭导线使引入到信号处理电路两端的干扰电压大小相等、相位相同，使差模干扰转变成共模干扰。

10.5.4　差模干扰和共模干扰

1. 差模干扰

（1）差模干扰的概念

差模干扰又称为串模干扰、常态干扰或横向干扰，即干扰信号直接叠加在被测信号上的干扰。差模干扰导致检测仪表的一个信号输入端子相对另一个信号输入端子的电位差发生变化，也就是干扰信号与有用信号按电压源形式串联起来作用于输入端，因此它直接影响信号通道电路。

（2）产生差模干扰的原因

差模干扰产生的原因有信号线分布电容的静电耦合、信号线传输距离较长引起的互感、空间电磁的电磁感应、工频干扰等。这种类型的干扰较难消除。

在机电一体化系统中，被测信号是直流（或变化比较缓慢的）信号，差模干扰信号是一些杂乱的并含有尖峰脉冲的波形，如图 10-39 所示为差模干扰产生的原理和波形。

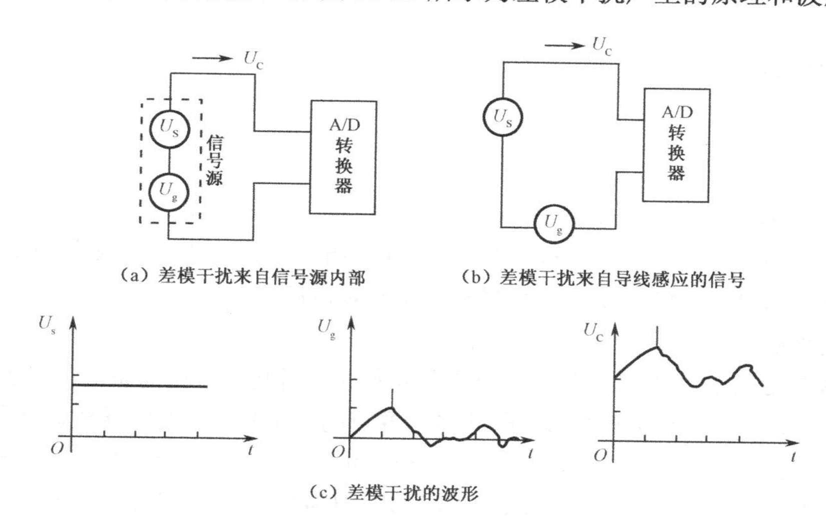

图 10-39　差模干扰产生的原理和波形

2. 共模干扰

（1）共模干扰的概念

共模干扰也称为对地干扰或纵向干扰，是指系统的信号输入端相对于接地端产生的干扰电压。干扰信号以地为公共回路，只在信号回路和测试回路这两条线路中流过，是相对于公共的电位基准点（通常为接地点），在检测系统的两个输入端子上同时出现的干扰。

如图 10-40 所示，热电偶引线与 220V 电源线靠得太近，将会引起电场耦合干扰。如果 U_{Ni}

对两根信号传输线的干扰大小相等、相位相同，就属于共模干扰。

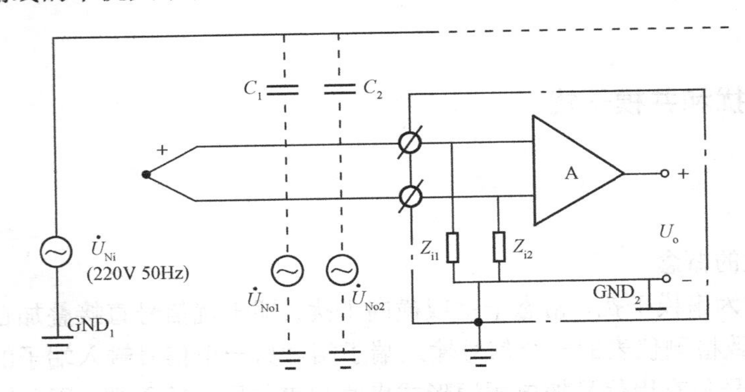

图 10-40　热电偶的共模干扰

（2）产生共模干扰的原因

共模干扰产生的原因有设备对地漏电、设备与地之间存在电位差、线路本身对地就具有干扰等。信号源的接地点与监测系统的接地点通常相隔一段距离，在两个接地点之间存在一个电位差，该电位差是系统信号输入端和检测装置共有的干扰电压，会对系统产生共模干扰。由于线路处于不平衡状态，共模干扰如果转换成差模干扰，就更难消除了。

10.5.5　抗干扰的措施

1．屏蔽

屏蔽是指利用导电或导磁材料制成的盒状或壳状屏蔽体，将干扰源或干扰对象包围起来，从而割断或削弱干扰场的空间耦合通道，阻止其电磁能量的传输。按照需要屏蔽的干扰场的性质不同，可分为电场屏蔽、磁场屏蔽和电磁场屏蔽。

（1）电场屏蔽

电场屏蔽是为了消除或抑制交变电场耦合或者静电引起的干扰而采取的措施。在静电场中，密闭的空心导体的内部无电力线，即其内部各点的电位相同。电场屏蔽就是利用该原理，将导电良好的金属做成封闭的金属容器，同时与地相连，将需要屏蔽的电路置于其中，使外部干扰无法进来，内部的电力线也无法逸出，如图 10-41 所示为电场屏蔽的原理图。

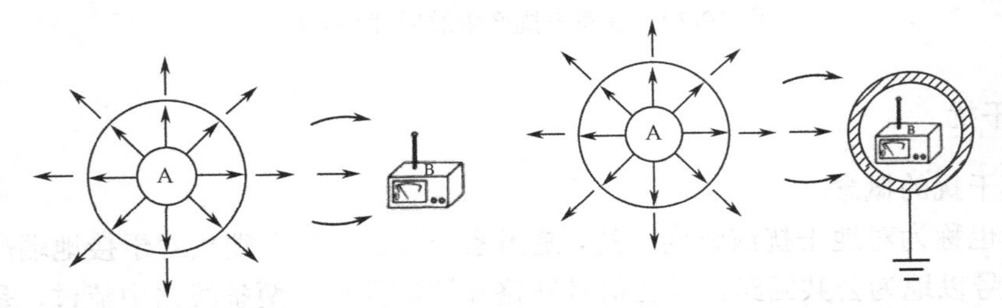

（a）带电体A通过电场感应干扰仪器B　　（b）仪器B放在接地的静电屏蔽盒内不受带电体A的干扰

图 10-41　电场屏蔽的原理图

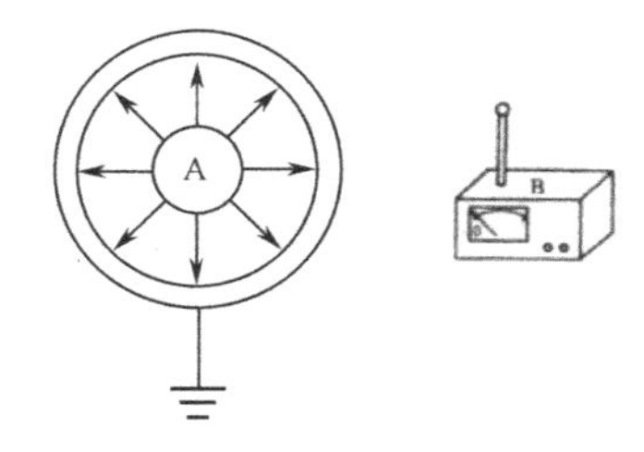

（c）带电体A放在静电屏蔽盒内，而盒外无电力线

图 10-41　电场屏蔽的原理图（续）

（2）磁场屏蔽

① 低频磁场屏蔽

低频磁场屏蔽是用来隔离低频磁场（50Hz）和固定磁场（静磁场）耦合干扰的有效措施。通常静电屏蔽线或者静电屏蔽盒对低频磁场起不到隔离作用，因此采用高导磁材料作为屏蔽层，让低频干扰产生的磁力线只从磁阻很小的磁场屏蔽层上通过，使低频磁场屏蔽层内部的电路免受低频磁场耦合干扰的影响。如图 10-42 所示为低频磁场屏蔽的原理图。

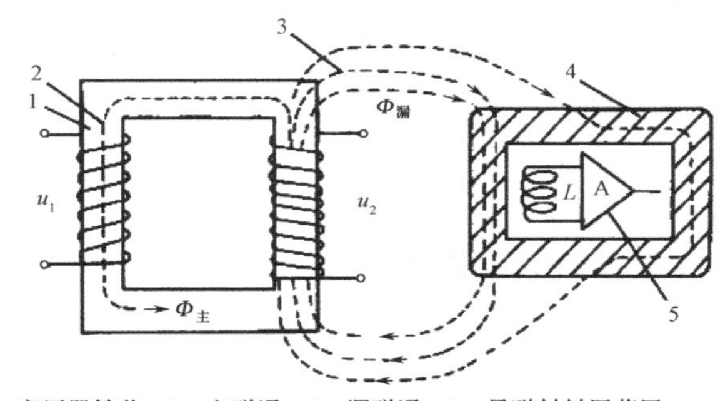

1—50 Hz 变压器铁芯；2—主磁通；3—漏磁通；4—导磁材料屏蔽层；5—内部电路

图 10-42　低频磁场屏蔽的原理图

② 高频磁场屏蔽

高频磁场屏蔽采用导电良好的金属材料做成屏蔽罩和屏蔽盒等不同的外形结构，将被保护的电路包围在其中，它的屏蔽对象不是电场，而是高频磁场（1MHz 以上）。如图 10-43 所示为高频磁场屏蔽的原理图。

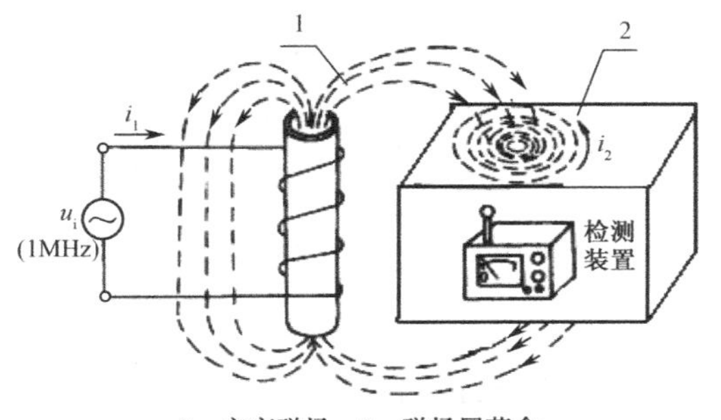

1—交变磁场；2—磁场屏蔽盒

图 10-43　高频磁场屏蔽的原理图

（3）电磁场屏蔽

电磁场屏蔽是用一定厚度的导电良好的金属材料做成的屏蔽层外壳，利用高频干扰电磁场在屏蔽金属内产生涡流，再利用涡流磁场抵消高频干扰磁场的影响，从而达到抗干扰的效果。将电磁场屏蔽妥善接地后，就具有电场屏蔽和磁场屏蔽的双重作用。

2．隔离

（1）光电隔离

光电隔离是利用光电耦合器以光为媒介在隔离元件的两端之间进行信号传输的元件，具有较强的隔离和抗干扰能力。如图 10-44 所示为光电隔离的原理图。

光电隔离具有以下几个特点：

① 光电耦合器利用光传递信号，与两端的电路没有直接联系，切断了输入信号和输出信号之间的直接联系，抑制了共模干扰。

② 发光二极管具有动态电阻小、干扰源的内阻很大的特点，因此干扰源信号在干扰源内部基本上已经消耗掉了，能够传送到光电耦合器输入端的干扰信号就很小。

③ 光电耦合器中的发光二极管在流经一定的电流时才能发光，由于干扰信号具有幅值高、能量小的特点，不会使发光二极管发光，那么干扰信号就会在发光二极管发光时被发光二极管隔离掉，不会随光信号传送到输出端，因此可以有效地抑制干扰信号。

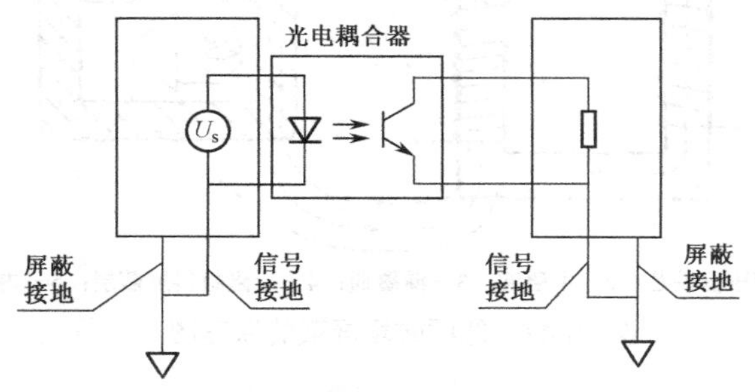

（a）光电耦合器组成的输入/输出线路

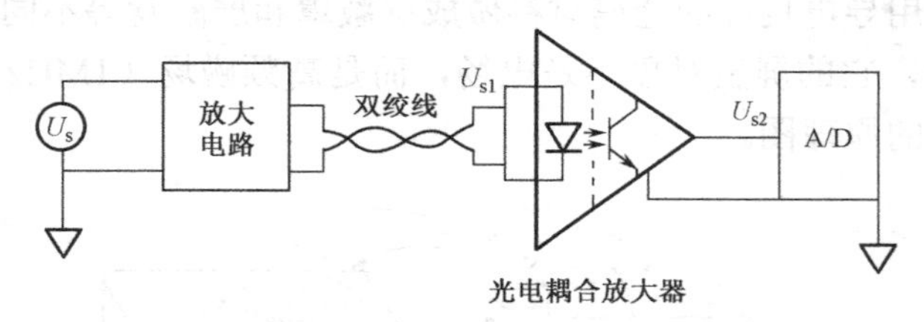

（b）光电耦合放大器组成的输入/输出线路

图 10-44　光电隔离的原理图

（2）变压器隔离

变压器隔离是利用隔离变压器将模拟信号电路与数字信号电路隔离开，即把模拟信号、数字信号的接地点断开，使共模干扰电压不能构成回路，就可以达到抑制共模干扰的目的。需要注意的是，隔离后的两个电路应该分别采用两组相互独立的电源供电，切断两部分的地

线联系。如图 10-45 所示为变压器隔离的原理图。

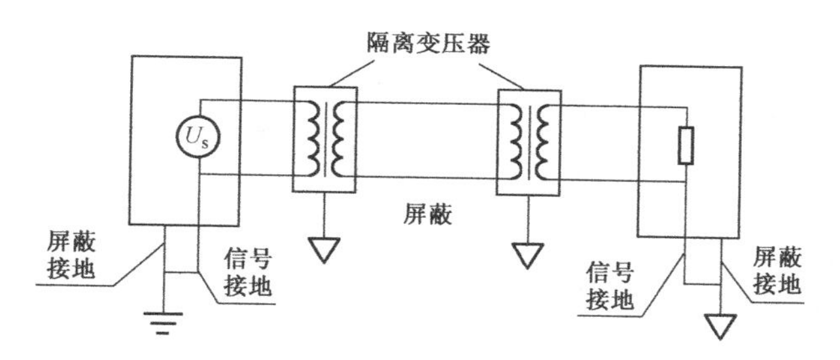

(a) 交流信号传输的原理图

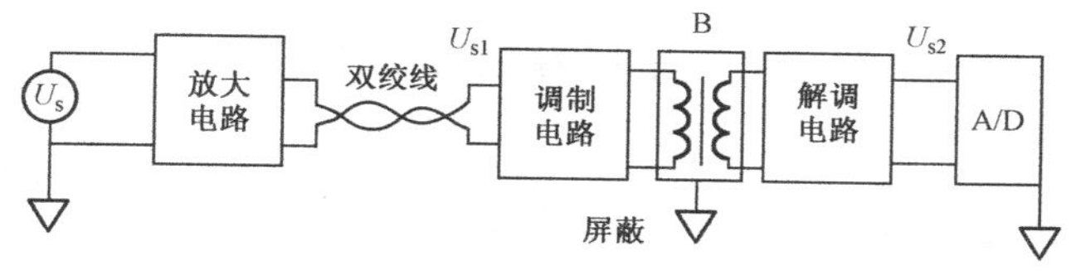

(b) 直流信号传输的原理图

图 10-45　变压器隔离的原理图

(3) 继电器隔离

如图 10-46 所示，继电器线圈和触点仅仅是机械上的联系，没有电方面的直接联系，因此，可以利用继电器线圈接收电信号，利用继电器的触点控制和传输电信号，就可以实现强电和弱电的隔离。

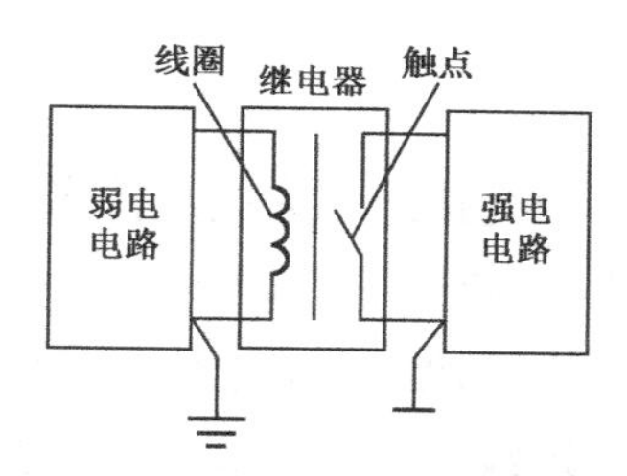

图 10-46　继电器隔离的原理图

3. 滤波

滤波是抑制干扰传导的一种重要方法。通常干扰源发出的电磁干扰频谱比系统需要接收的信号的频谱宽得多，导致接收器接收有用信号时，同时会接收到干扰信号。如图 10-47 所示为利用电源滤波技术的电路图。

如图 10-48 (a) 所示为触点抖动引起的波动干扰抑制电路，常用于抑制由触点或者各类开关闭合断开时因为触点抖动引起的干扰。如图 10-48 (b) 所示为交流信号抑制电路，常用于抑制电感式负载在切断电源时产生的反电动势。如图 10-48 (c) 所示为输入信号的阻容滤波电路，类似电路可用作直流电源输入、模拟电路输入信号的阻容滤波器。

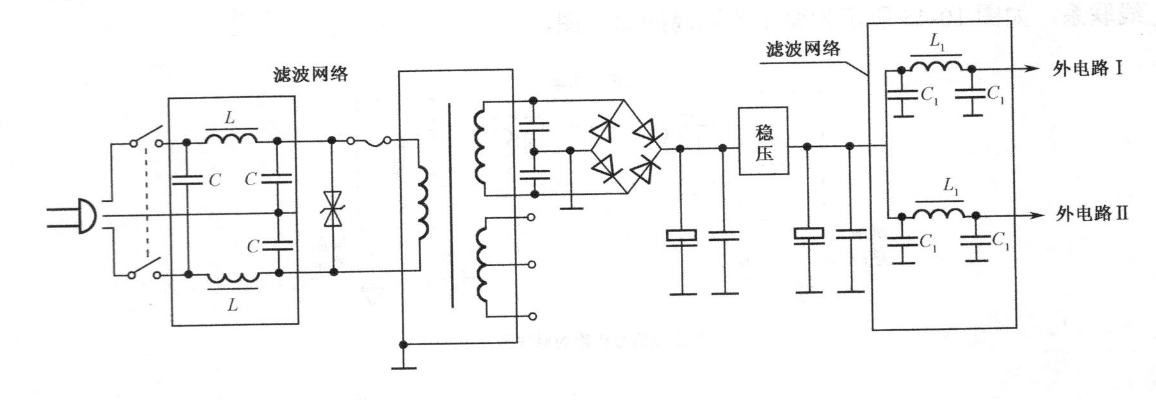

图 10-47　采用电源滤波技术的电路图

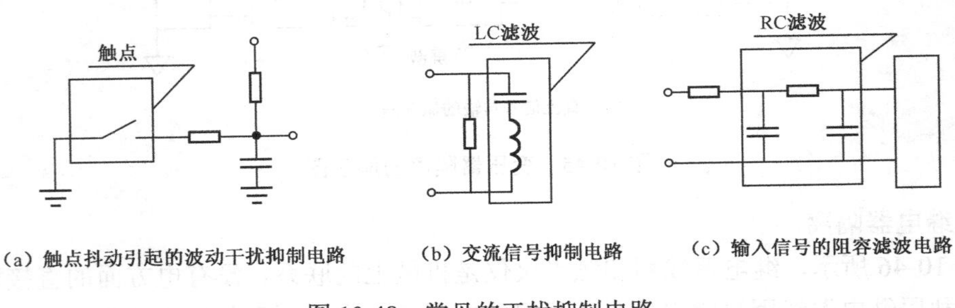

（a）触点抖动引起的波动干扰抑制电路　（b）交流信号抑制电路　（c）输入信号的阻容滤波电路

图 10-48　常见的干扰抑制电路

4．接地

（1）接地技术

将电网的零线或者各种设备的外壳接地称为接地技术。其目的一是为了安全，二是为了抗干扰。按一定的技术要求埋入地中同时直接与大地接触的金属导体称为接地体。系统中连接电气设备和接地体的金属导体称为接地线。接地体与接地线通常被统称为接地装置。接地体或者自然接地体的对地电阻和接地线电阻的总和被称为接地电阻。按照接地目的不同，接地技术通常可分为工作接地、保护接零、保护接地、重复接地和保护零线。

① 工作接地

由于运行和安全的需要采用三相四线制供电的电力系统，常将配电变压器的中性点接地，这种接地方式称为工作接地，如图 10-49（a）所示。

② 保护接零

保护接零适用在中性点接地的低压系统中，是将电气设备的金属外壳接到零线（或称中性线）上，如图 10-49（a）所示。

③ 保护接地

在中性点不接地的低压系统中，为保证电气设备的金属外壳或框架漏电，对接触该部分的人能起保护作用而进行的接地称为保护接地，如图 10-49（b）所示。

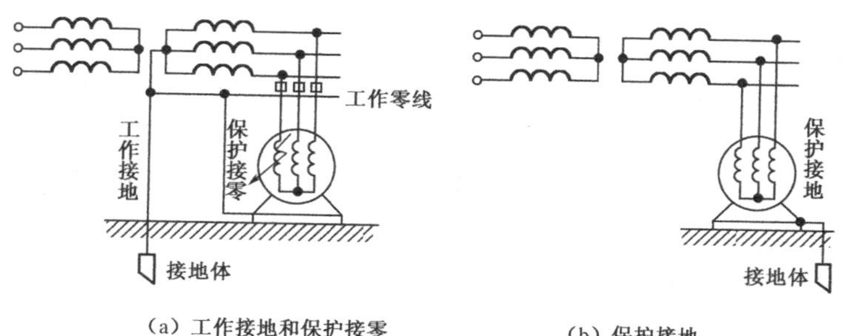

图 10-49　工作接地、保护接零、保护接地

④ 重复接地

在中性点接地系统中，不但要采用保护接零，还要采用重复接地，就是将与零线相隔一定距离的多个点分别进行接地，如图 10-50 所示。

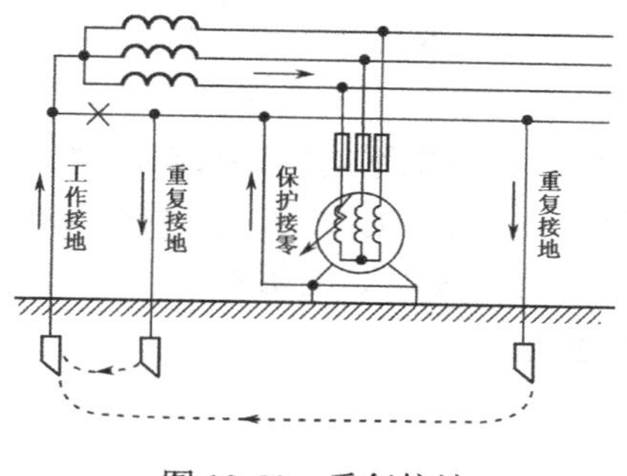

图 10-50　重复接地

⑤ 保护零线

在三相四线制系统中，由于负载不对称，工作零线（中线）通常有电流流过，导致工作零线对地电压不为零，距电源越远，电压就会越高，通常在安全值以下，而且没有危险性。为了使保护的作用更安全，确保设备外壳对地电压为零，在采用规定工作零线的同时，还需要专设一条保护零线，如图 10-51 所示。

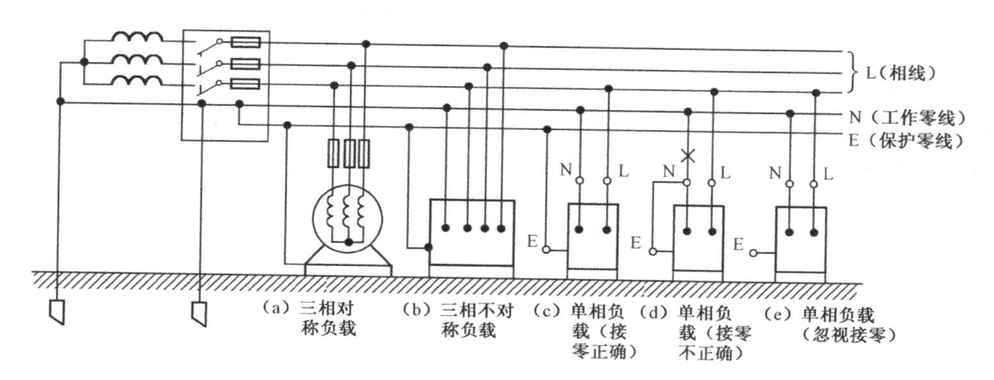

图 10-51　保护零线

（2）信号地线

通信、计算机等电子设备的地线就是指电信号的基准电位，也称为公共参考端，一方面作为各级电路的电流通道，另一方面作为电路工作稳定、抑制干扰的重要保证。可以是接地的，也可以是与大地隔绝的。通常将仪器设备中的公共参考端称为信号地线。

① 信号地线的分类

信号地线通常分为模拟信号地线、数字信号地线、信号源地线和负载地线。

② 信号地线的接地原则

信号地线在设置时，一般遵循模拟信号地线、数字信号地线、信号源地线和负载地线分别设置的原则，在电位需要连接时选择合适的点，在一个地方连接才能消除各地线之间的干扰。信号地线的接地原则通常有：

• 一点接地

如图 10-52（a）所示为串联一点的接地方式。该电路利用一段公共地线，在该线路上存在 A、B、C 三点不同的对地电势差，容易产生共阻抗干扰，因此常用于数字电路或者放大倍数不大的模拟电路中。布线时应注意以下两个原则：一是公用地线截面积应该尽量大些，以减小公用地线的内阻；二是应把最低电平的电路放在距离接地点最近的地方。

如图 10-52（b）所示为并联一点的接地方式。这种接地方式适用于低频电路，因为各电路接地电位只与本电路的接地电流和接地线电阻有关，不会因为接地电流引起电路间的耦合。该方式的缺点是需要很多地线，使用较麻烦。

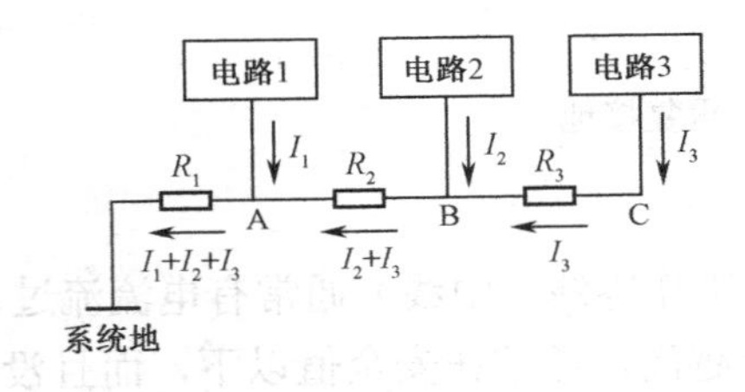

（a）串联一点的接地方式

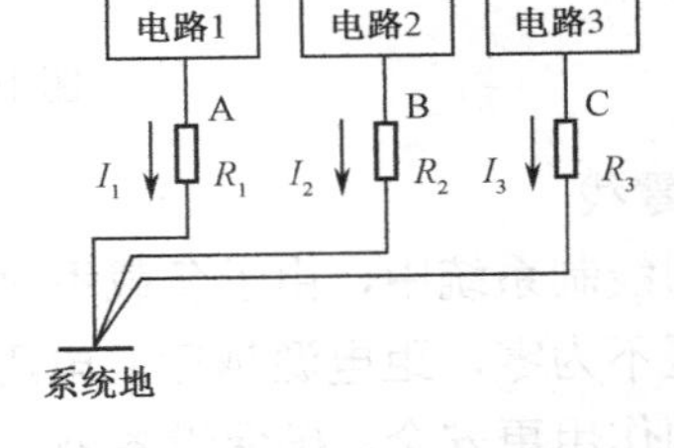

（b）并联一点的接地方式

图 10-52　一点接地的原理图

• 多点接地

多点接地所需地线较多，一般适用于低频信号。如图 10-53 所示，各个接地点就近接入接地汇流排或底座、外壳金属上，这种方式可以避免产生干扰。

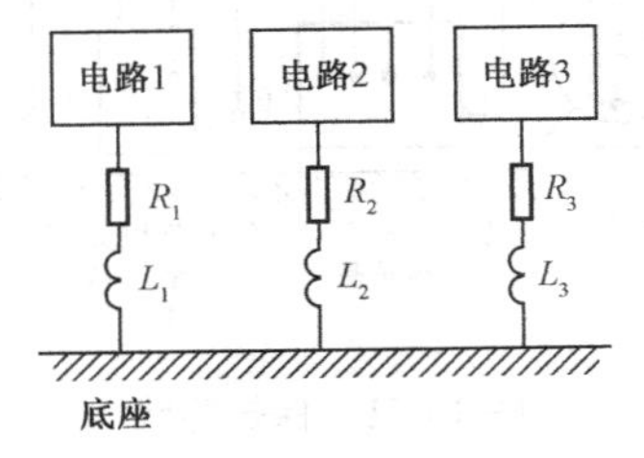

图 10-53　多点接地的原理图

• 信号地线的设计

机电一体化系统设计时要综合考虑各种地线的布局和接地方法，如图 10-54 所示为数控机床的接线方式。

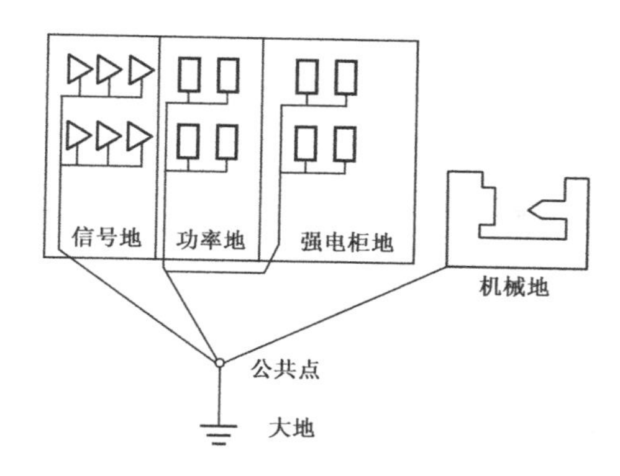

图 10-54　数控机床接地方法示意图

5．长线传输干扰的抑制

信号在传输过程中，路程越长就越容易受到干扰。如图 10-55 所示为长线传输的驱动示意图，图中长线传输的驱动电路部分增加了始端匹配电阻，接收电路增加了终端匹配电阻。同轴电缆对电场干扰有较强的抑制作用，常用于工作频率较高的信号传输；双绞线对磁场干扰有较强的抑制作用，绞距越短效果越好，传递工频较高的信号时使用同轴电缆，而在磁场干扰大时使用双绞线。

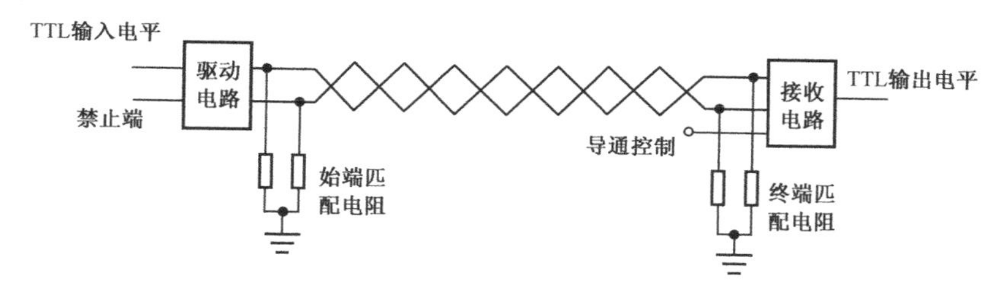

图 10-55　长线传输的驱动示意图

本 章 小 结

本章主要简单介绍了信号的调制和解调、信号放大、信号处理和转化、信号的非线性校正。

信号的调制是利用调制信号来影响载波信号，让载波信号变化的过程，按受调制的参数不同常分为调幅、调频、调相。信号的解调是将调制信号从载波信号上提取下来的过程。

信号放大可以利用很多类型的放大电路。最常用的是比例放大器，还有电桥放大电路、线性放大器、交流放大器、隔离放大器。

计算机在处理信号时，需将模拟信号转化为数字信号，使用的是 A/D 转换器，输出信号时需将数字信号转化为模拟信号，使用的是 D/A 转化器。

实际测量中，非线性系统普遍存在，因此输出特性大部分都是非线性关系，在研究其系统特性时，需要对其进行非线性校正，常用的有数字量非线性校正和模拟量非线性校正。

习 题 10

10-1　什么是信号的调制和解调？

10-2　为什么要进行信号放大？

10-3　简述 A/D、D/A 转换器的工作过程。

10-4　简述数字量、模拟量的非线性校正过程。

10-5　干扰和噪声有什么区别？

10-6　常见的干扰有哪些类型？

10-7　常用的抑制干扰的方法是什么？

第 11 章　物联网技术

人类进入 21 世纪，信息已经成为不可或缺的一部分资源，社会的信息化、信息的时代化是新时代的标志。在通信、互联网和射频识别技术的推动下，出现了一种可以使人与人、人与机器、人与物体，甚至物体与物体交互信息的网络——物联网。继互联网改变了人类的世界观后，物联网的出现将再次带来新的生活方式。

11.1　物联网的定义

11.1.1　什么是物联网

物联网的英文名称是“Internet of Things”。顾名思义，物联网就是“物与物相连的互联网”。这里有两层含义：第一，物联网的核心和基础仍然是互联网，是在互联网基础之上延伸和扩展的一种网络；第二，其用户端延伸和扩展到了任何物品与物品之间，进行信息交换和通信。因此，物联网是通过射频识别（RFID）装置、红外感应器、全球定位系统、激光扫描器等信息传感设备，按约定的协议，把任何物品与互联网相连接，进行信息交换和通信，以实现智能化识别、定位、跟踪、监控和管理的一种网络。

这里的“物”要满足以下条件才能够被纳入“物联网”的范围：① 要有相应信息的接收器；② 要有数据传输通路；③ 要有一定的存储功能；④ 要有 CPU；⑤ 要有操作系统；⑥ 要有专门的应用程序；⑦ 要有数据发送器；⑧ 遵循物联网的通信协议；⑨ 在世界网络中有可被识别的唯一编号。

物联网将新一代的 IT 技术融入各行各业，在铁路、公路、隧道、桥梁、电网等系统中嵌入感应器，感应器感应到的信息送入网络，实现物体信息的交互。在整个过程中，需要足够强大的计算能力，用于控制网络中的人员、机器、设备等，从而实现对生产的智能控制。

11.1.2　物联网的相关术语

物联网，由于其涉及的技术知识非常广泛，而且与生活息息相关，各个行业的从业人员都从自己行业的角度，对物联网做出界定，相关人员对这个概念出现了“盲人摸象”的状态。

物联网在英文百科里的说法是：“The Internet of Things refers to a network of objects, such as household appliances.”如果翻译成中文就是：像家用电器一样的物体的互联网络。“物联网”基本上就是英文“Internet of Things”的中文直译。Internet 在英文中是由“INTER-NET working”缩写得来的，不管是中文还是英文都很合适。“物联网”（Internet of Things）并非缩写而来，因此不是很顺口，在英文的场合中物联网经常被其他的词汇代替，如传感网（Sensor Networks）、M2M（Machine to Machine）、智慧地球（Smart Planet 或 Smart Earth）、泛在计算（Pervasive Computing）等。

“Internet of Things”这个词最早是 MIT 研究 RFID 的 Auto-ID 中心主任 Ashton 教授于 1999 年提出来的。同年，在美国召开的移动计算和网络国际会议也提出：“传感网是 21 世纪人类面临的又一个发展机遇”。国际电信联盟（ITU）2005 年的报告对“Internet of Things”这个词的普及起到了推波助澜的作用，进一步具体描绘了“物联网”的时代图景。

在美国，专业技术人员更习惯把物联网称为 M2M，就和大家熟悉的 B2B、B2C 一样。而在国内，M2M 这个词不大被人们所接受，而“数字城市”“两化融合”等名词却受到大家的认可。

11.1.3 物联网在中国的定义

目前在国内被普遍认可的物联网的定义是：通过视频识别（RFID）、红外感应器、全球定位系统、激光扫描器等信息传感设备，按约定的协议，把任何物品与互联网连接起来，进行信息交换和通信，以实现智能化识别、定位、跟踪、监控和管理的一种网络。

因为物联网可以存在于内网和专网中间，而且目前还占大部分，“把任何物品与互联网连接起来”的说法不是非常准确。

自从 2009 年 8 月温总理提出“感知中国”以来，物联网被正式列为国家五大新兴战略性产业之一，写入“政府工作报告”，物联网在中国的发展得到了政府的支持，其受关注的程度是美国、欧盟和其他国家不可比拟的。在美国，政府没有如此大的权利和影响力，而欧盟的各个国家也很难统一协调行动。数据表明，美国和欧盟所提出的物联网概念在过去的这一段时间内受关注的程度不是很高。

“Internet of Things”这个词在中国被意译为“物联网”，它的含义和覆盖范围针对的是中国的国情，具有与时俱进的特点。因此物联网贴上了“中国式”的标签。

综合物联网目前在中国的发展状态，相关的业内人士提出了物联网（Internet of Things）的理念：将无处不在（Ubiquitous）的终端设备（Devices）和设施（Facilities），包括具备“内在智能”的传感器、移动终端、工业系统、楼宇控制系统、家庭智能设施、视频监控系统等，和“外在使能”（Enabled），如贴上 RFID 的各种资产（Assets）、携带无限终端的个人或车辆等“智能化物件或动物”或者“智能尘埃”（Mote），通过各种无线、有线长距离、有线短距离通信网络实现互联互通（M2M）、应用大集成（Grand Integration）及基于云计算的 SaaS 营运等模式，在内网（Intranet）、专网（Extranet）和互联网（Internet）环境下，采用适当的信息安全保障机制，提供安全可控乃至个性化的实时在线监测、定位追溯、报警联动、调度指挥、预案管理、进程控制、安全防范、在线升级、统计报表、决策支持等管理和服务功能，实现“万物”（Things）的“高效、节能、安全、环保”的“管、控、营”一体化（Thing as a Service，TaaS）服务。

11.2　物联网出现的背景及发展现状

11.2.1　IT 行业新的革命

经济学家称，从 19 世纪中叶到今天的 160 多年里，全球的经济经历了 3 个半的经济长周期：1842—1897 年（55 年）是蒸汽机和钢铁的时代；1897—1933 年（36 年）是电气、化学、汽车的时代；1973—2008 年（35 年）是计算机和互联网的时代。从 2008 年以后，在信息革命和互联网的飞速发展下，全球经济出现了又一次的高峰，IT 行业的发展也使很多国家进入了经济繁荣期。

IBM 首席执行官郭士纳提出了一个观点，计算机模式每 15 年就会出现一次变革。这个判断像摩尔定律一样准确，人们把它称为“十五年周期定律”。1950 年出现了计算机，1965 年前后大型机出现变革，1980 年前后个人计算机普及，1995 年则发生了互联网革命。计算机出现的每一次革命，对企业、国家都产生了深远的影响。到 2010 年，正好是 1995 年后的 15 年，物联网和云计算开始迅猛发展。

20 世纪 50 年代出现了计算机，20 世纪 90 年代出现了互联网，这是 IT 业的两次革命。当前由于环境的问题，大力提倡环保低碳、节能减排、延缓地球变暖，物联网提供了实现环保节能社会的技术基础，这也是物联网将掀起信息革命第三次浪潮的充分必要条件。从 1950 年开始的 15 年是计算机革命，从 1995 年开始的是互联网革命，而从 2010 年开始的是物联网的革命。

11.2.2　物联网出现的背景

物联网出现的背景主要有以下几个方面。

（1）经济危机下的推手

经济长波理论：每一次的经济低谷必定会催生出某些新的技术，而这种技术一定是可以为绝大多数工业产业提供一种全新的使用价值，从而带动新一轮的消费增长和高额的产业投资，以触动新经济周期的形成。

过去的 10 年间，互联网技术取得巨大成功。目前的经济危机让人们又不得不面临紧迫的选择，物联网技术成为推动下一个经济增长的特别重要推手。

（2）传感技术的成熟

随着微电子技术的发展，涉及人类生活、生产、管理等方方面面的各种传感器已经比较成熟，如常见的无线传感器（WSN）、RFID、电子标签等。

（3）网络接入和信息处理能力大幅提高

目前，随着网络接入多样化、IP 宽带化和计算机软件技术的飞跃发展，基于海量信息收集和分类处理的能力大大提高。

11.2.3　物联网的发展现状

1．物联网在国外的发展

国际金融危机爆发后，美、欧、日、韩等主要发达国家和地区纷纷把发展物联网等新兴产业作为应对危机和占领未来竞争制高点的重要举措，制定出台相关战略规划和扶持政策，全球范围内物联网核心技术持续发展，标准和产业体系逐步建立，初步形成了传感器与无线射频识别（RFID）等感知制造业，网络设备与通信模块、机器到机器（M2M）终端与运营服务以及基础设施服务、软件与集成服务等产业链。2011年，全球物联网产业规模超过1345亿美元。发达国家凭借信息技术和社会信息化方面的优势，在物联网应用及产业发展上具有较强竞争力。

2009年1月，美国总统奥巴马将物联网作为振兴经济的两大武器之一，投入巨资深入研究物联网相关技术。无论基础设施、技术水平还是产业链发展程度，美国都走在世界各国的前列，已经趋于完善的通信互联网络为物联网的发展创造了良好的先机。

欧盟的欧洲智能系统集成技术平台（EPoSS）在《Internet of Things in 2020》报告中分析预测，未来物联网的发展将经历4个阶段，2010年之前RFID被广泛应用于物流、零售和制药领域，2010—2015年物体互联，2015—2020年物体进入半智能化，2020年之后物体进入全智能化。

为了加强欧盟政府对物联网的管理，消除物联网发展的障碍，欧盟提出以下政策建议。

（1）加强物联网管理，包括制定一系列物联网的管理规则，建立一个有效的分布式管理架构，使全球管理机构可以公开、公平、尽责地履行管理职能。

（2）完善隐私和个人数据保护，包括持续监测隐私和个人数据保护问题，修订相关立法，加强相关方对话等。

（3）提高物联网的可信度（Trust）、接受度（Acceptance）、安全性（Security）。

（4）推广标准化，执委会将评估现有物联网相关标准并推动制定新的标准。

（5）加强相关研发，包括通过欧盟第7期科研框架计划项目（FP7）支持物联网相关技术研发，如微机电、非硅基组件、能量收集技术等。

（6）建立开放式的创新环境，通过欧盟竞争力和创新框架计划（CIP）利用一些有助于提升社会福利的先导项目推动物联网部署。

（7）增强机构间协调，为加深各相关方对物联网机遇、挑战的理解，共同推动物联网发。

（8）加强国际对话，加强欧盟与国际伙伴在物联网相关领域的对话，推动相关的联合行动、分享最佳实践经验。

（9）推广物联网标签、传感器在废物循环利用方面的应用。

（10）加强对物联网发展的监测和统计，包括对发展物联网所需的无线频谱的管理、对电磁影响等管理。

日本在2004年推出了基于物联网的国家信息化战略U-Japan。“U”代指英文单词“ubiquitous”，意为“普遍存在的、无所不在的”。该战略是希望催生新一代信息科技革命，实现无所不在的便利社会。2009 年 7 月，日本 IT 战略本部颁布了日本新一代的信息化战略——“i-Japan”战略，为了让数字信息技术融入每一个角落，首先将政策目标聚焦在三大公共事业：电子化政府治理、医疗健康信息服务、教育与人才培育，提出到 2015 年，透过数字技术达到“新的行政改革”，使行政流程简化、效率化、标准化、透明化，同时推动电子病历、远程医疗、远程教育等应用的发展。

1997 年，韩国政府出台了一系列推动国家信息化建设的产业政策。为了达成上述政策目标，实现建设 u 化社会的愿望，韩国政府持续推动各项相关基础建设、核心产业技术展，RFID/USN（传感器网）就是其中之一。韩国政府最早在“u-IT 839”计划中就将 RFID/USN 列入发展重点，并在此后推出一系列相关实施计划。目前，韩国的 RFID 发展已经从先导应用开始全面推广，而 USN 也进入实验性应用阶段。2004 年，面对全球信息产业新一轮“U”化战略的政策动向，韩国信息通信部提出“U-Korea”战略，并于 2006 年 3 月确定总体政策规划。根据规划发展期为 2006—2010 年，成熟期为 2011—2015 年。“U-Korea”战略是一种以无线传感网络为基础，把韩国的所有资源数字化、网络化、可视化、智能化，以此促进韩国经济发展和社会变革的国家战略。2009 年，韩国通过了 U-City 综合计划，将 U-city 建设纳入国家预算，在未来 5 年投入 4900 亿韩元（约合 4.15 亿美元）支撑 U-city 建设，大力支持核心技术国产化，标志着智慧城市建设上升至国家战略层面。

2．物联网在国内的发展

随着全球经济的快速发展，人工智能、大数据、智能制造等技术不断成熟，物联网时代正逐渐到来。据统计，目前国内物联网连接数已达 16 亿个，预计 2020 年将超过 70 亿个，市场规模达到 2.5 万亿元，物联网发展潜力巨大。

物联网是新一轮产业变革的重要方向和推动力量，对于深化供给侧结构性改革、推动产业转型升级具有重要意义。在国家“第十二个五年规划刚要”时期，我国在物联网发展政策环境、技术研发、标准研制、产业培育以及行业应用方面取得了显着成绩，物联网应用推广进入实质阶段，示范效应明显，已成为推动经济社会智能化和可持续发展的重要力量。

我国“第十三个五年规划纲要”明确提出“发展物联网开环应用”，将致力于加强通用协议和标准的研究，推动物联网不同行业不同领域应用间的互联互通、资源共享和应用协同。

目前，我国物联网正广泛应用于电力、交通、工业、医疗、水利、安防等领域额，并形成了包含芯片和元器件、设备、软件、系统集成、电信运营、物联网服务在内的较为完善的产业链体系。另外，在空间上初步形成环渤海、长三角、泛珠三角以及中西部地区四大区域集聚发展的格局。

我国的物联网主要具备三个特点：一是全面感知，就是利用二维码、传感器等随时随地获取物体的信息；二是可靠传递，通过融合各种电信网络，将物体的信息实时准确地传递出去；三是智能处理，利用各种智能计算技术，对物体实施智能化的控制。

在技术上看，我国物联网行业区域覆盖广泛，存在不少问题。一是尽管形成了各自的产业园，但规模小、效率低；二是行业集中度低，产业发展布局不平衡；三是结构失调，布局缺乏整体规划；四是产业标准化程度低等，与国外发达国家相比较，还存在一定的差距。传感器及射频识别（RFID）技术滞后于国际水平，这是我国物联网产业发展的短板，主要是核心技术创新力度不够，标准体系缺失，规模应用相对不足，技术难以对接市场。

近年来，我国的物联网产业规模已经达到 7500 亿元，机器间相互连通规模也已超过 1 亿元。中国移动已建立起全世界规模最大的物联网体系，服务超过 9100 万名用户。

在庞大的规模之下，我国物联网体系亦存在一定的安全问题，并且日益引发关注。物联网安全是互联网安全的延伸，但是跟互联网安全相比，物联网在感知层、传输层、应用层的防护上都呈现出不同的特点，而物联网安全的“三个特点”带来了“三大问题”：泄露途径更广、防护难度更大、造成的危害更严重。

我国物联网产业未来会朝着以下三个方面发展：一是联系更多的低频段 LoRa 或者高频段 60 千兆赫兹的无线技术方向进展；二是数据收集将会迁移到云端，有可能不会再依赖于结构化查询语言；三是利用人工智能算法来识别某人的言语，同时优化机器运行。

物联网产业一直都得到我国政府的高度重视，早在 2009 年，物联网就被正式列入我国五大战略性新兴产业之一，并写入政府工作报告，受到了全社会极大的关注，之后物联网反复出现在多年的政府工作报告中。随着科技的不断进步以及政策的大力支持，物联网产业将迎来巨大的发展机遇。

11.3 物联网与其他网络

1. 传感器与 RFID

传感器是用来监测和感应外界信息变化的，对物品没有标识能力，而 RFID 具有强大的标志物品能力。RFID 是一种基于标签的用于识别目标的传感器，但是 RFID 读写器无法感应外界因素变化，而且其读写的范围受到读写器和标签距离的影响。如果可以提高 RFID 系统的感应能力，扩大其覆盖范围，那么将大大提升其应用的范围。传感器的网络具有较长的有效距离，可以拓展 RFID 技术的应用范围。传感器、传感器网络和 RFID 技术是物联网技术的重要组成部分，在有效融合和系统集成后，其应用前景不可估量。

2. 传感器与传感网

传感网的英文是“Sensor Networks”或“Wireless Sensor Networks”。物联网包括 RFID、传感网（WSN）、M2M 和两化融合四部分，因此传感网是物联网的一部分。

中国国民经济和社会发展第十二个五年规划（即十二五规划）中提出：物联网硬件（传感器）制造是物联网发展的前端，后端数据传输、信息处理业务系统管理等则是物联网的高端、核心部分，而此部分是我国的劣势所在，国外则是软件的发展超越于硬件，我们应该努力突破。

3. 传感网与物联网

传感器网络（Sensor Networks，简称传感网）最早出现在美国。1978 年，美国国防部高级研究计划局（DARPA）资助卡耐基梅龙大学进行传感网的研究，主要的研究对象是具有

通信能力的传感器组成的网络。2008 年 2 月，ITU-T 发表《泛在传感器网络（Ubiquitous Sensor Networks）》研究报告，ITU-T 指出传感器网络已经开始向泛在网络方向发展，由智能的传感器节点组成，在“任何时间、任何地点、任何人、任何物”都可以放置。其广泛应用于安全保卫、环境监控，能够提高个人生产力甚至国家竞争力。如果将智能传感器和 RFID 融合，泛在网络就接近现在所说的物联网了。

4. 泛在网与物联网

泛在网，顾名思义，是一个无处不在的网络。日本和韩国最早提出 U 战略，对泛在网的定义是：无所不在的网络社会将是由智能网络、最先进的计算技术以及其他领先的数字技术基础设施武装而成的技术社会形态。按照这个定义，U 网络将具有“无所不在、无所不包、无所不能”的特征，帮助人类实现“4A”化通信，也就是在任何时间、任何地点、任何人、任何物都可以无障碍地通信。物联网在当前是可实现的，而泛在网则是信息网络发展的最终理想目标。

5. 互联网与物联网

物联网是射频识别技术和互联网结合后形成的，物联网主要解决的是物品到物品（Thing to Thing，T2T）、人到物品（Human to Thing，H2T）、人与人（Human to Human，H2H）之间的连接。H2T 是指人利用通用装置与物品之间的连接，H2H 是指人之间不依赖电脑而进行的连接。物联网和互联网一样有资源寻址需求，处于网络中的物品信息必须要高效、准确和安全的寻址、定位和查询，而其用户端是对互联网的延伸和拓展，即任何物品和任何物品之间都可以通过物联网进行信息交流。物联网在以下几方面与互联网不同。

（1）专用性

互联网的出现让地球变得更小，它构建了一个全球范围内的信息通信计算机网络，利用 TCP/IP 技术传输全球范围内的数据，在短时间内实现全球互联、互通，同时也存在安全性、移动性和服务质量的问题。

物联网的目的是应用，利用互联网、无线通信网络传递信息，是互联网、移动通信的延伸，是自动控制、遥感监测和信息应用的综合展现。不同领域的物联网都具有各自领域的特性。例如，汽车电子领域、医疗卫生领域、环境监测领域、仓储物流领域、楼宇监控领域等都具有各自的特点，对网络应用和服务质量的要求也各不相同，只有利用专用联网技术才可以满足不同领域的需求。

（2）稳定性和可靠性

物联网的网络与信息交互是不能中断的，因此必须保证网络的稳定性，那么对该网络的物理设备就要求很高。例如，仓储物流领域中，如果物联网不稳定，就和互联网网络不通、电子邮件丢失一样，此时仓库内进库和出库的物品信息就不能及时获得，系统将不能正常工作。例如，医疗卫生领域中，如果网络出现问题，将会耽误患者的治疗，严重时将会威胁患者生命。

（3）安全性和可控性

物联网的应用通常涉及个人隐私和机构内部秘密，因此物联网具有严密的安全性和可控性。物联网系统具有保护个人隐私、防御网络攻击的能力，物联网的个人用户和机构用户可以严密控制物联网中的信息采集、传递和查询操作，不会出现因隐私泄露而使用户受伤害的情况。

虽然物联网和互联网有很大的区别，但是物联网是在互联网的基础上发展起来的，两者的发展密不可分，随着信息技术的发展，它与移动通信网络发展、下一代网络及网络物理系统、无线传感网络都会有千丝万缕的关系。

11.4 物联网的结构组成

物联网由感知层、网络层和应用层组成，如图 11-1 所示。其各部分所对应的技术体系包括感知层技术、网络层技术、应用层技术和公共技术，如图 11-2 所示。

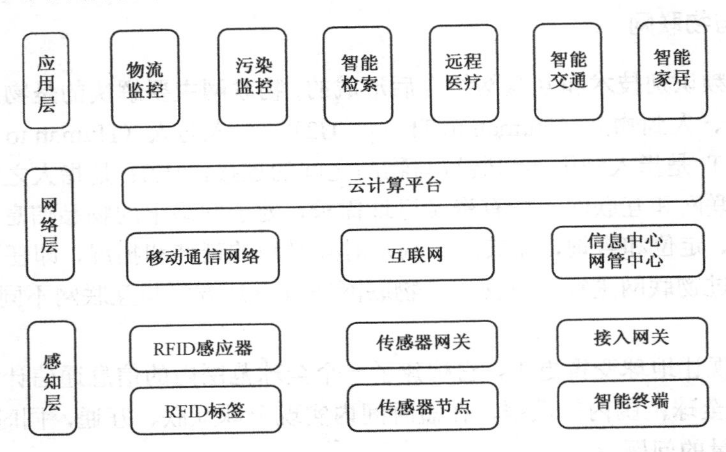

图 11-1　物联网的结构组成

在物联网的三个组成部分中，感知层就是全面的感知，让“物”可以“说话”，称为“智能的物体”，对其进行识别和信息采集；网络层最重要的就是可靠地传递信息，通过各式各样的无线和有线通信网络可靠传递信息；应用层就是智能处理，对采集的数据进行处理和展示。

1．感知层

感知层主要由传感器和传感网（无源传感器）组成，处于物联网结构的最底层，用于感知信号并且进行数据采集。

传感器可以采集各类物理量、标识、音频和视频信号，而物联网的数据采集除利用传感器之外，还可以设计 RFID、二维条码、实时定位技术和多媒体信息采集。

2．网络层

网络层的作用是将感知层感受到的信息无障碍、高可靠性、高安全性地进行传递，这就

要依靠传感器网络、移动通信网络和互联网技术的相互配合。经过近些年的发展，互联网、移动通信已经发展得很成熟，可以为物联网提供可靠的信息传输。

3. 应用层

应用层由应用支撑平台子层和应用服务平台子层组成。应用支撑平台子层用于支撑跨系统、跨行业、跨应用信息的协同、共享和互通；应用服务平台子层通常有智能家居、智能交通、智能医疗、智能物流等行业的应用。

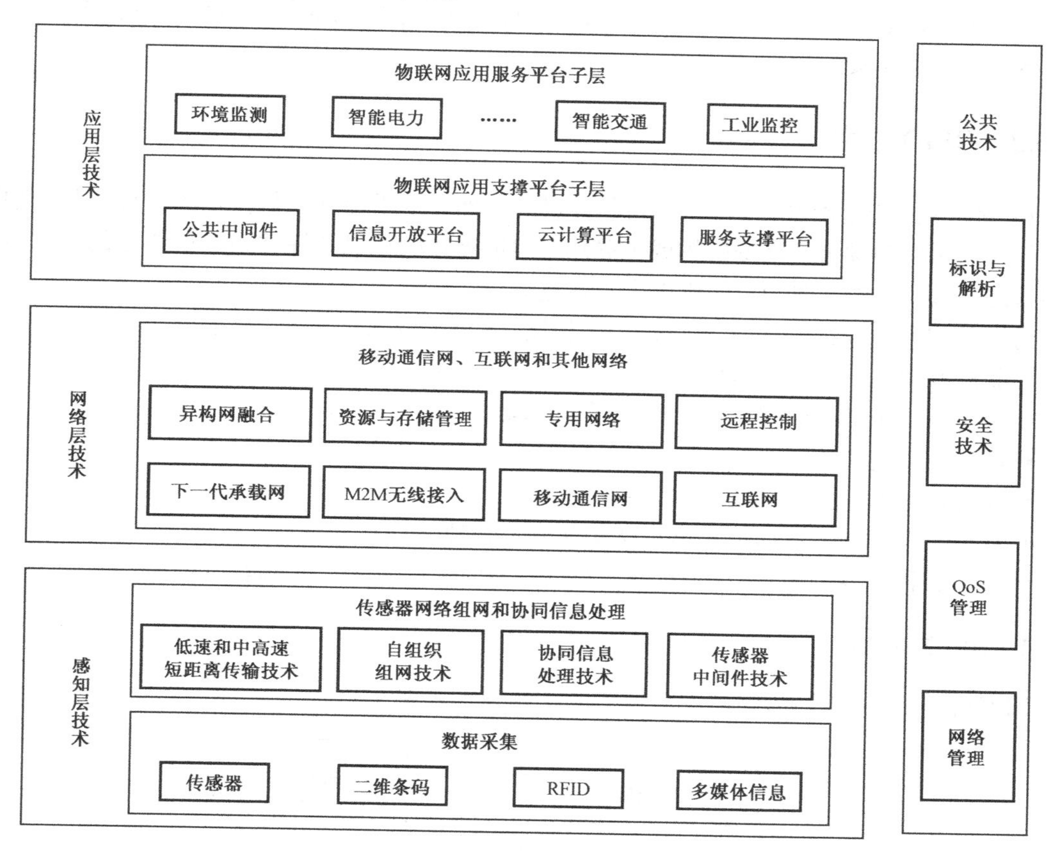

图 11-2 物联网技术的技术体系

4. 公共技术

公共技术并不属于物联网的三个组成部分之一，但是其与三个组成部分都有密切关系，包括标识与解析、安全技术、网络管理和服务质量（QoS）管理。

11.5 物联网的支撑技术

国际电信联盟（ITU）将射频识别技术（RFID）、传感器技术、纳米技术、智能嵌入技术列为物联网的关键技术。国内有关专家认为，物联网的关键技术包括物体标识、体系构架、通信与网络、安全与隐私、服务发现与搜索、软硬件、能量获取与存储，以及标准等内容。物联网的实质是利用 RFID 技术，通过计算机互联网实现自动识别和信息的互联与共享。

11.5.1 传感器技术

本书在之前的章节里已经详细介绍了生产/生活中使用的各式各样的传感器，例如，电阻式、电容式、电感式、压电式、霍尔式、光电式、热电偶、光纤式、超声波式、微波式等传感器。这里不再赘述。

11.5.2 RFID 技术

20 世纪 90 年代 RFID 技术开始兴起并走向成熟，属于自动识别技术的一种，是一项用射频信号通过空间耦合（交变磁场或电磁场）实现无接触信息传递并通过所传达的信息达到识别目的的技术。通常把 RFID 称为电子标签。

与目前使用的条纹码、磁卡、IC 卡等相比，RFID 技术具有以下优势：

- 非接触识别，长距离识别（几厘米至几十米）；
- 寿命长，无机械磨损，可工作于恶劣环境；
- 可识别高速物体；
- 读写器可保证其安全性；
- 具有密码保护，数据可利用算法实现安全管理；
- 读写器和标签之间存在相互认证的过程，实现安全通信和存储。

1. RFID 的组成

RFID 由电子标签、天线和读写器组成，如图 11-3 所示。

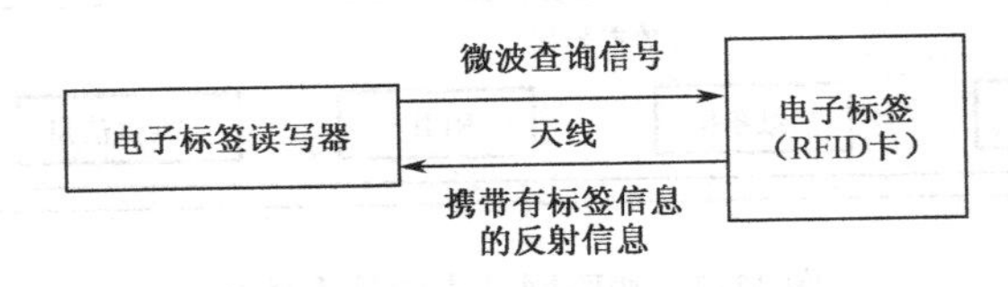

图 11-3 RFID 的组成

（1）电子标签：由芯片和耦合元件组成，每一个电子标签具有全球唯一的识别号码（ID），不能修改，不能仿造。电子标签内部保存有约定格式的电子数据，应用时，电子标签附着在待识别物体表面，用以标识目标对象。

（2）天线：处于电子标签读写器和电子标签之间，用于传递射频信号，即电子标签的数据信息。

（3）读写器：读取或者写入电子标签的信息，有手持式和固定式。读写器可以无接触地识别被测物体的电子信息，自动识别的信息传递给计算机，进行进一步的处理。

2. RFID 的工作原理

RFID 系统通常由电子标签读写器和电子标签组成。读写器一般作为计算机终端，和计算机进行信息互联，对电子标签的数据进行读写和存储，通常由控制模块、高频通信模块和天线组成。电子标签是无源的应答器，由集成电路芯片和外接天线组成，通常集成有射频前端、逻辑控制、存储器等，有的也会把天线集成在标签内。

如图 11-4 所示，RFID 系统的工作原理是：电子标签进入到读写器的射频场后，标签的天线获得感应电流经升压电路作为标签工作的电源，同时将信息的感应电流通过射频前端电路检得的数字信号送入逻辑控制电路进行信息处理；所需回复的信息则从存储器中获取经由逻辑控制电路送回射频前端电路，最后通过天线发回给读写器。

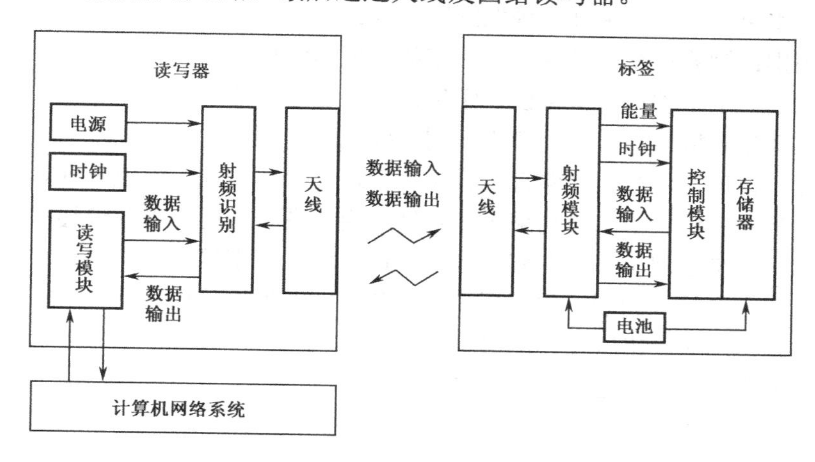

图 11-4 RFID 的工作原理

3. RFID 的分类

（1）根据 RFID 的工作频率，可分为低频（30～300kHz）、中频（3～30MHz）和高频系统（300MHz～3GHz）。低频系统的特点是存储数据少、阅读距离短、外形多样、天线方向性不强，主要适合短距离、低成本的应用，如门禁控制、校园卡、煤气表、水表等。中频系统适合传输大数据量的应用系统，其特点是成本高、标签内存数据量大、阅读距离较远、适应物体高速运动、性能好。高频系统的读写天线和标签天线都具有较强的方向性，但天线波束方向较窄且价格较高，主要应用于长距离读写和高速度的读写场合，如火车监控、高速公路收费等。

（2）根据 RFID 存储芯片的不同，分为可读写（RW）卡、一次写入多次读出（WORM）卡和只读（RO）卡。RW 卡一般比 WORM 卡和 RO 卡要贵，如电话卡、信用卡等；WROM 卡是用户可以一次性写入的卡，写入后数据不可改变，比 RW 卡要便宜；RO 卡存有一个唯一的号码，不能修改，因此其安全性较高。

（3）根据 RFID 的能量供给，可分为有源 RFID 标签和无源 RFID 标签。有源 RFID 标签使用卡内电池的能量，识别距离较长（可达十几米），寿命有限（3～10 年），且价格高；无源 RFID 标签内无电池，其能量来自读写器发出的微波，特点是体积小、寿命长、质量轻、成本低、免维护，发射距离一般是几十厘米，要求读写器发射功率大。

（4）根据 RFID 的调制方式不同，可分为主动式 RFID 标签和被动式 RFID 标签。主动式 RFID 标签是利用自身的射频能量主动发送数据给读写器，用于有障碍物的应用系统，距离可达 30m；被动式 RFID 标签，使用的是调制散射方式发射数据，必须利用读写器的载波调制自己的信号，适合门禁和交通方面的应用。

4．RFID 的应用

RFID 的应用非常广泛，主要有如下几个方面。

① 零售：对商品的销售数据进行实时统计、补货、防盗。

② 食品：水果、蔬菜、生鲜、等保鲜度管理。

③ 动物识别：驯养动物、畜牧牲口、宠物等识别管理。

④ 身份识别：电子护照、身份证、学生证等各种电子证书。

⑤ 医疗：医疗器械管理、病人身份识别、婴儿防盗。

⑥ 服装业：自动化生产、仓储管理、品牌管理、单品管理、渠道管理。

⑦ 物流：货物追踪、信息自动采集、仓储应用、港口应用、邮政快递。

⑧ 交通：出租车管理、公交车枢纽管理、铁路机车识别等。

⑨ 防伪：贵重物品（如烟、酒、药品）的防伪、票证的防伪。

⑩ 书籍管理：书店、出版社、图书馆等应用。

⑪ 汽车：制造、防盗、定位、车钥匙。

⑫ 航空：航空制造、旅客机票、行李包裹追踪。

5．RFID 面临的问题

RFID 在推广应用中面临如下几个问题。

（1）标准化

标准化是每一个行业推动其商品使其得到市场认可的必要措施，但到目前为止，RFID 的读写器和标签的标准仍未统一，无法一体化使用。不同厂商开发的标签通信协议使用的频率不同，封装格式也是多种多样。此外，标签的性能、存储器存储协议和天线设计约定都没有一个统一的标准。

（2）价格问题

价格问题是制约 RFID 标签推广应用的巨大瓶颈之一。RFID 系统的电子标签、读写器、天线的价格都比较昂贵。在新的制造工艺未普及前，成本很高的 RFID 只能应用于本身价值较高的商品，低成本的商品是不会考虑使用 RFID 系统的。

（3）技术上的突破

RFID 技术尚不成熟，遇到液体和金属时，RFID 标签无法正常使用。目前普遍使用的工作频率为 134kHz 和 13.56kHz 的标签因传输距离太短，读写器不能有效读取标签信息，标签失效率很高；RFID 标签和读写器有方向性，在障碍物阻挡时，传输的信号容易被阻断。因此，RFID 标签的可靠性也是面临的一大问题。

（4）涉及工作人员失业、隐私保护及安全问题

采用 RFID 系统后，企业将不再需要大量工作人员，原手工完成的工作现在只需要系统就可完成，引发的问题将是大量劳动力失业的问题。

RFID 的大规模使用还会出现隐私保护和安全方面的问题，无源 RFID 不具备读写能力，无法利用密钥验证进行身份确认，如果标签有源的话，就可以实现密钥验证过程，可大大提高系统安全性，但又会增加成本。因此，RFID 技术如果要应用于保密要求较高的领域，目前还存在障碍。

11.5.3 EPC 技术

日常生活中，超市所出售的同一类商品的条码完全相同，如果要利用条码分辨出那一个商品先超出保质期是很困难的，那么这就需要每一个商品都有自己唯一的条码。

1. EPC 技术的概念

解决上述问题的方法就是每一个商品都有自己唯一的条码——EPC 码。EPC 码是采用一组编号代表制造商和产品，并且还有另外一组数字来唯一标识的单个商品。EPC 是唯一存储在 RFID 标签微型芯片中的信息，可以使 RFID 标签降低成本，同时保持灵活性，数据库中的动态数据可以与 EPC 标签链接。

EPC 系统是一个先进的、综合的、复杂的系统，最终目的是为每一个单个的商品建立全球性、开放性的标识标准。

2. EPC 技术特性

EPC 就是编码技术、射频识别技术、网络技术综合起来的新兴技术。

EPC 标签芯片面积不足 1 mm^2，可以实现 128 字节信息的存储。全球 2.68 亿个公司，每个公司的产品为 1 600 万种，每种产品生产 680 亿个，EPC 的标识容量的上限也是可以满足这些产品的。这就意味着每个商品都可以有自己唯一的电子代码，和人上户口一样。

EPC 系统射频标签和射频识读器之间是利用无线感应方式进行信息传递的，可进行无接触识别，“视线”范围内可以穿透水、油漆、木材，甚至可以穿过人体进行识别。EPC 在一秒内可以识别 50～150 个商品。

3. EPC 技术组成

EPC 系统由 EPC 标签、识读器、Savant 服务器、Internet、对象名称解析服务（ONS）、PML（物理标记语言）服务器和众多数据库组成。

在互联网的基础上，EPC 通过管理软件系统、ONS 和 PML 实现全球范围内的“实物互联”。Savant 服务器的任务是校对数据、识读器协调、数据传输、数据存储和任务管理，它是整个系统的中枢神经，起着管理平台的作用。ONS 的作用是为 Savant 系统指明产品存储的信息所在的服务器。PML 是描述产品信息的计算机语言。

EPC 与 RFID 的逻辑关系是：EPC 代码 + RFID + Internet = EPC 系统。在强大的市场需

求下，RFID 技术、EPC 和物联网在世界范围内将会引起经济的再次腾飞。

11.5.4 摄像头

摄像头在人们的日常生活中随处可见，环境监控、安全监控、医疗保健都会用到它。对于物联网而言，视频和图像采集是物联网收集数据的重要组成部分。

摄像头一般有模拟和数字两类，模拟式摄像头捕捉到的数据需要进行模/数转换才可以进入计算机，而数字式摄像头可以直接捕捉图像，经过串口、并口或 USB 接口送入计算机，因此现在普遍使用的是数字式摄像头。

1. 摄像头的工作原理

摄像头通常由镜头、主控芯片和感光芯片组成。摄像头的工作原理是：被拍摄景象经过镜头（LENS）产生光学图像投射到图像传感器表面，转换为电信号，经过 A/D 转换后变为数字图像信号，然后送入数字信号处理芯片（DSP）中加工处理，最后经过 USB 接口送入计算机。

2. 摄像头的技术特点

（1）镜头（LENS）

镜头由若干片透镜组成，通常有塑胶（plastic）透镜和玻璃透镜两种。玻璃透镜成像效果更好一些。

（2）感光芯片

常用的感光芯片有 CCD（电荷耦合器）和 CMOS（互补金属氧化物）两类， CCD 常用于数码相机，CMOS 常用于手机。

（3）视频捕获能力

厂家通常标示的最大视频捕捉像素为 640×480。最大 30 帧/秒的视频捕捉能力在像素达到 352×288 时才能达到清晰流畅的状态。通常静止图片捕捉像素在 640×480 到 1600×1200 之间。

（4）调焦能力

调焦能力是摄像头的一个重要指标，好的摄像头都会有较宽的调焦范围，还应具有物理调焦功能，可以手动调节摄像头的焦距。

（5）图像的分辨率

分辨率是指单位面积上的像素数。主要的图像分辨率有以下几种：

- SXGA（1280×1024），又称 130 万像素；
- XGA（1024×768），又称 80 万像素；
- SVGA（800×600），又称 50 万像素；
- VGA（640×480），又称 30 万像素；
- CIF（352×288），又称 10 万像素。

（6）自动白平衡调整（AWB）

在不同的色温环境下，拍摄白色物体，屏幕中应该是白色的。色温表示光谱成分和光的颜色。色温低表示长波光占的比例大。色温改变时，光源中三基色（红、绿、蓝）的比例会发生改变，需要调节三基色的比例来达到色彩的平衡，这就是白平衡调节的具体意义。

（7）图像压缩方式

JPEG（联合图像专家组）是大家众所周知的图片压缩方式。但是当压缩比越大时，图像的质量也会变得越差。因此在图像精度要求不高、存储空间有限时，可以采用这种格式。目前的数码相机都采用这种格式。

（8）彩色深度（色彩位数）

色彩位数表示对色彩的识别能力和成像的色彩表现能力。色彩位数越高，图像就越艳丽动人。目前市场上的摄像头可达到 24 位，甚至 32 位。

（9）输入/输出接口

串行接口（RS232/422）：传输速率慢，一般为 115kb/s。

并行接口（PP）：速率可达到 1Mb/s。

红外接口（IrDA）：速率为 115kb/s，笔记本电脑有此接口。

通用串行总线 USB：即插即用的接口标准，支持热插拔。USB1.1 速率可达到 12Mb/s，USB2.0 可达到 480 Mb/s。

IEEE1394（火线）接口：传输速率可达到 100～400Mb/s。

（10）主控芯片（DSP）

DSP 的选择是根据摄像头的成本和市场接受程度进行确定的。目前中星微（VIMICRO）301Plus 主控芯片是摄像头中最好的核心 IC 之一。

3. 红外摄像头

红外摄像头具有夜视距离远、隐蔽性强、性能稳定的优点。隐蔽的夜视监控都使用红外摄像技术。红外摄像技术分为主动红外摄像技术和被动红外摄像技术。被动红外摄像技术是根据物体都可发出红外线的原理，利用特殊的红外摄像机实现夜间监控的，但是其成本较高，夜视中通常不采用。主动红外摄像技术是利用特制的“红外灯”发出红外光，产生的红外光人眼看不见但摄像机可以捕捉到，摄像机感受周围环境反射回来的红外光，实现夜视功能。

11.5.5 ZigBee 技术

ZigBee 技术是新兴的短距离、低复杂度、低功耗、低数据传输速率、低成本的无线通信技术，适合于自动控制和远程控制领域，可以嵌入各种设备。

1. 概述

ZigBee 是 IEEE 802.15.4 协议的代名词，据此协议规定的技术是短距离、低功率的无线通信技术。这个命名来源于蜜蜂的八字舞，蜜蜂（bee）在与同伴传递花粉位置信息时，通常是靠飞翔和“嗡嗡”（zig）地抖动翅膀的“舞蹈”来实现的，也就是说蜜蜂通过这个方法构成了群体的信息网络。

ZigBee 联盟是一个非营利业界组织，其研究的焦点是：制定网络、安全和应用软件标准；提供不同产品的协调性及互通性测试规格；在世界范围内推广 ZigBee 品牌并争取市场的关注；管理技术的发展。

2. 数据传输网络

ZigBee 是高可靠的无线数据传输网络，类似于 CDMA 和 GSM 网。其数据传输模块类似于移动网络基站，通信距离从标准的 75m 到几百米、几千米，并且可无限扩展。ZigBee 的无线数据传输模块可达 65 000 个，在整个庞大的网络范围内，每一个模块之间都可以相互通信。

ZigBee 通常有两种物理设备类型：全功能设备（Full Function Device，FFD）和精简功能设备（Reduced Function Device，RFD）。FFD 能与任何设备通信；RFD 只能与 FFD 通信，两个 RFD 之间不能通信，内部电路少，利于节能。

在进行数据传输时，需要的设备有：协调器、路由器和终端设备。一个 ZigBee 网络由一个协调器节点、若干个路由器和一些终端设备节点组成。

协调器是网络的第一个设备，用于初始化一个 ZigBee 网络。协调器的角色是启动并设置一个网络，一旦完成使命，就会以一个路由器节点的角色运行。由于 ZigBee 网络的分布特点，网络后续运行不需要依赖协调器的存在。

路由器的功能是：允许其他设备进入网络；多跳路由；协助电池供电的终端子设备的通信。路由器需要存储去往子设备的信息，直到其子节点醒来并请求接收数据。当某一子设备要发送一个信息时，子设备需要将数据发送给它的父路由节点，路由器负责发送数据，执行相关的重发，有时需要等待确认。此时自由节点就可继续回到休眠状态。可见路由器在不停地准备发送信息，因此通常不用电池，直接采用干线通电。

终端设备在需要向其父节点接收或者发送数据时才会被激活，因此电池可持续很长时间。其并没有维持网络基础的责任，因此可以自行选择休眠还是激活。

移动通信的 CDMA 和 GSM 网络主要是为语音通信建立的，每个基站的成本都在百万元以上，而 ZigBee 网络主要用于工业现场自动化控制数据传输，每个“基站”的成本不到 1000 元，具有结构简单、成本低、使用方便、工作可靠等特点。

3. 自组织网

下面以伞兵空降为例介绍自组织网。一队伞兵空降后，每人持有一个 ZigBee 网络终端模块，到地面后，各自如果处于网络终端模块的通信范围内就可以自动寻找，很快就会形成互联互通的 ZigBee 网络，当人员移动时，联络会发生变化，模块此时重新寻找通信对象，确定彼此联络，对原有网络进行刷新，这就是自组织网。

动态路由的网络中传输数据的路径并不预先设定，而是在传输数据前进行搜索，分析其远近，选择其中一条路径进行传输。网络管理软件中，通常使用“梯度法”，即先选择最近的一条，如不通，再选择稍远一点的，以此类推，直到将数据传输到目的地为止。实际中，数据传输路径随时都可能中断，因此采用动态路由结合网状拓扑结构，就可保证数据可靠传输。

ZigBee 网络层支持的网络拓扑结构有：星状（star）结构、树状（cluster tree）结构和网状（mesh）结构，其中树状和网状结构属于点对点的拓扑，如图 11-5 所示。

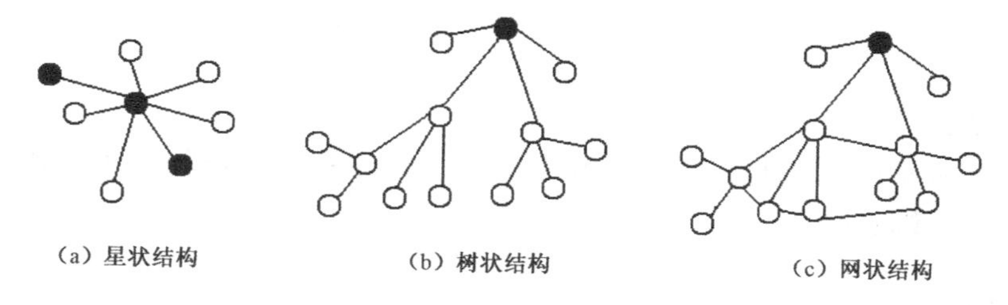

图 11-5　ZigBee 网络拓扑结构

4. ZigBee 的频带

ZigBee 技术主要有以下三种频率：

① 868MHz，传输数据速率为 20kb/s，适用于欧洲。

② 915MHz，传输数据速率为 40kb/s，适用于北美。

③ 2.4GHz，传输数据速率为 250kb/s，全球通用。

由于三个频带的物理层并不相同，其各自信道的带宽也不同，分别为 0.6MHz、2MHz 和 5MHz，分别有 1 个、10 个和 16 个信道。

ZigBee 在国内采用 2.4GHz 的 ISM 频段，是免申请和免使用费的频率，具有 16 个信道，带宽为 250kb/s。

5. ZigBee 的特点

（1）低功耗

待机模式下，5 号干电池可以支持 1 个 ZigBee 节点工作 6～24 个月。相比之下，蓝牙可工作数周，Wi-Fi 可工作数小时。

（2）低成本

ZigBee 通过大幅简化协议降低了对通信控制器的要求，ZigBee 免协议专利费。每块芯片的价格大约为 2 美元。

（3）低速率

ZigBee 工作在 20～250kb/s 的较低速率，提供 250kb/s（2.4GHz）、40kb/s（915MHz）和 20kb/s（868MHz）的原始数据吞吐率，满足低速率传输数据的应用需求。

（4）近距离

传输范围为 10～100m 之间，增加 RF 发射功率后，也可增加到 1～3km。

（5）短时延

ZigBee 的响应速率较快，从休眠转入工作状态只需 15ms，节点连接接入网络只需要 30ms。相比之下，蓝牙需要 3～10s，Wi-Fi 需要 3s。

（6）高容量

ZigBee 采用星状、树状和网状网络结构，主节点管理子节点，最多可管理 254 个子节点，同时主节点还可由上一级网络节点管理，最多时可组成 65 000 个节点的大网络。

（7）高安全

ZigBee 提供了三级安全模式，分别是无安全设定、使用接入控制清单（ACL）、防止非法获取数据以及采用高级加密标准的对称密码。

（8）免申请频段

采用直接序列扩频在工业、医学（ISM）频段、2.4GHz（全球）、915MHz（北美）和 868MHz（欧洲）等频段。

6．ZigBee 的应用

ZigBee 的应用领域如下：

① 家庭监控照明、安全和其他系统。

② 汽车应用：配合传感器网络报告汽车的所有的系统状态。

③ 军事应用：包括战场监视和军事机器人控制。

④ 对病患、设备及设施进行医疗和健康监控。

⑤ 用于计算机外设，如键盘、鼠标、游戏控制器及打印机。

⑥ 监控 HVAC 和写字楼安全。

⑦ 消费电子应用：对玩具、游戏机、电视、立体音响、DVD 播放机和其他家电设备进行遥控。

⑧ 有源 RFID 应用：如电池供电标签，可用于产品运输、产品跟踪、存储较大物品和财务管理。

⑨ 对油气等生产、运输和勘测进行管理。

11.5.6 网络技术

1．现场总线控制系统

20 世纪 80 年代中期发展起来的一种新的工业控制技术，即现场总线控制系统（FCS）。FCS 的出现简化了传统系统复杂、技术含量低的布线方式，使系统检测与控制更趋于合理。

现场总线是连接现场电器、现场仪表及现场设备和控制室之间的一种开放的、全数字化、双向、多站的通信系统。其标准规定了控制系统中现场设备的数据交换方式。数据的传输介质就是电线电缆、光缆、电话线、无线电波等。

传统的控制系统，对每一个元件的控制需要电源和控制两根线，元件越多，导线越多，系统越复杂。如果将所有元件的控制信号都由一根线控制，各元件的信息传递相互不受干扰，那么这个线就成了总线，因为控制装置在室内，控制对象在现场，因此这根线通常被称为现场总线。

FCS 技术具有布线简单、开放性、实时性、可靠性的特点。

2. Wi-Fi 技术

（1）Wi-Fi 的概念

Wi-Fi 的英文名称是 Wireless Fidelity，又被称为 IEEE 802.11b 标准。带宽为 11Mb/s，信号弱或被干扰时，带宽可自动调整至 5.5Mb/s、2Mb/s 和 1Mb/s，保证网络的稳定性和可靠性。其特点是速度快、可靠性高；开放性区域通信距离可达 305m；封闭性区域通信距离可达 76～122m；方便与现有的有线以太网整合，以降低成本。

（2）Wi-Fi 无线网络结构

Wi-Fi 无线网络结构有 Ad-Hoc 和 Infrastructure 两种。

"Ad-Hoc"是对等型网络结构，计算机只需要接上无线网卡，具有 Wi-Fi 模块的手机等便携终端就可以实现互相连接、资源共享，不需要中间的"连接点"（Access Point，AP）。

"Infrastructure"是整合有线和无线网络结构的应用模式，通过这种网络结构，可实现资源共享，此时需要通过接入点。

（3）Wi-Fi 的优点

Wi-Fi 技术是适用于办公室和家庭的短距离无线技术，使用 2.4GHz 附近的频段。Wi-Fi 技术的优势在于：

① 无线电波覆盖范围广，半径可达 100m 左右，而蓝牙技术的半径只有约 10m。

② 传输速率非常快，可达到 11Mb/s，数据安全性和通信质量稍差。

③ 利用"热点"通过高速线路将 Internet 接入机场、车站、咖啡厅、图书馆等区域，在"热点"发射的无线电波覆盖范围内，用户直接可以利用计算机等终端接入 Internet。

（4）Wi-Fi 的应用

Wi-Fi 技术从覆盖区域来说，应用于以下几个方面：

① 有线成本高和布线困难的区域。

② 酒店、机场、医院等人员流动大的区域。

③ 校园、办公室、会议等人员聚集地。

④ 展览馆、体育馆、新闻中心等信息量需求大的区域。

3. 蓝牙技术

（1）蓝牙技术的定义

蓝牙是一种支持设备间短距离通信（10m 内）的无线电通信技术，能在移动电话、无线耳机、便携式电脑等设备之间进行无线信息交换。利用该技术，可以简化移动通信设备之间的通信，也能够成功地简化设备与 Internet 之间的通信，使数据传输更加高效。蓝牙技术支持点对点和点对多点通信，工作在全球通用的 2.4GHz ISM 频段，数据传输速率为 1Mb/s。

（2）蓝牙技术的特点

蓝牙技术是低成本、近距离的无线通信技术，它的出现使移动技术摆脱了电缆的束缚，具备以下技术特性：

- 能传送话音和数据；

- 具有连接性、抗干扰和稳定性；
- 低成本、低功耗和低辐射；
- 安全性；
- 网络特性。

（3）蓝牙技术的应用

蓝牙技术有以下几种基本应用模式：文件传输、Internet 网桥、局域网接入、三合一电话（Three in One Phone）和终端耳机。

目前，蓝牙技术主要应用在手机、耳机、数码相机、数码摄像机、汽车套件，另外家用电器微波炉、洗衣机、冰箱、空调中也嵌入了蓝牙系统。

在汽车上装有车载免提电话系统，与带有蓝牙功能的移动电话一同工作；汽车后视镜利用蓝牙耳机，可在有来电时在镜面中间显示来电号码。蓝牙技术也可用于汽车防盗，将用户的蓝牙手机作为汽车的第二把锁，如蓝牙手机不在车内，一旦车辆启动，将被认为是被盗，马上报警。

信息同步是蓝牙技术的核心，不管是在家庭中，还是在办公环境中，个人信息的交换越来越重要，蓝牙技术可以实现掌上计算机之间、掌上计算机与移动电话之间互换名片，家庭与办公室的信息交互。

4．GPS 技术

（1）GPS 的定义

全球定位系统（Global Positioning System，GPS）是 20 世纪 70 年代由美国海、陆、空三军联合研制的新一代空间卫星导航定位系统。经过 20 年的研究，耗资 300 亿美元，1994 年 3 月，全球覆盖率高达 98%的 24 颗 GPS 卫星布设完成。

（2）GPS 的组成

GPS 由空间卫星部分、地面监控部分和用户设备部分（GPS 接收机）组成。

① 空间卫星部分

空间卫星共有 24 颗，其中有 21 颗为工作卫星，3 颗为备用卫星，这 24 颗卫星均匀分布在 6 个轨道上，保证在地球的任何一个地点，都能见到 4 颗以上的卫星，同时可保证良好的定位解算精度的几何图形（DOP）。

② 地面控制部分

地面监控部分用于监控 GPS 的工作，由 1 个主控站、3 个注入站、5 个监控站组成。主控站位于科罗拉多空军基地，用于收集监控站的跟踪数据，计算卫星轨道和钟差参数，并将这些数据发送至注入站，诊断卫星状态并对其进行调度。注入站的作用是将主控站发送的卫星星历和钟差信息注入卫星。监控站的作用是将接收到的卫星信号连续进行 P 码位距跟踪测量，将观测结果送入主控站。

③ 用户设备部分

用户设备部分主要由各种 GPS 接收机组成，其作用就是接收、跟踪、变换和测量 GPS 信号。按工作原理可分为码相关型、平方型、混合型、干涉型接收机；按用途可分为导航型、

测地型、授时型接收机；按载波频率可分为单频、双频接收机；按接收通道可分为多通道、序贯通道、多路多用通道接收机。

（4）GPS 的特点

GPS 的主要优势是全天候、多功能、高精度、高效率等。

① 定位精度高

GPS 的相对定位精度在 5km 范围内可以达到10^{-6}，在 100～500km 内可达到10^{-7}，1 000km 范围内可以达到10^{-9}。在 300～1 500m 工程精密定位中，1h 以上的观测中期平面位置误差小于 1mm。

② 观测时间短

GPS 技术在不断更新和发展，目前 20km 以内的相对静态定位只需要 15～20min；快速定位相对定位测量时，流动站与基准站相聚 15km 以内，流动站观测时间只需要 1～2min，可随时定位，每站观测只需要几秒。

（5）GPS 的应用

GPS 经常应用于导航、跟踪、精确测量等领域。GPS 应用于定位导航时，主要是安装于汽车、船舶、飞机这类移动型物体，如汽车自主导航定位目前非常普遍，除此之外，还有船舶远洋导航、飞机航线引导和进场降落、城市车辆跟踪和智能管理。在个人安全方面，GPS 可以在个人受到攻击时进行报警，通知警察、医疗、消防进行紧急救助。

11.5.7 终端设备

物联网系统中的感知层收集数据信息，网络层将数据送入处理中心，处理产生的信息将提供给用户或联动装置。用户获取信息时就需要感知终端设备，典型的终端设备有个人计算机、手机和 PDA 等。

1. 个人计算机

传统网络终端往往就是个人计算机，个人计算机作为终端有很大的优势，可呈现丰富的信息，数据量很大，处理速度较其他设备更快，操作方便，通用性强。但是个人计算机也有很多的劣势，体积较大，携带不方便，当随时需要获取信息时，个人计算机就会有诸多不便。

2. 3G/4G 手机

3G/4G 是指第三代（第四代）移动通信网络，3G/4G 手机就是指第三代（第四代）手机。手机的发展经历了第一代模拟制式手机、第二代的 GSM、CDMA 等数字手机，到现在的第三代（第四代）手机。现在的手机可以进行话音和媒体通信，包括图片、音乐、网络浏览、电话视频会议等其他的增值服务。3G/4G 网络相对以往的网络有更高的数据传输速率，拥有更多的功能，如网络电视、下载音乐、游戏、无线上网等。

3G 手机现有的网络标准有 WCDMA（中国联通）、CDMA-2000（中国电信）、TD-SCDMA（中国移动）等；4G 是目前普遍使用的通信形式，包括 TD-LTE 和 FDD-LTE 两种类型。3G/4G 手机是通信业和计算机工业融合的产物，其具备的鲜明特点是超大的、触摸式的彩色显示屏。3G/4G手机的出现解决了个人计算机携带不方便的问题，实现了随时随地可获取信息的生活。

3G/4G手机支持高质量的话音通话、分组数据、多媒体业务和多用户速率通信，大大扩展了手机通信的内涵，是物联网用户的理想选择。

3. PDA

PDA（Personal Digital Assistant，个人数字助理）也称为掌上电脑。其特点是轻便、小巧、可移动性强，同时具备强大的功能；缺点是屏幕小，电池持续能力有限。PDA通常使用手写输入设备，存储卡为外部存储介质，无线传输方面利用红外和蓝牙接口，有些PDA还具备Wi-Fi连接和全球定位系统。

PDA是没有电话功能的，需要时可通过扩展口插上电话卡。目前有的手机结合掌上电脑的功能，称为PDA手机，也称为智能手机。

无论现在还是未来，PDA的出现将给人们的生活带来很大的便利。数字时代的到来，3G/4G、宽频、信息家电（Information Appliance，IA）、无线技术等的广泛应用，使科技和生活息息相关。

11.5.8 MEMS技术

微机电系统（Micro-Electro-Mechanical System，MEMS）技术在各个国家和地区的叫法不同，在美国被称为MEMS，在日本被称为微机械，在欧洲被称为微系统。微机电系统作为纳米技术的一个分支，在电子产品设计中占据重要的位置。

1. MEMS技术

相对于传统的机械，MEMS的尺寸更小，最大的不超过1cm，甚至仅仅为几个微米。MEMS技术使用的材料是硅，硅材料的强度、硬度和杨氏模量与铁相当，密度与铝类似，热传导接近钼和钨。

MEMS的生成技术与集成电路（IC）类似，利用IC的制作工艺可以使其制作成本大大降低，而性价比远远大于传统机械。

完整的MEMS系统由微传感器、微执行器、信号处理和控制电路、通信接口和电源等部件组成。未来MEMS技术向小型化、智能化、集成化发展，将会给人类带来新一次的技术革命。

2. MEMS技术的发展

20世纪70年代到80年代，出现了MEMS技术的第一轮商业化浪潮，采用了大型蚀刻硅片结构和背蚀刻膜片传感器，接着出现了电容感应移动质量加速计，用于汽车安全气囊中。

20世纪90年代，出现了第二轮的商业化，围绕着PC和信息技术的兴起，出现了投影仪和喷墨打印机。

世纪之交出现了第三轮的商业化，微光学器件的出现称为光纤通信的补充。

目前正处于第四轮商业化阶段，重点在于扩展其应用领域，开始向工业、医疗、测试领域发展，同时包括射频无源元件、硅片上制作音频、生物和神经元探针等。

3. MEMS 微传感器

MEMS 微传感器是采用微电子和微机械加工技术制造出来的新型传感器。微机械压力传感器是最早出现的，分为压阻式和电容式两类，正在向智能化、低量程、拓宽温度范围、开发谐振式微机械压力传感器方向发展。硅微加速度传感器是第二个出现的微传感器，分为压阻式、电容式、力平衡式和谐振式。微机械陀螺仪是用于测量角速度的，有双平衡环结构、悬臂梁结构、音叉结构、振动环结构等。微流量传感器的特点是尺寸小、可达到很低的测量量级，分为热式、机械式和谐振式三种。微气敏传感器是利用声表面波器件的波速和频率会随外界环境的变化而发生漂移的现象制成的，分为硅基片气敏传感器和硅微气敏传感器。微机械温度传感器具有体积小、重量轻的特点，固有的比热容仅为 10^{-8}～10^{-15}K/J。

11.5.9 智能技术

物联网工作的基本原理：传感器自动感应物品信息，通过无线网络送入中央信息处理系统，实现对物品的“透明”和“智能”的管理。物联网覆盖全球范围，物品数量众多，为了使管理更加有效，必须依靠智能技术。

物联网的智能分为个体智能和空间智能。个体智能层次对应的是嵌入式智能平台（Embedded Intelligent Platform，EIP）技术；空间智能层次对应的是智能空间（Intelligent Space/iSpace/Smart Space）技术。

1. 嵌入式智能平台技术（EIP）

EIP 是以应用为中心，以计算机技术为基础，软件/硬件可裁剪，适应应用系统对功能、可靠性、成本、体积、功耗要求严格的专业计算机系统。目前，EIP 技术与生产生活息息相关，主要应用于通信、网络、金融、交通、视频、商业、军事装备、仪器仪表、制造业等方面。

2. 智能空间技术

智能空间技术为物联网中物物形成的空间提供了如何利用空间信息提供服务的方法。目前对智能空间技术没有明确定义，美国国家标准和技术学会（NIST）的定义是：一个嵌入了计算、信息设备和多模态的传感器的工作空间，目的是使用户能非常方便地在其中访问信息和获得计算机的服务来高效地进行单独工作和与他人的协同工作。

智能空间是物流世界与信息空间的融合，具有感知/观察、分析/推理、决策/执行三大基本功能，其融合表现在：

（1）物理世界中的物体将与信息空间中的对象相互关联。

（2）物理世界中的物体状态的变化引发信息空间中相关联的对象状态的改变，反之亦然。

智能空间的目的是建立一个以人为中心的具有计算和通信功能的空间，用户可以与计算机系统发生交互，可以得到随时随地、透明的人性化服务。

计算机、互联网的普遍使用、物联网的发展、无处不在的计算和智能将深入我们生产、生活的方方面面。

11.6 物联网的应用

随着网络、RFID、传感器等技术的发展，物联网的出现给人类的生产生活带来了更多的便捷，物联网的应用领域也在逐渐扩大，目前主要应用在城市交通、家庭医疗、物流管理、电力电网等领域，如图 11-6 所示。

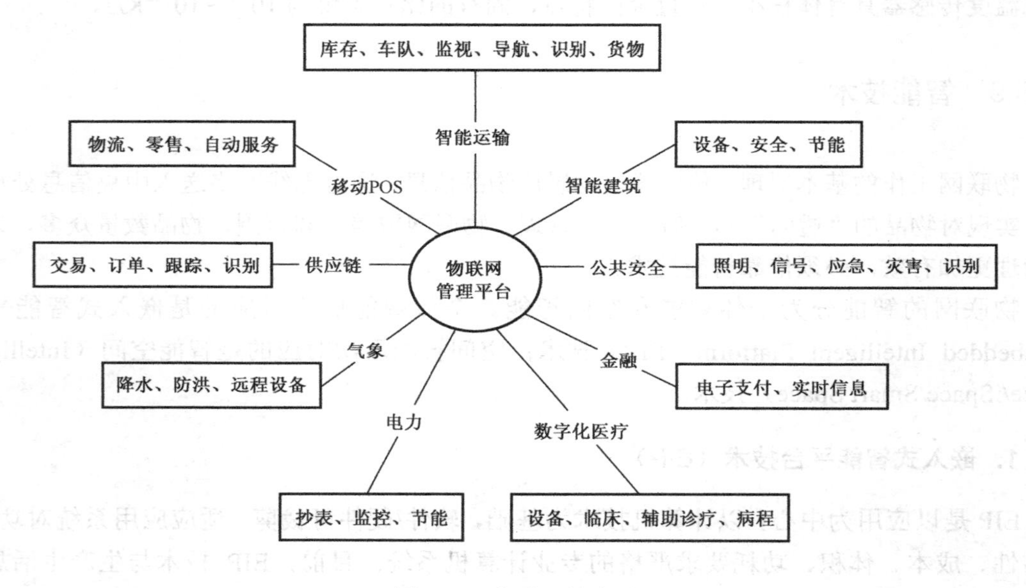

图 11-6 物联网的应用

11.6.1 智能家庭

智能家庭的出现可以给人们的生活带来什么呢？

首先，使生活环境更加安全。由防盗、防劫、防火、防可燃气体泄漏等功能组成的家居安全系统，以防盗报警为中心，监控和联动自控控制系统为手段保护人身财产安全。

其次，使生活环境更加环保、节能。室内环境监测可告知室内环境质量；各种设备根据室内光线和作息时间调节室内采光情况；新型能源的使用使家庭耗材更加合理。

再次，家庭信息化、自动化程度更高。所有的家电都可以和主人进行交流，根据主人的需求满足日常生活的需要。

最后，家庭娱乐更丰富。“三网互联”（电信网、广播电视网、计算机网）实现了个性化定制服务，人们可方便地根据爱好定制自己喜爱的节目。

1．智能家庭概述

智能家庭也称智慧家庭、智慧住宅，英文中常用 Smart Home 表示。

2009 年初，“中国智慧家居网”根据行业发展，定义了“智慧家庭”这个名词的含义：智慧家庭是以住宅为平台，利用综合布线技术、网络通信技术、安全防范技术、自动控制技术、音视频技术将家居生活有关的设施集成，构建高效的住宅设施与家庭日程事物的管理系统，提升家居安全性、便利性、艺术性，并实现环保节能的居住环境。

在智能家庭系统的子系统中，（中央）控制管理系统、家居照明控制系统、家庭安防系统是必备的；家居布线系统、家庭网络系统、背景音乐系统、家庭影院系统、多媒体系统和家庭环境系统是可选系统。在智慧家庭环境的认可上，必须具备所有的必备系统和一个以上的可选系统时才可被称为智能家庭。

2．智能家庭的功能

家庭智能终端是智能家庭的心脏，智能家庭平台系统实现的功能和提供的服务有以下几个方面。

（1）始终在线的网络服务

- 网上办公——与互联网随时相连，在家就可以方便办公；
- 网上购物——只需在网络上选择，商品就可按时送到；
- 远程教学——孩子可以不出门，在网上就可以得到最好的老师教学；
- 远程医疗——病人不出门，在上网就可以得到专家的诊治。

（2）智能安防报警

智能家庭的安全最重要。智能安防系统采用双重防线，防止出现任何危险。住宅周界采用主动红外探测设备；室内重要位置如门窗、客厅、厨房、收藏品区域等，采用红外探头进行重点防范。而报警系统则是利用各种监测传感器来监测家中的异常情况，一旦出现情况，系统会向中心发出报警信息，并启动报警信号、自主录音、现场监听等方式进入应急联动状态，主动防范保护家人和财产安全。

（3）网络视频实时监控

利用物联网可以实时监控家中任何区域的情况，如孩子是否安睡。

（4）预备预设日常管理

可以设定网络中的任何设备周期性的工作状况，例如，每天早上 7：00 打开卧室灯光，拉开窗帘，CD 机播放舒缓的音乐。

（5）智能照明系统

① 可实现全自动调光。系统的若干个基本状态可根据预设的时间自动切换，同时其照度也可自动调整至最佳状态。

② 可调节有控制光线功能的设备（如百叶窗），来控制自然光，也可和灯光系统联动。

天气发生变化时，系统自动调节，保持室内的光线和预设水平相同。

③ 保证照度一致性。采用智能控制，按系统预设的标准亮度使照明区域保持恒定亮度，不受灯的功率及墙面反射的影响。

④ 实现光环境场景的智能转换。智能照明系统可以预设不同的场景模块，如看电视、吃饭、看电影、看书的场景等，在需要时可以实现一键控制。

⑤ 运行中节能。智能照明系统通过智能控制，使需要光线的区域在需要的时间内光线充足，不需要时及时关闭灯具，充分利用自然光，达到节能的目的。

⑥ 智能家居系统中，和网络连接的显示设备，也可承担照明功能，可在墙面上呈现照片，根据气氛改变照明效果，如结婚纪念日时可以投射温馨而浪漫的色调。

（6）家电的智能控制和远程控制

① 场景统一管理——根据个人的喜好，可以设定多个自定义的场景，轻轻一按就可享受预设的多个场景状态，如“回家”“离家”“娱乐”“会客”等。

② 室内无线/红外遥控——手持遥控器，可以管理家中任何设备的工作，无线射频技术不受方向和位置的限制，在客厅可利用红外遥控器控制卧室的空调打开。

③ 电话远程控制——任何地方，都可以利用手机对家庭网络中的任何家电进行远程控制。

④ Internet 远程控制——在地球的任何一个角落，都可利用互联网查询家中所有设备的运行情况。

（7）交互式智能系统

通过语音识别技术可以实现智能家电的声控功能；通过主动式传感器实现智能家居的主动性动作响应。如利用语音识别技术，通过身上佩戴的无线话筒发出语音控制命令，对全家任何的设备都可进行控制。

（8）环境自动控制

由室内温湿调节控制和带有节能功耗的“电子鼻”系统控制，不管是严寒还是酷暑，房间内永远都是春意融融，空气湿度保持在 30%～70%，室内空气经过外部新风系统除尘、过滤、杀毒、调温处理后，进入室内，没有噪音，感觉像在郊野一样舒适清新。

（9）全方位家庭娱乐

家庭中央背景音乐系统是智能家庭的重要组成部分，在家中的每一个房间内都可听到高品质的音乐，各个房间可以独立控制，调节音乐大小，选择不同曲目，在来电时可自动降低音量，为室内提供轻松愉快的音乐环境。

（10）智能厨卫环境

随着科技的发展，厨房也将进入智能化的控制，利用光电技术、遥测感应技术、遥控技术、自动控制技术、远红外技术等，可以使厨房的生活更加便捷、安全。

（11）家庭信息服务

① “对话”家人——3G 网络实现后，用户可以透过手机监测家中的情况，也可和家人进行通话。

② 自动抄表——不需要人工进入查表记录，电表、水表、煤气表等的信息可以自动上传。

③ 可视对讲——住户与访客、住户与物业中心、访客与物业中心都可以进行视频通话，实现外来人员的进出控制。

（12）家庭理财服务

虚拟银行将银行的分行延伸至家里、办公室，或者只要能接触互联网的地方都可以，随时随地可完成理财和消费服务。

（13）自动维护功能

智能信息家电可通过服务器自行下载、更新驱动程序、诊断程序，实现智能的故障诊断和新功能扩展。

3．智能家庭的发展趋势

（1）“双向”自动化

自动化技术是“双向”的，意味着发送和接收的命令可同时确认。例如，按键向调光器发出“开”的指令，指导调光器确认这个指令的接收，电灯才实际打开。

（2）不依靠 PC 的独立形态

在智能家居中，如果单单依靠 PC，那么当 PC 瘫痪时，整个智能网络也就停止工作了，因此脱离了 PC 呈独立的状态，智能家居才能有更大的发展空间。

（3）个性化的人机交流界面

智能化家居的发展方向就是成为一个好管家，通过智能设备的逻辑判断和人工智能的功能，让人享受轻松、安全、自由的智能生活，所以触摸式、声控式、感应式等人性化的技术会得到广泛应用。

（4）无线电能传输

无线电能传输模块是智能家居不可缺少的部分，使用无线电能传输模块可以省掉各种插头，可以为带有加热功能的拖鞋发送能量，可以为个人服装加热，降低房间采暖的消耗，还可保证厨房中没有电线，在清洗厨房电器时不会发生触电事故。

（5）“脑机接口”技术

“脑机接口”（Brain Computer Interface，BCI）技术可以实现人想一下，就能关灯、换电视频道，甚至锁门。电灯开关、电视遥控器、房门钥匙将成为历史，正在研制的“脑机接口”将使“意念控制器”成为现实。

（6）塑料光纤

常用的网络信息传输介质有：金属为介质的铜缆、石英玻璃为介质的石英光纤、高分子材料为介质的塑料光纤。相对于铜缆而言，塑料光纤具有高带宽、保密性好、抗干扰强、防雷击、质量轻等特点；相对于石英光纤而言，塑料光纤具有施工和接续简单、光源便宜、综合成本低的特点。使用塑料光纤可以使宽带网速达到百兆级水平。

（7）设备自动发现技术

智能家庭网络中的设备越来越多，加入的设备如何自动的相互发现并协同配合工作，一直是智能家庭领域热议的问题。

11.6.2 智能物流

智能物流系统（Intelligence Logistic System，ILS）是在智能交通系统（Intelligence Transportation System，ITS）和相关信息技术的基础上，以电子商务（Electronic Commerce，EC）方式运作的现代物流服务体系。通过 ITS 和相关技术解决了物流过程中信息采集的问题，并对采集的信息进行分析和处理。通过物流环节中的信息传递，为物流服务提供商和客户提供详尽的信息和咨询服务。

物流业的发展方向有以下几方面：

（1）加快反应速度和降低服务成本

快速反应是物流发展的动力之一。传统的方式是加快运输速度，但是在需求方对速度要求越来越快的今天，也变成了一种约束，因此必须想办法提高速度，可以通过减少物流环节、简化物流过程来提高速度。

（2）增加便利性

一切可以简化手续、简化操作的服务都属于增值性服务。在物流服务中，ILS 的物流全过程跟踪技术、EC 的自动订货、基于 Web 的技术支持都可以增加物流服务的便利性。

（3）延伸服务

延伸服务是衡量物流企业是否具有竞争力的标准，同时是否有能力将 ILS 技术有机地集成于物流作业过程，也是衡量一个物流企业是否达到现代物流企业的标准。

1．智能物流的过程

生产线运行过程中，一批产品正在进行下线后的最后环节，利用机器为产品内置一个电子标签，产品在入库时被射频识别装置自动读取电子标签并存入数据库，并自动更新库存数据；数日后，产品被调出库，同样经过数据读取和数据更新。

产品进入物流系统后，物流公司同样要进行数据采集和管理，通过数据的实时传输、实时跟踪可以及时掌握商品所在位置。当物流公司把商品交给货主后，货主再次进行数据的采集，直到最终到达消费者的手中。

在上述过程中，生产厂家、物流公司可以利用网络及时获得商品的运输信息，如果哪一环节出现问题，可以及时获取信息，并商讨解决方案。

2．EPC 物流

全球产品电子代码编码体系（EPC）和物联网的逐步实施，使物流系统的各个参与方都大大受益。EPC 电子代码解决了单个商品的识别和跟踪问题。

当你在商场购物时，无须排队结账，带走你选定的商品就可以了，商品上的电子标签会将商品信息送入商场的控制系统，货款自动从你的信用卡扣除，商品信息准确记录下来后，产品生产商获取自己产品的销售情况，及时调整生产和供应，如果有“瑕疵”或“缺陷”的产品，生产商可及时召回，提高服务水平。这样的系统使生产商可以提高生产效率、降低产品退货率、减少运输成本，及时调整整个供应链，提高利润。

对于运输商来说，EPC 可以进行真伪标识、自动通关、运输路线跟踪，提高了货物的安全。根据 EPC，运输商可自动获取数据，自动分类，降低取货、送货的成本。

对零售商来说，实施 EPC 可以提高订单供货率，减少脱销，增加收入，在商场内可提高自动结算的速度，减少缺货，同时还可以防盗，对产品进行追溯，提高产品的质量保证。

对消费者而言，EPC 可以实现个性购物，减少排队等候时间，提高生活质量，如果产品出现问题，可以进行质量追溯，维护自身合法权益。

3. 智能物流面临的问题

（1）观念需要改变

目前国内物流行业对物流的认识还比较肤浅，认为物流管理只是运输、仓储、配送、流通等各个环节独立的管理活动，不能提供信息查询和跟踪的服务。物流供需双方往往因为关注价格而忽视了“供应链”所能带来的总成本降低的优势。物流行业应该形成“集成供应链管理服务”的理念，提高物流水平的同时，将各个环节的各方结成亲密伙伴，通过高水平、高质量的供应链来提高产品的竞争力，使物流企业和客户双方受益。

（2）成本受到制约

智能物流中 RFID 的成本是一个关键因素。国内消费者对 RFID 芯片成本的心理价位是 0.5 元以下，低价标签对于大众消费厂商、超市零售商而言，数以万计的商品加起来，成本价也是很高的。专家指出，用户可将 RFID 的成本放在系统受益的背景下权衡，从投入产出的角度考虑。

（3）需要统一标准

物联网的标准滞后是制约其发展的瓶颈，没有标准就不可能建设物联网。目前在国内，物联网基础的 RFID 行业标准、应用规范等都还滞后，只能依赖国外标准。标准的研究，一方面要有权威性、系统性；另一方面要有应用，要被行业接受，应用才能成为事实的标准。我国政府已经意识到这个问题的严重性，但是物联网标准体系建设还没有突破性进展。

（4）安全隐患

之前出现的恩智浦经典芯片被破解事件，业界已经开始高度关注安全隐患问题。RFID 便捷的读取性，使其芯片上的个人信息很容易被他人窃取。如果出现类似情况，那么个人隐私会不经意间被读取，甚至造成被跟踪，破解芯片后，复制的卡片就可随意进入受限区域甚至进行刷卡消费。目前 RFID 技术打造的手机支付受到消费者的青睐，安全问题一天不解决，真正的手机支付时代就不能到来。虽然到目前为止没有完全有效的方法，但是业界及政府都采取了积极的态度，寻求解决的方法，为 RFID 技术的发展提供健康的环境。

11.6.3 智能医疗

医疗和健康是关系民众的大事，推动医疗服务体系的发展是政府、医疗行业努力的方向。

IBM提出的智能医疗方案，以家庭、健康服务电话中心、社区服务中心、疾病防控专家、二/三级医院、基本药物配送物流等不同的机构为核心，通过技术创新和信息技术实现更加便民的智能医疗服务体系。我国每年因为医疗事故、重复诊断、流行疾病等造成了人力、物力的大量浪费，因此智能医疗体系的发展势在必行。

1．智能医疗的目标

智能医疗以病人为中心，使服务质量、服务成本、服务可及性取得良好的平衡。智能化医疗体系可以解决当前看病难、看病贵、病历丢失、重复诊断、医疗数据没法共享等问题，实现快捷、协作、经济、预防、可靠的医疗服务。

（1）便捷

在智能医疗系统中，患者手持的终端可随时检测身体状况，当某指标超标时，终端激活无线网络，将数据记录在电子档案中，授权医生可根据电子档案信息确定医疗方案。

（2）经济

医生做出诊断后，了解到患者的药费负担，可选择较便宜的药物进行治疗。患者可通过联网的医保系统，了解医药费用，选择是否使用不在报销范围内的新药、特效药。

（3）协作

建立公共的医疗信息数据库，信息库内的医疗信息可以共享，为医生的诊断提供更多的数据。

（4）普及

城乡医院和社区医院也可通过智能医疗系统连接到中心医院，患者就诊时及时获得专家建议、安排转诊；也可实现城乡、社区医院医生的培训。

（5）预防

智能医疗系统可实时的获取每个人的身体状况，这些信息存储于医疗数据库，分析和处理医疗数据后，连接个人最新使用的药物、人体指标的变化，快速、及时、有效地制定应急方案。

（6）可靠

医生在诊断时可搜索、分析、利用数据库中的科学数据，为自己的诊断找到依据。

2．智能医疗的优势

（1）数字化

智能医疗体现在医疗服务手段、过程、管理方面的数字化。IBM正在推进的个人电子健康档案方案，通过标准的业务语言，实现患者病历的信息共享，医护人员可随时查询，为预防、诊断、康复提供参考数据，患者得到一致的服务，提高了医疗服务水平。

（2）网络化

智能医疗可以实现医疗信息在网络上的共享和互联互通。IBM在不同的医疗机构建立信息服务平台，这些服务平台的资源可以共享，跨医疗机构可以在线预约和双向转诊，实现“小病在社区，大病进医院，康复回社区”的便民就诊模式。

（3）智能化

智能医疗可以实现智能化的技术创新，利用中西医临床信息整合技术，使医务人员可以制定出融合中医和西医的治疗方案。

3. 智能医疗的实施

（1）移动智能化

移动智能化医疗服务信息系统是以无线网络和RFID技术为基础，采用智能型手持数据终端为移动中的医护人员提供数据应用的。医护人员在查房或移动中，通过手持数据终端与医院的信息数据中心进行数据交互，随时获得患者的各项数据信息。患者也可利用佩戴于手上装有RFID的手环与PC连接的RFID读卡器读取个人的检查信息，获得自己的各项检查结果。

（2）医院的信息化平台

目前国内的医院在加速HIS（Hospital Information System）的建设，用于提高医院的竞争力。信息化可以有效提升医院的工作效率，提高患者的满意度，建立起科技进步的形象。查房是医院医生的必备工作，每次查房时需带有大量的病历，信息化实现后，查房时只需带上具有无线上网功能的计算机或PDA，就可以轻松查询和记录患者信息。安装无线IP视频监控后，可以实时监控病房特别是重症监控室（ICU病房），使医生和患者家属及时掌握病人治疗情况。

（3）健康监测

我国目前已经进入老龄化社会，对儿童的关注也日益增多，无线网络将为老人和儿童的健康监控提供可靠的技术支持。健康监测主要用于监测人体的生理参数，不一定是病人，也可以是正常人。各类传感器将检测到的信息送入通信终端，如PC、手机、PDA等，医生利用无线网络了解被监控人员的病情，及时处理，患者也可及时得到治疗。

（4）药品管理

目前药品管理有众多的问题，医院每天都会有大量的用药，这些药品的存货量、药品日期、每天用药量数据对医院来说至关重要，如果出现问题将影响医院的服务水平；药品在流通时由于环境因素的变化会使药品质量发生变化或者失效，如果混入假药，后果将非常严重；流通过程中会频繁出现串货、退货现象，造成成本的提高。要解决以上问题，可以以物联网为基础，对流通中的药品贴上显示唯一身份的EPC码，在流通过程中对每一个单一的药品进行标识和追踪，实现对药品信息及时、准确的掌握，解决安全、成本的问题。

（5）医疗废物处理

医疗废物管理不单单是医院的问题，还关系着公共卫生的问题。2003年经历SARS疫情后，国家高度关注医疗废物处理的问题，2003年6月16日颁布了《医疗废物管理条例》，将废物管理纳入法制轨道。随着信息系统的普及和信息化水平的提高，医院和专业废物处理公司推广了医疗废物的电子标签化管理、电子联单、电子监控和在线监测等信息技术，实现了人工处理向智能管理的跨越。

4．智能医疗应用展望

以下以日常生活中看病为例来介绍未来的医疗服务。王女士是一名办公室白领，某一天颈椎有点疼，打电话给社区医院，门诊张医生在接电话的同时就可以看到王女士的电子医疗档案，详细询问情况后，认为有必要联系市医院的高级医师，随后与市医院的高级医师进行了视频会诊。诊断后，张医生建议王女士做X光检查。王女士向市医院预约了第二天上午9点进行X光检查。第二天9点王女士到达市医院后，无须排队直接进行X光检查，结果和处方自动记录到她的个人医疗档案中。下午回家后，就可以收到医药物流按处方送来的药物，费用通过医保支付。

11.6.4 智能电网

电是日常生活中必不可少的能源，电网包含电力的生产和运输等环节。智能电网应该做到以下几点。

（1）可靠

可靠的智能电网要保证用户在何时何地都可以得到电力的供应。对电网可能出现的问题发出警告，在收到电网的扰动时不会断电。在断电之前就通知用户，避免用户受到影响。

（2）安全

智能的电网受到物理的、网络的攻击时不会断电，不容易受到自然灾害的影响，不会伤害到公众和电网工人。

（3）经济

智能电网在保证供求平衡的同时，价格公平而且供应充足。

（4）高效

智能电网能够充分利用投资控制成本，减少电力的输送和分配损耗，利用更加高效。利用控制电流的方法，可减少运输功率拥堵。

（5）环境友好

智能电网在发电、输电、配电、储能、消费过程中减少了对环境的影响，在未来的设计中，将占用更少的土地，减少对景观的影响。

1．智能电网概述

智能电网是在物理电网的基础上，将传感测量技术、通信技术、信息技术、计算机技术、控制技术融合物理电网形成的新型电网。智能电网可满足用户对电力的需求和优化资源配置、确保电力供应的安全性、可靠性和经济性、满足环保要求、保证电能质量，为用户提供可靠、清洁、经济、互动的电力供应。

智能电网的数据、控制都需要通信技术的支持，因此建立通信是实现智能电网的第一步，传感器检测智能电网的实时数据，提供信息交互，信息技术将推动智能电网的高速发展。

2. 智能电网的特点

（1）自愈网络

“自愈”是指将电网中有问题的元件从系统中隔离出来，并且在少数人甚至没有人干预的情况下迅速恢复电网的正常运行，几乎不中断用户的用电，自愈的实质是“免疫系统”。自愈网络可在线连续不断地进行自我评估，在遇到问题时，及时采取措施，保证电力的供应。

（2）激励和保护用户

智能电网中，用户是不可或缺的一部分，鼓励和促进用户参与电力系统的运行和管理是智能电网的又一特点。用户根据其电力需求和电网对其需求的能力来调整其消费，电力消费的成本、实时电价、电网目前的状况、计划停电等信息一目了然，可随时调整自己的电力使用方案。

（3）抵御攻击

智能电网可以同时承受多个部分的攻击，同时可以在一定时间内协调多重攻击，被攻击后可快速恢复，并最大限度地降低其后果。智能电网的安全策略包括：威慑、预防、检测、反应，目的是减少和减轻对电网和经济的影响。

（4）电能质量

电能质量的指标有：偏移、频率偏移、三相不平衡、谐波、闪变、电压骤降和突升等。由于用电设备的数字化，电能质量需要进一步提高，否则将影响正常的生产。目前商业企业和家庭用户需要的电能质量各不相同，因此电能质量可以分级，从“标准”到“优质”，以不同的价格水平满足不同用户的需求。

（5）减少输电、配电方面的电能质量问题

智能电网通过先进的控制方法监测电网中的基本元件，一旦出现问题及时提出解决方案。尽量减少由于闪电、开关通流、线路故障和谐波源引起的扰动，采用超导、材料、储能等电子技术解决电能质量问题，防止用户的电子负载影响电能质量。

（6）允许发电和储能系统的接入

智能电网可以安全、无缝的接入不同的发电和储能系统，类似于“即插即用”。互联标准改进后使各种不同容量的发电和储能设备都很容易接入，包括分布式电源，如光伏发电、风电、先进的电池系统，即插入式混合动力汽车和燃料电池。商业用户如果安装自己的发电和储能设备将会有利可图。风电、大型太阳能电厂、先进核电厂将继续发挥作用。分布式电源的接入可以减少对外来能源的依靠，同时也可提高供电可靠性和电能质量以应对战争和恐怖袭击。

（7）促进电力市场发展

智能电网的先进设备和通信技术以及数据会推动电力市场蓬勃发展。智能电网利用市场中的供需互动，可有效管理能源、容量、容量变化率等参数，降低阻塞、扩大市场，汇集更多买家和卖家。用户可利用实时报价调整电力需求，推动成本降低方案，促进新能源的发展。

（8）优化资产运行

智能电网通过优化资产可以降低其运行成本。管理过程中要实现以下几方面，需要什么资产何时需要，和其他资产合理配合，最大限度发挥其功能；运行设备在最恰当的时间给出维修信号，实现设备的状态检修，使设备运行到最佳状态；选择最小成本的能源输送系统，提高运行效率。最佳容量、最佳状态、最佳运行将大大降低电网的运行费用。同时，先进的信息技术提供了大量有效的数据，为规划人员提供优化运行的可靠数据。

电力与生产/生活息息相关，一个可靠、安全、清洁、经济的电网将给人类带来更加舒适美好的生活。

11.6.5 物联网应用案例

1. 门禁管理系统

门禁管理系统是自动识别技术和安全管理系统的结合体，涉及的相关技术有电子、机械、光学、计算机、生物技术等。

门禁管理系统通常安装在人员流动的出入口、电梯口、贵重物品存放处等重要区域的通道口，其组成部分有门磁装置、电控锁或者控制器、读卡器、电源及相关设备，这些设备通过网络接入中央监控中心，中央监控中心利用软件控制和监测通道的人员出入情况，并记录时间、方向等信息。

通常所见的门禁管理系统都采用指纹采集器采集指纹，而且每个人可存储多个指纹信息，开门的方式可以是指纹识别，也可以是指纹加密码的形式。目前普遍使用的门禁制度多用于考勤。

2. 移动支付

移动支付（Mobile Payment）也称为手机支付，是指可以利用手机进行消费支付的服务形式。移动支付是移动通信和 Internet 的有机结合，可以避免商户不支持某些信用卡支付的问题，消费者可利用一部手机完成任何支付行为。

整体系统利用网络，将移动运营商、银行和银联、商店和校园连接成一个更大的网络。支付方式分为远程支付和现场支付，网购就属于远程支付，而购物或吃饭付款就属于现场支付。

近年来，我国移动支付技术发展迅猛，各种移动支付平台竞争激烈，为我们的生活提供了很大的便利，出门带上手机，一切支付都可以完成。

3. 不停车收费系统

不停车收费系统（Electronic Toll Collection，ETC）又称为电子收费系统，是智能交通系统 ITS 的重要组成部分。该系统综合了电子技术、通信和计算技术、自动控制技术、传感技术、交通工程和系统工程技术。当车辆进入 ETC 通道时，ETC 系统自动记录车辆信息，建立档案并收费，在不停车的情况下完成数据采集。

本 章 小 结

本章主要介绍了物联网的定义、出现的背景、结构组成、相关技术及其应用。

物联网是近年来出现的一个新的技术网络，在传感器和通信技术的推动下，物联网给人类的生产/生活带来了翻天覆地的变化。

物联网主要由感知层、网络层和应用层三部分组成。其支撑技术包括常见的传感器、RFID、EPC、Zigbee、MEMS 等。

物联网在家居、物流、医疗、电力、交通等方面的应用，使生产生活更加方便和舒适。

习 题 11

11-1　什么是物联网？

11-2　物联网的发展历程是什么？

11-3　物联网和互联网有什么区别？

11-4　物联网由哪几部分组成？

11-5　物联网在生活中的应用都有什么？

第 12 章　车联网技术

汽车现在已经成为人们日常生活中必不可少的交通工具。随着汽车产业的高速发展，汽车所带来的环境污染、交通拥堵、交通安全等问题日益严重。车联网技术是汽车未来发展的重要方向，将智能化的汽车与智能的交通系统联合起来，合理地管理交通出行，就可以大大缓解城市的交通拥堵，提高交通安全，减少汽车对环境产生的影响。

12.1　车联网的定义

车联网的英文名称是 Internet of Vehicle，简称 IOV，是指车与车、车与道路设施、车与行人、车与传感设备等进行交互，实现车辆与公众网络通信的动态移动通信系统。可以通过车与车、车与行人、车与道路互联互通实现信息共享，收集车辆、道路和环境的信息，并在网络平台上对所采集的信息进行加工、计算、共享和安全发布，根据不同的功能需求对车辆进行有效的引导与监管，以及提供专业的多媒体与移动互联网应用服务。

车联网通常由车内网和车外网两部分组成，车内网包括常见的 CAN、LIN、MOST 网络，车外网包括车载移动互联网和车载自组织网。以车内网、车外网为基础，依据汽车特定的通信协议标准，实现车与一切事物的互联互通，提供智能的交通和车辆控制，为驾驶者提供动态信息服务，车联网的目标是实现人、车、路的有效协同。

12.2　车联网发展的背景

12.2.1　车联网在国外的发展

欧洲、美国和日本是汽车行业发展起步较早的地区，在技术开发、整体规划等方面引领着全球车联网的发展。

20 世纪末，美国通用公司在汽车上安装 Onstar 的 Telematics 设备，是车联网的萌芽。之后美国联邦通信委员会确定了专用远程通信的 DSRC 通信频段。21 世纪初，美国推出了 WAVE 标准体系，启动了 VII / IntelliDrive 项目，深入研究车与路的相互协同。2009 年，美国交通部发布智能交通的研究计划，正式提出了车联网的构想。2014 年，美国国家高速公路安全管理局发布文件，针对车对车技术标准征集意见，并且请求立法，在国家层面推广 V2V 通信技术。

21 世纪初，欧洲推出用于车辆之间通信的 FleetNet 协议，随后大众、宝马等相关汽车制造厂成立了车辆间通信联盟 C2C，其目的是建立不同车辆之间的通信。2005 年，欧盟提出了 eCall 计划，该计划是指在车上安装车载设备，当出现重大交通事故时，可以启动自助急救电话，减少事故伤亡。2011 年 Drive C2X 车联网项目在欧洲正式启动，其目的是缓解交通拥堵，降低尾气排放对环境的影响，使行车环境更加安全、环保、可靠，2014 年该项目实验成功。Drive C2X 项目为驾驶员提供及时的交通事件、交通信息、安全提醒，通过车内信号显示急救车辆提醒、前方障碍物警告、前方拥堵提醒、天气警告等功能。

1984 年，日本建立 RACS，中文名为路车间通信系统，1989 年升级成 ARTS，称为先进道路交通系统。20 世纪 90 年代，日本开始建设道路交通情报通信系统 VICS，为驾驶员提供准确实时的交通信息，2003 年已经完成全覆盖。之后日本的各个汽车生产厂，相继推出为驾驶员提供安全便捷的车联网服务，如本田公司的 Internavi，丰田公司的 G-Book，日产公司的 CarWings 等。1999 年日本制定 ETC 全国统一的技术规格标准，采用 ISO 标准，采用 5.8GHz 专用短程通信。21 世纪初，日本正式实施 ETC 计划。2007 年，日本推出 Smartway 即智能道路计划，利用路边基础设施和车载组网实现通信，可以实现车路高度协同、车辆自动驾驶、不停车缴费。

12.2.2 车联网在国内的发展

20 世纪末，我国的卫星定位设备开始面市，陆续出现了 GPRS、SMS、CDMA1X、3G 等类型的卫星定位设备，这些定位设备提供的定位信息与移动通信技术共同管理车辆，主要应用于物流、出租车、乘用车、工程车辆等。卫星定位设备的发展为未来的智能化车辆管理和道路安全信息化打下坚实的基础，这个阶段并没有汽车企业的加入。

2000 年，我国成立了全国智能交通系统协调指导小组，组成了 ITS 体系框架。2006 年，“现代交通技术”领域被列入国家“863”计划，重点研究交通安全保障技术和 ITS。2007 年，我国颁布不停车收费系统国家标准。

中国移动公司于 2005 年推出“车务通”，2009 年推出“车 e 行”业务。“车务通”为企业的车辆提供调度、定位、防盗、监控、管理等服务，“车 e 行”为个人的车辆提供实时交通信息、POI 信息、一键通等位置信息服务。

中国的 Telematics 元年出现在 2009 年，丰田公司的 G-Book 和通用公司的 Onstar 进驻中国市场，上海安吉星信息服务有限公司成立，为上海通用汽车公司的别克、凯迪拉克、雪佛兰品牌提供车载信息服务。

2010 年，交通运输部提出了要建设车联网，同年无锡举办的中国国际物联网大会将车联网项目列为国家级的重要项目。国务院在“863”计划中提出的现代交通技术里面包含车联网的相关技术，包括智能车路协同关键技术和大城市区域交通协同联动控制。

2011 年，交通运输部发布《道路运输车辆卫星定位系统车载终端技术要求》，同年 5 月正式实施，要求“两客一危”车辆必须安装车载终端产品。4 月公安部、交通运输部、工业和信息化部联合国家安监总局下发《关于加强道路运输车辆动态监管工作的通知》，要求 8 月开始在车辆上安装符合规定的卫星定位装置。

2012 年 7 月，国务院发布《关于加强道路交通安全工作的意见》，指出相关车辆必须严格按照规定安装具有行车记录功能的卫星定位装置。陕汽集团被工业和信息化部授予“车联网技术应用实训示范基地”，国内首家车联网示范基地正式落户西安。交通运输部发出通知，将全国 9 个省市作为示范，要求在 2013 年 3 月完成全省 80%的北斗/GPS 双模车载终端安装任务，标志着北斗正式民用。

2015 年年底，工业和信息化部发布《国务院关于积极推进“物联网+”行动的指导意见》的行动计划（2015—2018 年）的通知，首次提出《车联网发展创新行动计划（2015—2020 年）》，推动车联网技术的研发和标准制定，开展车联网试点、基于 5G 的车联网的研究。

车联网是实现车与车、车与路、车与行人以及车与物联网等一切事物的互联互通，通过人、车、路的有效协同，达到智能交通的水准。我国的车联网发展和发达国家还有很大的差距，在核心技术方面目前还处于理论阶段。

12.3 车联网的组成及工作原理

车联网主要是实现车与一切事物的互联互通，要完成互联，必须依靠以下几个组成部分：车载终端、路侧单元、传输网络及车联网平台，即端、管、云。

12.3.1 车联网的组成

1. 端

车联网中的端是指泛在的通信终端，包括车载终端和道路基础设施，主要用于记录、传输、保存信息。车载终端具有车内通信、车间通信、车路通信的能力，道路基础设施具备车路通信、路网通信能力。

（1）车载终端

车载终端设备依靠传感器采集获取车辆信息，感知行车状态及环境，进行人车交互，同时具有卫星定位和无线通信功能。车载终端设备主要的作用是采集车辆运行的相关信息，目的是实现车辆与其他网络的通信，可提供视频播放、警告提示等。

车载终端内部包含多个模块，分别是无线通信模块、多媒体播放模块、移动通信模块、卫星定位模块、传感器和音视频数据采集模块、数据存储模块、中央处理单元。

无线通信模块的主要作用是完成车与车、路、人的交互通信，目的是识别车辆、驾驶员，实现路网和车辆的交互。中央处理单元将收集到的各类信息进行处理，生成的信息通过无线通信模块发送给附近车辆。

移动通信模块主要用于远距离的数据传输、无线上网、语音通话等。中央处理单元通过发送指令控制移动通信模块拨号，建立互联网进行数据传输。

多媒体播放模块主要用于 CD、DVD、收音机、电视等音视频的播放。

卫星定位模块主要是利用卫星获取车辆此时的经纬度、海拔、速度和方向等位置信息。

数据采集模块是利用传感器采集车辆信息，如视频、音频的采集。

数据存储模块主要保存车辆行车状态的记录和地图。

（2）道路基础设施

道路基础设施通常安装在道路两侧，利用无线技术连接互联网，与车载终端和云端实现通信，具备车辆身份识别、特定目标检测与抓拍、广播实时交通信息、电子扣分等功能。ETC 不停车收费系统就属于此类设施。

道路基础设施的主要目的是通过车载终端获取车辆的相关信息，同时上传云端，由控制中心系统进行处理并形成实时交通信息，将结果返回到道路基础设施，再由道路基础设施通过无线通信的方式发送到其覆盖的车载终端。

道路基础设施也可由智能路灯、公交电子路牌、智能信号灯等装置实现路侧单元的功能。

2. 管

管指的是管道，目的是实现融合通信和接入互联网的能力，其主要用于解决车与车、路、云、家、行人之间的互联互通，实现移动互联网、无线局域网、车辆自组织网和其他网络的通信，管道是车联网的保障。

3. 云

云指的是云平台，可将写好的应用程序放在“云”里运行，也可以使用“云”提供的服务。车联网的云平台主要用于终端接入和车辆相关管理等车联网的应用，同时完成数据存储、分析、处理等，为驾驶员提供路况信息、云导航、停车管理等服务。

云平台接收车载终端，道路基础设施等发来的连接请求，提供稳定高效的数据处理、协议解析、消息转发等服务。云平台和客户端的交互有两种方式即请求和返回。云平台通过不同客户端和不同系统进行数据转发和数据格式转换，实现不同系统之间的业务接入访问及实现，如对 CallCenter、App、SMS 等系统的支持。

12.3.2 车联网的工作原理

车联网以道路交通为基础、以车辆为中心，对道路的利用率和交通安全进行综合研究，车辆本身作为移动的研究对象，通过无线通信的方式实现车辆和一切事物的连接，多种无线通信的方式共存，相互之间必然会产生电磁波干扰，因此要求车联网必须稳定并且抗干扰。稳定性、移动性、及时性、无线性是车联网必须具有的特点。

车载自组织网 VANET 由车载终端、道路基础设施组成，通过无线通信方式实现车辆间的通信（V2V）、车路之间的通信（V2I）、车与行人之间的通信（V2P），通过道路基础设施和网络连接实现与云端的通信，通过移动通信网络让车辆具备访问互联网的能力，实现车与云端的双向通信（V2C）。车联网工作原理如图 12-1 所示。

如图 12-1 所示，车载终端利用总线通过 ECU 读取传感器数据，实现车内通信，利用卫星定位模块、各种传感器获得车辆运行的环境和位置信息，利用无线通信模块实现与附近的车辆和道路基础设施形成车载自组织网，实现车与车、车与道路基础设施之间的通信，利用移动通信模块和互联网连接，实现车辆与云端和家的通信。道路基础设施利用移动通信模块与互联网连接，为云端提供对应区域的具体情况，同时可以从云端获取交通信息，通过无线通信模块与对应区域车辆实现车载自组织网，为网内的车辆提供交通信息。云端的作用是及时向道路基础设施和车载终端提供交通信息和车辆相关的服务信息，并根据请求推送需要的信息。

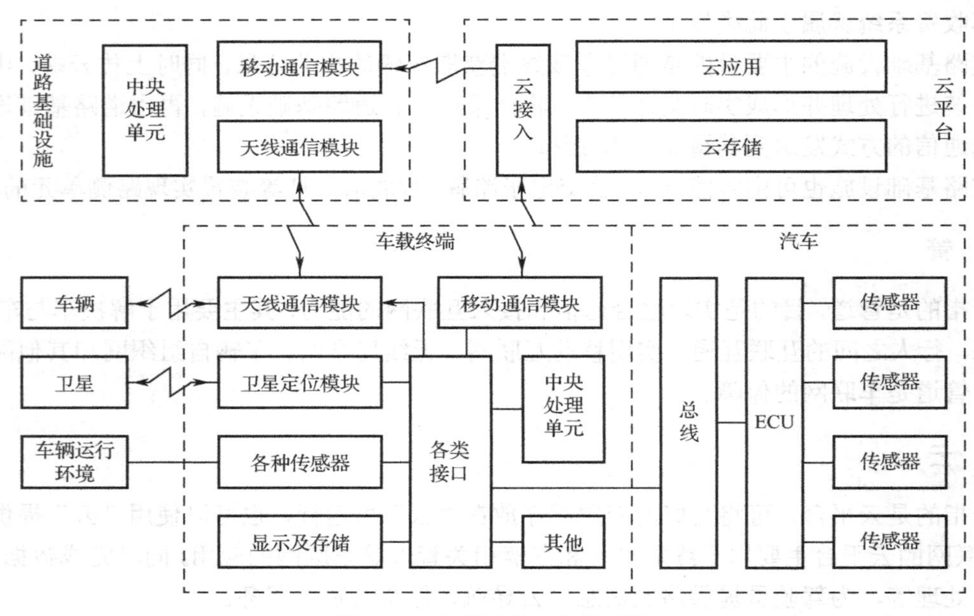

图 12-1　车联网的工作原理图

1. 车与车通信（V2V）

车与车的通信称为 V2V，参与通信的所有车辆必须安装车载终端才能保证通信，车载终端必须包含无线通信模块和传感器，车辆之间能够建立车载自组织网。

设道路上有 3 辆车 1、2、3 按照顺序沿同一方向行驶，车辆 1 处于最前方，车辆 2、3 按顺序依次行驶，3 辆车的车载终端处于自动运行状态，车辆 1 与同一通信范围内的车辆 2、3 快速建立车载自组织网。车辆 1 及时利用车载终端的各类传感器持续监测车辆行驶的道路情况，同时预测周围车辆的行驶路径，当车辆 1 遇到某些紧急情况，例如前方车辆紧急刹车、前方道路异常、前方障碍物等，车辆 1 此时由正常行驶转为危险状态，此时需要减速并通知后面的车辆。车辆 1 将检测到的情况，通过车载终端将位置、速度等信息通过数据包的形式，通过车载的自组织网即时广播给后面的车辆 2、3。车辆 2、3 收到数据包后，经过拆解，就会收到声音或者其他形式的驾驶提醒，对自身的行车速度进行调整，从而规避危险，提高行车安全。在此过程中，车辆 3 与车辆 1 之间虽然隔车辆 2，但是信息的传输可以消除驾驶员的视线盲区，提前感知到道路情况。

2. 车与路通信（V2I）

车与路在实现通信的过程中，主要依靠道路基础设施内部的移动通信模块和无线通信模块。移动通信模块将道路基础设施接入互联网，实现与云端交通控制中心的信息交互。无线

通信模块与车辆的车载终端构成车载自组织网，实现车辆的接入。

车辆处于正常行驶状态时，道路基础设施通过移动通信模块获取云端提供的各类信息，例如交通信号、天气、超速提示、弯道速度提示、实时交通、周围车辆行驶情况等，通过车载自组织网向周围能够覆盖到的车辆进行广播，相关车辆收到数据后，就可利用此数据调整自身的行驶状态。如收到实时交通信息，结合导航数据，就可重新规划路线，避免拥堵；收到弯道速度提示、超速提示、天气等数据时，此时以语音方式提醒驾驶员注意行车安全，避免交通事故。

道路基础设施将收集到的接入网络的车辆行驶数据及时传输到云端交通信息中心，中心对数据进行分析整理加工后，形成新的实时交通信息，再次返回到道路基础设施。

不停车收费系统（ETC）是车路通信的一个典型代表。

3. 车与云通信（V2C）

车辆如果需要与云端进行通信，就需要根据车载终端使用的无线通信模块确定通信制式，在电信运营商处开通对应的资费卡，装入车载终端，保证其联网能力。车辆在使用过程中，车载终端拨号入网，接入移动通信网络，车辆此时就可以访问互联网，实现数据传输和获取。

车辆行驶时，车载终端通过各个模块获取车辆的相关信息，传感器获取车辆运行情况、ECU 采集车辆信息、卫星定位模块采集车辆位置信息，将上述数据打包通过移动通信网络传输给云端，云端接入系统对数据进行分析处理并保存，形成的数据中包括车辆的行驶情况、运行情况、驾驶行为、油耗数据等。驾驶者或者车队管理人员可随时从智能终端设备查出车辆的所有情况。

驾驶员在行驶过程中如果需要服务，可以通过语音或者手动操作车载终端向服务中心发起服务请求，车载终端将该车辆的数据信息发送给云端，云端对数据进行分析和处理，找到驾驶员所需的数据信息。云端对驾驶员需要的数据信息提供两种方式进行传递，一种是与呼叫中心服务人员沟通，此时将驾驶员所需数据发送给服务人员，由服务人员处理；另一种是将驾驶员所需数据通过云端通信接入系统，将数据传递给车载终端，车载终端解析数据后，根据数据进行任务响应并呈现给驾驶员。

12.4 车联网的关键技术

车联网要实现真正的车路协同，实现无人驾驶和智能的交通控制，需要依靠端、管、云三个模块的关键技术作为支持，同时根据客户的各种需求，积极研究关键技术，为车联网的发展提供有力保障。

12.4.1 数据采集

车联网技术在车辆工作过程中需要采集众多的数据信息，才能完成信息的整合处理和控制，采集数据的类型分为两部分，整车数据采集和车外数据采集。

整车数据主要来自汽车电子控制系统，该系统包括动力、底盘、车身安全、车载信息四大模块，统一由 ECU 控制，车内数据就由 ECU 采集四大模块内所有传感器数据和开关信号。ECU 在采集数据时，需要和汽车总线进行交互，目前车辆常用的总线技术有 CAN、LIN、MOST 等类型。

车外数据的采集内容主要有道路状况、附近车辆状态、行车状态、车辆的位置等数据。其中车辆位置信息的采集至关重要，在车辆使用的整个流程中，位置信息贯穿其中、必不可少，利用车载终端的卫星定位模块采集车辆速度、方向、经纬度等，为车辆紧急救援、天气信息、路况信息、远程防盗提供判断依据。车辆所在单位也可利用定位信息对车辆进行跟踪、监控、调度等操作。

近年来，主动安全技术发展迅速，在规避危险方面受到消费者的认可，辅助驾驶和无人驾驶成为汽车发展的新方向，要实现主动安全、无人驾驶，必须完成海量的数据采集，依靠的技术包括卫星定位、传感器、摄像头、雷达等。

数据采集对车联网的实现提供有力的数据支持，汽车厂商对车辆的整车数据不会完全公开，因为要考虑到车辆安全问题，制定合适的数据公布规则是车联网实现的必要保证。

12.4.2 车载操作系统

车载终端是车联网与车辆连接的关键接口，实现车网、车路、车间、车内通信，采集获取车辆信息，感知行车状态和环境，实现用户和车辆的交互。车载终端目前还没有实现标准化，因此发展过程中没有大的突破。

车载终端分为前装市场和后装市场，前装市场的车载操作系统有 QNX 和 Wince，后装市场以 Wince 为主，Android 为辅。

QNX 的特点是系统稳定，结构灵活，适合汽车、医疗、工业控制领域，其缺点是成本高；Wince 的特点是安全性能好，系统成熟，启动速度快，但在支持语音、移动、Wi-Fi、蓝牙方面较差，只适合做单机操作。

作为后装市场的移动终端操作系统目前最常见的是 iOS 和 Android。iOS 操作系统是苹果公司产品的专用操作系统，用户体验好，系统稳定、操作顺畅，但是作为封闭系统开发门槛较高，目前并没有应用于车载领域。Android 系统是目前比较受欢迎的操作系统，良好的开放性，开发门槛低，市场应用广泛，缺点是需要系统资源来运行，启动慢。

车联网的实现需要车载终端技术的支持，车载操作系统则是车载终端的关键技术，目前国内市场中，Android 操作系统的市场占有率逐年提高，利用该操作系统的开放性，制定适合车载终端的操作系统，为车联网发展提供支持。

12.4.3 车载网络

车联网由车内网和车外网组成，是不同的无线接入技术并存的泛在网络，不同无线技术所具有的特点，然后将这些无线技术进行协同和融合是车联网需要解决的问题。

车内网是用 LIN、CAN、MOST 等总线技术，将车内的传感器和电子设备连接起来的汽

车局域网。

车外网是通过无线通信技术实现车辆与车、路、云的通信。车与路通信的车载自组织网 VANET 是由 MANET 发展而来的，是在车联网领域特定的应用，属于特殊的移动自组织网络。Ad hoc 网络是采用点对点模式，其特点是无中心、自组织、动态拓扑等，非常适合在车联网中应用。

目前全球范围内，美国的 VII/IntelliDrive 项目，欧洲的 SAFEPOT、COOPERS 项目，日本的 Smartway 计划，都是通过车载自组织网进行通信，实现不停车收费，车辆自动驾驶等功能。

车联网的关键在于连接网络，车载自组织网在通信中的作用尤其重要，通信无法完成就无法实现信息交互，更不可能实现智能交通。目前车载自组织网面临的问题是大量车辆接入带来的网络负荷问题，高速移动时的通信问题，车辆反向行驶的链路保持问题等，这些都需要不断地研究解决。

12.4.4 语音识别

近年来，汽车驾驶员由于行驶中打电话造成的交通事故越来越多，因此解放双手是汽车驾驶中需要解决的问题。语音识别的出现可以解放驾驶员的双手和双眼，让驾驶员在驾驶中注意力更加集中，提高驾驶的安全系数，在车联网应用中的作用显而易见。

目前国外出现的语音识别系统有福特公司的 SYNC 车载多媒体交互系统和苹果公司的 Car Play 智能车载系统。SYNC 车载多媒体交互系统支持 20 多种语音，支持国内方言，最新版本可提供语音打电话、多媒体播放、导航等；Car Play 智能车载系统是利用 iPhone 手机启用 Car Play 系统，将手机投射到车载终端屏幕，行驶中利用 Siri 语音控制车载终端。

国内语音识别的实力企业是科大讯飞，推出的讯飞语音云平台目前在国内有广泛的应用，具有语音识别、语音合成、语音搜索等交互功能，同时可进行本地的语音识别。讯飞的车载语音解决方案支持用户对车辆进行打电话、发短信、导航指令等操作。

语音识别是多方面、综合性的技术学科，目前在车内使用时存在两方面问题，一是车内噪音、回声的影响，识别精度低，特别是车辆处于高速状态时；二是本地识别时，车载终端的处理器速度和存储能力有限，如果改用云平台，高速行驶中网络无法保证，无法使用云平台。

车联网发展的关键技术之一是语音识别，语音识别能够解放驾驶员的双手、双眼，提高行车安全，但是目前语音识别在车内的使用还存在很多瓶颈，还需不断地研究探索。

12.4.5 云计算

车辆行驶中需要采集的数据信息在进行计算时采用分布式计算方式，即车辆自身的车载终端就是自己的计算器，对采集的数据进行计算分析，并将数据发送给周围车辆，同时上传给服务端，此种方式节约时间、提高了计算效率，保证了服务的及时性，同时降低了服务器的开销。

当服务平台接入大量车辆时，此时需要多台服务器提供服务，负载均衡技术将大量的车辆分摊在不同的服务器进行处理，一旦服务器出现故障，可以将车辆接到闲置的服务器，不影响系统运行，提高网络的灵活性，增强服务器的数据处理能力，保证服务的稳定性。

每辆车每天产生的数据量非常庞大，需要使用数据存储服务器实现网络存储。为提高硬件资源的利用率，解决灾难恢复问题和不同操作系统在同一台服务器运行的问题，需要虚拟化技术，利用平台构建虚拟服务器平台，从而实现不同的操作系统共用一台服务器的工作模式。

以上功能融合到一起就形成了云计算，目前安全问题、性能问题和可用性问题是云计算需要解决的，因此还需要继续研究探索。

12.4.6 无线通信

无线通信技术是车辆实现车联网的关键技术，贯穿汽车使用过程中的每个环节。车辆的通信分为车内通信和车外通信两部分，目前车内通信广泛采用的是蓝牙、RFID、Wi-Fi、NFC等技术；车外通信应用较广泛的是移动网络、Wi-Fi、RFID等技术。

汽车的车载电子设备中车载终端通过各种无线通信技术实现车内车外的信息交互。

1. 车内无线通信

车内无线通信是指车联网中车内的通信，主要包括汽车智能钥匙、车载蓝牙电话、车载收音机、车载音响等。

（1）ASK和FSK

汽车智能钥匙进行通信时采用的是ASK或者FSK，胎压监测传感器有时候也采用此方式。

ASK是指幅移键控，数字数据调制载波的幅度得到不同的取值，信号相当于模拟信号的调幅过程，与载波相乘的数据是二进制码。

FSK是指频移键控，是利用载波的频率参量携带数字信息的调制方式。FSK抗干扰性能好，带宽占用较大。

汽车智能钥匙大多数采用ASK，也有双频点FSK，或者多频点ASK。根据国家发布的相关技术要求，汽车上常采用的载波频率为315MHz和433MHz，发射功率限值是10mW。

（2）蓝牙

蓝牙技术是一种短距离通信的无线通信技术，频段为2.4GHz，通信距离为10米以内，其特点是抗噪声性能强，传输速度快，速率可达到720kb/s～3Mb/s。蓝牙的两种工作模式是点对点和点对多点，常见的协议有HFP、HSP、A2DP、AVRCP、OPP等。车辆开始使用蓝牙是因为车内通信正好适合蓝牙10米的覆盖范围，车载电话、车载音响、无线耳机与蓝牙技术的结合，解决了数据线连接不便的问题，驾驶员接听电话更加方便。

（3）ZigBee

ZigBee也称为IEEE 802.15.4协议，同样采用2.4GHz频段，属于短距离无线通信技术。ZigBee的数据传输速率是250kb/s，速率低至28kb/s时，传输范围可扩大至134m。其特点是成本低、速率低、功耗低，可以支持大量节点、多种网络拓扑，可靠性、安全性好。在车辆中ZigBee常用于胎压监测。

（4）RFID

无线射频称为RFID，属于微波通信的类型，频率范围是1～100GHz，属于短距离识别的无线通信技术，在没有与检测目标实现机械或者光学接触时，通过无线电信号识别特定目标，同时完成数据读写。在车辆中RFID常用于无钥匙启动或者RFID钥匙。

（5）NFC

NFC是RFID发展的新型短距离无线通信技术，称为近场通信，具有便捷快速的特点，可兼容被动RFID设备。NFC的工作距离是20cm，频率为13.56MHz，传输速率为106kb/s、212kb/s、424kb/s。NFC和RFID的区别在于，其采用双向识别和连接，虽然传输范围小，但是采用信号衰减后，具备带宽高、能耗低、距离近的特点。如果车辆和手机都具备NFC功能，就可在手机和车辆之间进行音乐、图片等的数据传输。目前手机的NFC可以实现公交卡的充值功能，足不出户就可完成充值服务。

（6）Wi-Fi

Wi-Fi是目前进行无线通信的常用形式，将手机、计算机、Pad或者车载终端等通过无线的方式进行连接。Wi-Fi相对于之前的无线通信技术而言，覆盖范围更大、传输速率高、可靠性高、门槛低，其组网的形式很灵活，便捷快速，成本合适，移动性好，一经推出受到广泛欢迎。Wi-Fi的组网模式分为Infrastructure和Ad-hoc，Infrastructure是无线与有线结合的类型，需要无线路由器；Ad-hoc不需要配置无线接入点，设备只要支持Wi-Fi即可使用，车辆可使用该模式组建车载自组织网实现车外无线通信，也可实现车内无线通信。目前国内使用Android操作系统的车辆都支持Wi-Fi技术。

2. 车外无线通信

车外无线通信也成称为V2X，X是指和车相关的所有事物，如车、行人、路侧设施、家等。车联网通过车内网以及车外网的海量信息提供与行车相关的综合服务，实现人—车—路—环境的和谐统一，实现真正的智能交通。

（1）长距离通信—4G

4G是指第四代移动通信技术，是目前普遍使用的通信形式，包括TD-LTE和FDD-LTE两种类型。4G是3G与WLAN的结合，可高速传递高品质的音视频和图像。4G网络的特点是网络频谱宽、通信速度快。目前国内的三家运营商（移动、联通、电信）都具有TD-LTE制式的4G牌照。车联网中4G网络通常用于车载录像、车载终端、部分OBD。

近年来5G发展势头迅猛，相信在很短的时间内，5G将取代4G为车联网提供更优质的服务。

（2）短距离通信—DSRC

DSRC又称为专用短程通信技术，能够高速地传输数据，同时保证通信链路的低延时和低干扰。DSRC作为ITS的重要组成部分，为智能交通服务系统提供最关键的基础服务。如果车辆在10米范围内正在高速移动，DSRC可以实现车辆的识别和双向通信，实时传输数据、语音、图像等。目前DSRC普遍应用在车队管理、驾驶员识别、ECT不停车收费、信息交互等领域。

目前全球范围内DSRC的标准有以下几个，美国设置的频段标准是5.9MHz，欧洲和日本的标准频率是5.8MHz。我国在1998年5月由交通运输部ITS中心提出将5.8MHz频段分配给智能运输系统领域的短程通信，其中包括ETC收费系统。

（3）卫星定位

卫星定位系统一直是各个国家努力发展的通信技术，目前全球共有4个卫星定位系统，分别是美国的GPS、中国的北斗、欧盟的伽利略、俄罗斯的GLONASS。我国目前使用的是GPS和北斗系统。

车联网作为多种技术融合的产物，必须要依靠各种技术的不断发展，开发出更多适合车联网的设备，才能真正实现车联网。

12.5 车联网的应用

车辆上配置的车联网设备会依据车辆类型和应用而不同，车联网的应用可以从车载终端方面、道路基础设施方面、行业方面来体现，以下分别介绍车联网在各部分的应用。

12.5.1 车载终端的应用场景

1．交通通行场景

车辆在使用过程中，车辆之间需要进行信息交互、预警危险，实现车路协同，从而提高车辆在行驶过程中的安全性。车与车通信中，车辆跟驰、并线提醒、路面异常提醒、防碰撞报警是车联网应用的主要场景。

车辆在道路行驶过程中，经常会遇到单行线无法超越的情况，或者交通堵塞或者车距非常小的情况，此时车辆的车速受到限制的情况称为车辆跟驰。车辆装有车载终端的话，车辆之间就可形成车载自组织网，车辆之间通过通信就可以将实时的行车速度共享给其他车辆用于调整各自的车速。

车辆在行驶中会经常换道，在换道时，如果车辆后方和两侧存在障碍物或者车辆，或者遇到雨、雪、大雾等恶劣天气时，驾驶员就会出现视觉盲区。车载终端此时感知周围的道路情况，利用车辆之间的通信，分析出合适的行车路线，一旦并线过程中出现危险，立即进行提醒，避免危险出现，提高行车的安全性。

道路的路面情况是车辆行驶时必须关注的问题，如果行车中遇到路面异常情况，如结冰现象，此时本车辆已经出现剧烈摆动和不平衡行车，车辆之间的通信可以通知后续车辆降速，避免湿滑路面的事故，确保安全行车。

车辆处于高速行驶时，如果前方出现交通事故或者障碍物时，留给驾驶员反应的时间非常有限，由于这种原因导致的车祸数目众多。防碰撞报警可以根据车载终端上提供的前方道路交通情况，实时分析车辆与前车距离信息，必要时及时发出警示，避免连续碰撞的风险。防碰撞报警的信息可以及时提供给网络内的所有车辆，提醒所有的驾驶员。

2．日常通用场景

车载终端在车辆日常行驶中，可以在多方面提供数据信息，实现车辆方便、安全、有效的使用。

车辆熄火时，驾驶员可以对车辆设置设防状态，此时遇到非法操作车辆的情况时，车载终端会识别并报警，并将报警信号上传监控中心，监控中心可对车辆实现跟踪，利用定位等手段找到被盗车辆。

驾驶员在车辆行驶中，如果遇到意外突发状况，需要救援帮助，此时可按住 SOS 键，车载终端此时向救援中心发送请求。救援中心接到求救信号，此时对遇险车辆实施跟踪定位监听的控制，及时安排救援工作。

疲劳驾驶是车祸出现的常见原因之一，车载终端通过视频采集模块，采集驾驶员的面部特征、头部运动和眼部运动参数，推断驾驶员是否处于疲劳驾驶状态，及时发出报警信号提醒，为驾驶员提供主动智能的安全保障。

智能停车是驾驶员准备停车时，车载终端根据当前位置信息，推送附近最合适的停车位置和停车场的空位信息，方便快捷实现停车，缓解停车场附近的交通拥堵。

12.5.2 道路基础设施的应用场景

车辆如果配备了车载终端，在行驶中路过道路基础设施，就可以接收到路侧基础设施提供的交通实时资讯、天气预报、道路施工情况、安全警告等信息，使车辆的通行更加高效畅通。

城市中的交叉路口是车辆、人流量汇聚的地方，驾驶员对信号灯的误判，车辆的碰撞，复杂的通行环境等因素导致事故多发。交叉路口的安全警告是利用道路基础设施、广播交通信号灯信号，为驾驶员提供交通实时资讯，规划车辆行车状态并对可能出现的碰撞或者危险提前警示。

车辆行驶中会遇到各种恶劣天气和突发交通事故，此时设置在路侧的基础设施随时提供天气状况，驾驶员可根据天气规划好路线或者提前做好安全措施；突发的交通事故等信息也可由云端的广播获得，根据周围车辆和导航信息，可以避免交通拥堵，保持交通顺畅。

ETC 不停车收费系统是目前最为广泛的车联网应用，车辆通过收费站时，驶入不停车收费通道，车道旁设置的控制设备自动识别车辆上的车载终端编码，判别车型后计费，从车主预先绑定的账户中扣除费用，电子栏杆此时打开，完成不停车缴费的操作。ETC 要完成自动扣费，车主需要预先开通相关账户，并将账户信息存入车载终端，道路基础设施需要通过网络和云端收费管理系统连接，扣费完成后，道路基础设施将收费操作信息上传到收费管理系统，分析汇总后可生成相关报告。

12.5.3 行业的应用场景

1．出租车行业

出租车是公共出行必不可少的交通工具之一，其车辆的定位终端在 20 世纪初就已经配备，出租车行业的车辆管理也在信息化的过程中不断探索。作为具有庞大车辆的出租车公司，对车队的管理可依靠车联网技术来完成。

车联网云端调度中心可全天候地监控车队的所有车辆，对车队车辆行驶的方向、速度、位置、里程数等数据进行采集和数据整理。

调度中心在需要时，可根据所采集的车辆行驶数据，对任一车辆进行调度，通过车载终端向车辆推送语音或者调度指令，同时驾驶员也可及时回复，完成高效智能的调度过程。

云端调度中心可对车辆实施定时间段的追踪，此时对应车辆的车载终端会在规定时间段内实时传输车辆位置，也可在追踪有效期间随时停止追踪指令。

调度中心可对车队的所有车辆设置车速最高值，当实际车速超过该值后，车载终端会自动提示驾驶员降低车速，注意行车安全，同时将提示信息上传调度中心，作为驾驶员考核的原始数据。

车辆处于特殊行车环境时，需要规定其驶入、驶出的范围，云端的调度中心可通过车载终端对车辆设置围栏区域，提供车辆禁止驶入和禁止驶出的功能。一旦车辆的实时行为违反围栏区域的设置，车载终端会进行报警，并上传云端，作为驾驶员考核的重要数据。

车队为了了解出租车在运行中的客流情况，可通过车载终端的视频和红外技术统计运营期间上下客人的情况，公司管理者可根据此数据分析车辆运营的实际情况，做出有利于企业发展的调整。

为了监控出租车运营期间的具体情况，保障驾驶员和乘客的安全，可通过车载终端的摄像头对车辆行驶中的位置及车内情况进行监控，实现车辆管理。视频拍摄也可由固定频率的拍照替换。

近年来，网约车的出现对出租车行业的冲击非常大，为了增强出租车行业的竞争力，由车联网提供技术服务的出租车应该做好以下几方面工作：一是建立统一的车联网云调度平台；二是发展基于车联网技术的终端，包括车载终端和手机；三是构建基于车联网的人、车、路协同的环境。

2．公交车行业

公交车作为老百姓出行的常用交通工具之一，与人们的生活息息相关。早期的公交调度系统利用的是卫星定位设备获取车辆信息进行调度管理。近年来，卫星定位设备已经不能适应高速发展的交通运输行业，因此将车联网技术应用于公交车成为交通运输行业发展的新方向。

车联网应用于公交车的管理过程，首先要为所有的公交车配置适合车联网技术的车载终端，车载终端不但要具备接入互联网的能力，还需要具备无线通信的能力；同时要能够感知道路状况；卫星定位设备所具有的定位功能，车载终端需要继续设置。

公交站牌遍布城市的任何区域，目前城市中提供的都是文字型路牌，通常为公交站点信息。公交电子路牌是无线通信形式的路牌，设置在公交站点，属于道路基础设施的一种类型。电子站牌可利用无线网络从云端获得线路、车辆、班次、路况等信息；也可作为新闻媒体提供各种资讯；同时也作为广告牌，获得一定的经济收益。不论是哪种应用，最终都为乘客提供了各种服务信息，为乘车、等车带来了方便。

公交车在实际运营中，需要采集运营路线、材料消耗、维修数据、客流量等众多数据，根据这些数据形成行车计划，自动生成电子路单（电子路单是考核驾驶员“三正点”的依据，三正点是指车辆的出场、出车、到站正点）。工作人员可根据车辆运营的数据，对车辆进行可视化的在线监控和调度，保证高效、畅通的交通运行。

3. 无人驾驶

无人驾驶汽车又称为轮式移动机器人，是依靠传感器、高精度地图、卫星定位技术、视觉计算、人工智能的协同合作，实现无人驾驶的智能汽车。

从有人驾驶的汽车发展到无人驾驶的汽车，不同的国家和企业划分标准基本相同，美国高速公路安全管理局将无人驾驶分为 4 级，分别是驾驶辅助、部分自动化、有条件自动化、高度自动化。

进入 21 世纪以来，汽车无人驾驶技术经历十几年的发展，开始从构想成为现实，宝马、奔驰、沃尔沃、奥迪等汽车企业和谷歌等互联网公司一直在研究和努力。2010 年后，各公司陆续推出无人驾驶汽车的道路测试，让无人驾驶的技术出现在公众面前。

无人驾驶发展的初始阶段是驾驶辅助，它是车联网在汽车上的具体应用。车辆配备驾驶辅助系统可以实现防碰撞报警、车道偏移报警、车道保持报警，保证车辆的行车安全。驾驶辅助系统也可以实现车与车之间的通信，如果前车在行驶过程中需要并线，或者遇到障碍物、异常道路情况，此时可将这些道路状况分享给周围车辆，保证了附近车辆行驶的安全性，实现车路协同，提高交通安全水平。

依据各个企业和组织对无人驾驶划分情况，驾驶辅助是无人驾驶的初始阶段，驾驶辅助技术的完善和成熟，才能保证无人驾驶进入更高级别的发展，最终实现无须驾驶员监控的真正意义上的无人驾驶。

无人驾驶车辆在出发之前，首先要对目的地和出发地进行路径的静态规划，行驶过程中车辆需要适应城市的混合路况，包括道路、环路、立交桥、高速路等，依据传感器所提供的各种道路路况，结合高精度地图，通过车载电脑对交通标志和信号进行分析，预测周围人车的交通行为意图，从而做出行车的决策和路径规划，驾驶辅助功能此时可以实现车道偏移报警、防碰撞报警、自适应巡航、车道保持辅助、刹车辅助等，车辆的加减速以及刹车转向都可以实现自动控制。

无人驾驶的车辆行驶时所需要的道路状况、天气状况，与道路基础设施实现的通信，都需由车联网技术提供和保证，因此车联网是无人驾驶实现的关键技术，车联网的不断发展才能推动无人驾驶的持续升级。

12.6　车联网的未来趋势

车联网作为物联网领域中发展最快的领域，全球市场的规模逐步在提升。2017 年，全球车联网市场规模约为 525 亿美元，预计到 2022 年将增加至 1629 亿美元，CAGR 为 25.4%；中国车联网市场规模 2017 年约为 114 亿美元，预计 2022 年增长到 530 亿美元，CAGR 为

36.0%，高于全球平均增长速度，中国市场规模在全球占比预计也将从2017年的21.7%增长到2022年的32.5%。

车联网是物联网技术的典型应用。车联网是实现人—车—路的互联互通，对采集的各类数据信息进行分析处理，自动地做出相应反应和操作，实现出行的高度智能化，数据的传输、分析和反馈的时效性就尤为重要，车与人、车与车、车与环境要在高速移动的场景下完成通信，网络传输速度就要保证，这是未来车联网需要不断提升的技术。

未来车联网的发展将呈现以下六个趋势。

（1）标准体系的完善

目前处于新兴技术发展的井喷时代，各类新技术不断涌现。车联网作为物联网应用的主要领域，它的发展越来越受到关注。随着车联网产业发展的持续提速，行业接下来要解决的重要问题就是推进标准体系的制定与完善，提升行业规范性与协调性。

2018年6月，工业和信息化部和国家标准委联合印发《国家车联网产业标准体系建设指南（总体要求）》《国家车联网产业标准体系建设指南（信息通信）》和《国家车联网产业标准体系建设指南（电子产品和服务）》，全面推动车联网产业技术研发和标准制定。预计2019年，上述政策将加快实现落地，车联网标准体系建设将取得新成果。

（2）企业结盟的形成

5G网络技术是车联网未来发展的主要技术支持，5G网络的技术优势将为智能网联汽车实现规模化商用提供重要支撑。车联网要实现，不单单要依靠汽车企业，相关先进技术的融合必不可少，面对车联网的巨大市场，汽车厂商和科技企业均蓄势待发，跨界联盟的趋势势不可挡，合作共赢将是发展的方向。

（3）商业部署的推进

智能网联汽车产业近年来受到各个国家的重视，并且逐步开启了商业化进程；5G网络技术发展迅猛，测试和试运营在逐步推进。美国高通与国内的大唐电信共同开发的基于蜂窝车联网的芯片组，将在2019年支持商业部署。相关技术的逐步商业化，为车联网技术的商业部署起到了重要的推动作用。

（4）人车交互的突破

目前使用的4G网络基本上解决了网络的通信问题，但是在车联网领域，人车交互的问题依然是一个巨大的瓶颈，特别是语音交互。未来随着人工智能的持续发展，语音技术领域的投入将继续增强，语音交互技术有望迎来突破。

（5）应用场景更丰富

车联网技术的发展能够大幅提升交通的通行效率，缓解交通的拥堵。自动驾驶汽车的实现，能够加强行驶的安全性，甚至实现零伤亡、零事故。车联网的车载终端平台，为用户提供语音、手势等控制服务，提供更为便捷和安全的驾驶体验。车联网与保险业互联，依靠“车联网保险”，有效降低用户出险的事故率，也节省了相应理赔成本。

（6）政策的支持

我国已经将发展车联网作为互联网和人工智能在实体经济中应用的重要方面，并将智能网联汽车作为汽车产业重点转型方向之一。2018年12月28日工业和信息化部印发的《车联网（智能网联汽车）产业发展行动计划》，明确了到 2020 年，将实现车联网产业跨行业融合取得突破，具备高级别自动驾驶功能的智能网联汽车实现特定场景规模应用，车联网用户渗透率达到 30%以上；2020 年后，高级别自动驾驶功能的智能网联汽车和 5G-V2X 逐步实现规模化商业应用，“人—车—路—云”实现高度协同。可以看到，国家级别的政策措施，会为车联网产业提供良好的发展环境，从而有效促进产业健康发展，进一步激发市场活力。

车联网作为物联网发展的新方向，将为未来的交通行业提供非常强大的帮助，实现更加智能化、更加便捷的交通环境，促进我国的交通行业的蓬勃发展。

本 章 小 结

本章主要介绍车联网的定义、发展背景、组成与工作原理、关键技术、应用和未来展望。

车联网是物联网发展的新方向，是汽车企业和通信企业相互合作的产业，可实现两个行业的共赢。车联网技术主要由车载终端、道路基础设施、网络技术和云平台组成，提供车与一切事物进行互联互通的服务。车联网的实现将会为交通带来更加便捷、高效、智能的交通体验。

习 题 12

12-1 什么是车联网？

12-2 车联网的组成由哪些？

12-3 车联网的关键技术有哪些？

参 考 文 献

[1] 穆亚辉. 传感器与检测技术. 长沙：国防科技大学出版社，2010.
[2] 金发庆. 传感器技术与应用. 北京：机械工业出版社，2004.
[3] 宋雪臣. 传感器与检测技术. 北京：人民邮电出版社，2009.
[4] 徐科军. 传感器与检测技术. 北京：电子工业出版社，2011.
[5] 孟立凡，蓝金辉. 传感器原理与应用. 北京：电子工业出版社，2011.
[6] 沈洁，谢飞. 自动检测与转换技术. 天津：天津大学出版社，2011.
[7] 胡铮. 物联网. 北京：科学出版社，2010.
[8] 周洪波. 物联网. 北京：电子工业出版社，2011.
[9] 张飞舟，杨东凯，陈智. 物联网技术导论. 北京：电子工业出版社，2010.
[10] 李勇. 汽车单片机与车载网络技术. 北京：电子工业出版社，2011.
[11] 毛峰.《汽车电器设备与维修》. 北京：机械工业出版社，2008.
[12] 赵振宁，张云峰.《电控发动机原理与检修》. 北京：北京理工大学出版社，2008.
[13] 廖发良.《汽车典型电控系统的结构与维修》. 北京：电子工业出版社，2007.
[14] 王忠良，陈昌建.《汽车发动机电控技术》. 大连：大连理工大学出版社，2007.

举报电话：（010）88254396；（010）88258888

传　　真：（010）88254397

E-mail：　dbqq@phei.com.cn

通信地址：北京市海淀区万寿路 173 信箱

　　　　　电子工业出版社总编办公室

邮　　编：100036